土木材料

実験指導書

2023年改訂版

土木学会

Guideline for Experiment on Materials of Civil Works, 2023 Edition

February, 2023

Japan Society of Civil Engineers

序

工学，特に土木工学において，実験や試験の重要性は改めて述べるまでもありません．土木材料の品質は，実験方法によって大きく異なって表示される場合があることも事実であります．そのため，実験方法の正しい理解が重要となります．

本実験指導書は，1964 年に刊行されて以来，土木材料の実験の基本を体系づける手引書として，多くの方々に利用されてきました．この間，時代の進展に即応して，逐次改訂を行ってきました．コンクリート標準示方書が平成 8 年 3 月に改訂され，この間に関連する JIS などにも多くの改正が行われたため，これに対応させるために平成 9 年版を出版しました．平成 9 年版以降は，コンクリート標準示方書［規準編］・［施工編］および［設計編］の改訂，平成 19 年 3 月の舗装標準示方書の発刊や ISO 規格との整合化を図った JIS の改正に対応させ，土木材料実験に関する最新の情報を積極的かつわかりやすく記載する編集方針で，2 年ごとに改訂版を出版しております．

前版の 2021 年改訂版では，2017 年の示方書［施工編］の改定内容，2018 年の示方書［規準編］の改定内容を反映するとともに，主に最新の JIS 規格の制定および改正に伴う変更を行い，関連知識として，各種の最新情報を追記しました．今回の改訂では，最新の JIS 規格の制定および改正に伴う変更を継続するとともに，2017 年の示方書［設計編］に示されたコンクリート構造物の鉄筋腐食に関する照査に用いられる短期の水掛かりを受けるコンクリート中の水分浸透速度係数の試験を追加しました．

また，高校生や大学生が使いやすいように例示を増やした箇所，文言を改めている部分もあります．実験する立場に立って平易に解説する編集方針を従来に増して押し進め，よりわかりやすく，より使いやすい実験指導書となるように作業を行いました．

一方，各種の工業材料の健康被害に対するリスクアセスメントが求められる法律が新たに制定されました．セメントもその 1 つに指定されております．セメントを取り扱う各種事業所では労働安全衛生法に関係し検討することになっております．本書を購入されております各種教育機関においても同様な対応が必要です．原則として，セメントを扱う実験においては，「安全データシート（SDS）」に記載されている事項に従って取り扱う必要があります．

本実験指導書は，工業高校，工業高等専門学校，大学の生徒や学生の実験教材としてはもちろん，現場技術者の指針として，土木材料実験の座右の書として使われることを目指したものであります．先のアンケートの調査結果では，新しい試験方法として環境関連の要望もありました．今後も，利用者各位の忌憚のないご意見やご要望を頂き，さらに機会を得て，より良い指導書に改めていきたいと考えております．

おわりに，本書の改訂版を発刊するあたり，本編集小委員会の吉田亮幹事をはじめ各委員ならびに土木学会出版事業課の山村照人氏に心から感謝申し上げます．

2023 年 2 月

公益社団法人 土 木 学 会
土木材料実験指導書編集小委員会
委員長 上 野 敦

土木学会　コンクリート委員会
土木材料実験指導書編集小委員会

委　員　長　上野　　敦 (東京都立大学都市環境学部都市基盤環境学科)

幹事兼委員　吉田　　亮 (名古屋工業大学大学院工学研究科社会工学専攻)
委　　　員　大下　寛司 (京都市立京都工学院高等学校プロジェクト工学科)
　　　　　　近藤　正伸 (茨城県立下館工業高等学校建設工学科)
　　　　　　島崎　　勝 (大成ロテック(株) 技術研究所兼国際支社)
　　　　　　高科　　豊 (神戸市立工業高等専門学校都市工学科)
　　　　　　長井　　大 (和歌山県立和歌山工業高等学校土木科)
　　　　　　西村　　賢 (岐阜県立岐南工業高等学校土木科)
　　　　　　緑川　猛彦 (福島工業高等専門学校都市システム工学科)
　　　　　　山下　　敦 (神奈川県立横須賀工業高等学校建設科)
担 当 幹 事　加藤　佳孝 (東京理科大学理工学部土木工学科)

各章の担当委員

第 1 章　近藤，緑川　　　　　　　第 5 章　島崎，山下
第 2 章　大下，西村，吉田　　　　第 6 章　緑川，山下
第 3 章　大下，高科，長井，吉田　第 7 章　上野，高科
第 4 章　長井，緑川

土木材料実験指導書 [2023 年改訂版]

目　　次

第4章　鉄　　　　筋

第5章　アスファルト・アスファルト混合物

第6章　品質管理・品質検査

第7章　コンクリート構造物の非破壊試験

データシート _____ 203

第 **1** 章

●セ　メ　ン　ト●

1.1　セメント試験総論

1.　セメントの位置づけ

（A）　セメントの製造

セメントの原料は，石灰石と粘土が主要なものであり，その他けい酸質原料，酸化鉄原料などが用いられる．これらの原料は，微粉砕された後，サスペンションプレヒーターを通って熱せられた後，ロータリーキルンの中で焼成され，セメントクリンカー（**写真-1.1** 参照）となる．これにせっこうを加え，微粉砕することにより，セメントができあがる．セメントクリンカー中の遊離石灰，酸化マグネシウム，酸化硫黄などの含有量が多

写真-1.1　セメントクリンカー

いと，セメント自体が硬化中に膨張しひび割れや反りの原因となる．セメントに生じるひび割れや反りに関する試験は，「セメントの物理試験方法（JIS R 5201–2015）安定性試験」に規定されている．**図-1.1** に，ポルトランドセメントの原料調合工程，焼成工程，仕上げ工程を示す．

ポルトランドセメントは，焼結反応等によって種々の化合物を形成しており，主要な化合物は，けい酸三カルシウム（エーライト），けい酸二カルシウム（ビーライト），アルミン酸三カルシウムおよび鉄アルミン酸四カルシウムの4種である．

セメントの種類による特性（強度，水和熱，化学的抵抗性，収縮特性など）は，これらの化合物の構成比率によって決まる．

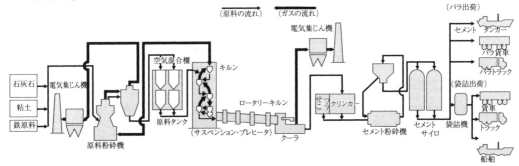

図-1.1　セメントの製造方法

（B）　コンクリートの中のセメントの役割

セメントは，水と接することにより，骨材相互の結合材としての役割を果たす．その反応は非常に複雑で，かつ **写真-1.2** に示すように多種の水和生成物が，経時的に成長する．コンクリートとしての強度発現やさまざまな特性あるいは耐久性などを支配する要素の多くは，その組織の構造の変化に起因するものが多い．

2.　セメントの種類

日本産業規格（JIS）では，セメントの種類は，ポルトランドセメントと混合セメントならびにエコセメントに大別される．コンクリートに要求される性能によって，配合条件や環境条件を考慮し，セメントの種類を選定する必要がある．

ポルトランドセメントはさらに，普通，早強，超早強，中庸熱，低熱および耐硫酸塩ポルトランドセメントに分類されるが，アルカリ骨材反応に対処する目的で，それぞれ低アルカリ形のポルトランドセメントがある．

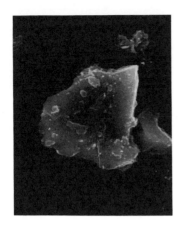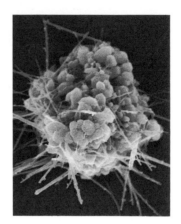

写真-1.2 セメント粒子の水和の様子

混合セメントは，用いる混合材の種類により，高炉セメント，シリカセメントおよびフライアッシュセメントに分類され，さらに混合量により，A 種，B 種，C 種に区分される．また，混和材の多くは産業副産物であり，資源の有効利用にもなっている．**写真-1.3** は，石炭火力発電所などの微粉炭燃焼ボイラーから出る廃ガス中に含まれている灰を電気集じん機で捕集したフライアッシュで，ポゾラン反応（それ自体には水硬性はないが，水酸化カルシウムと反応して硬化する反応）を有している．また，フライアッシュは球形であることから，コンクリートの流動性を改善する効果も有している．

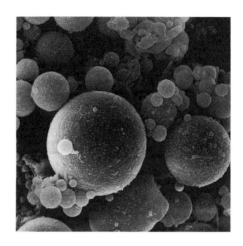

写真-1.3 フライアッシュ

最近では，資源リサイクル形セメントとして，都市部で発生する廃棄物をセメントクリンカーの主原料に用いたエコセメントが製造され，その品質規格が JIS R 5214–2019 に制定されている．

さらに，コンクリートの特殊な用途に対応し，日本産業規格（JIS）以外の特殊セメントとしては，白色ポルトランドセメント，低発熱セメント，超速硬セメント，油井セメント，コロイドセメント，アルミナセメントなどがある．

---

3. セメント試験の意義

(A) 品質・基礎物性の把握

セメントが十分な品質を有しているかどうかを判定する．また，使用時におけるセメントの風化の程度や有害成分の含有量を判定する．

さらに，セメントの粉末度や凝結などの，水和作用に関する特性を検討する．

(B) 配合設計を行うための情報の獲得

コンクリートの配合設計を行ううえで，必要不可欠な情報である，セメントの密度を求める．

---

4. 本章で取り上げるセメント試験

本章においては，セメントの試験項目として，上記の視点から，密度試験，粉末度試験，凝結試験および強さ試験を取り上げる．

1.2 セメントの密度試験

1. 試験の目的

(1) この試験は，「セメントの物理試験方法（JIS R 5201–2015）」に規定されている．

(2) セメントの密度は，焼成の不十分，混合物の添加，化学成分等により変化することを理解する．

(3) セメントの風化の程度を知る目安にする． 5

(4) セメントの密度から，未知のセメントの種類をある程度推定することができる．

(5) コンクリートの配合設計，その他の試験等には，セメントの密度を知る必要がある．

2. 使 用 器 具

(1) ルシャテリエフラスコ（ガラス製とし，20°C における容積および寸法は**図-1.2** のようである）

(2) はかり（ひょう量 200 g，感量 100 mg 以上の精度を有するもの） 10

(3) 針金および乾布

3. 実 験 要 領

(1) フラスコの目盛 0〜1 ml の間まで，鉱油〔JIS K 2203–2009（灯油）の灯油あるいは，JIS K 2204–2007（軽油）の軽油を完全に脱水したもの〕を入れ，細い部分の内面を乾布でふく． 15

(2) フラスコを水タンク中に静置して，鉱油の液面がほとんど変化しなくなったとき，鉱油液面の目盛を読む． [注：(1)]

(3) セメント試料 100 g を 0.1 g まではかりとる． [関：(3)]

(4) セメントを，少しずつ静かにフラスコに入れる． [注：(2)]

(5) 全部のセメントを入れ終わったならば，適当に振動して空気を十分に追い出す． [注：(3)]

(6) 再びフラスコを水タンク中に静置して，鉱油の液面がほとんど変化しなくなったとき，その液面の目盛を読む． [注：(4)]

(7) 次の式によって，密度を算出する． [注：(5)]

$$\rho = \frac{m}{v} \quad \cdots\cdots\cdots\cdots\cdots\cdots\cdots\cdots\cdots \quad (1.1)$$

ここに，ρ：試料の密度（g/cm^3）

v：鉱油液面の読みの差（ml）

m：はかりとった試料の質量（g）

(8) 密度試験は 2 回以上行い，0.01 g/cm^3 以内で一致したものの平均値をとって，小数点以下 2 けたに 30　丸める． [関：(5)]

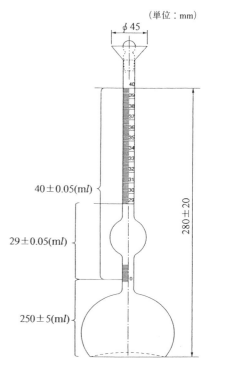

（単位：mm）

φ45

40±0.05(ml)

29±0.05(ml)

250±5(ml)

280±20

図-1.2 ルシャテリエフラスコ

20
25

4. 注 意 事 項

(1) 密度試験の水タンクの水温の差は 0.2°C を超えてはならない．温度差が 1°C 以上あると，鉱油の容

積は約 0.22 ml 変化する．したがって，セメントの密度試験結果に，約 0.021 g/cm³ の誤差を与える．

(2)　試料をフラスコに入れるとき，はね上げ球部や細い部分がセメントで詰まらないようにする．もし詰まったときや，フラスコの内面にセメントが付着したときは，フラスコの底を軽くたたいたり，傾斜させたりして，落とせばよい．それでも落とせない場合には，針金でかき落とす．その際に，針金に付着したセメントをルシャテリエフラスコ内の鉱油内で落とさなければならない．

(3)　空気を追い出すためには，フラスコの頭部を中心にして球部が円弧を描くように回転させると良い．

(4)　鉱油液面の目盛を読むには，ルシャテリエフラスコの細い部分の外面に付着している水分を，乾布でふき取り，メニスカスの最低面を読む．

(5)　使用後のフラスコは，鉱油を用いてよく清掃し，細かな乾いた砂を用いて鉱油を取り除く．

5.　関連知識

(1)　JIS に規定されているセメントは，ポルトランドセメントに普通，早強，超早強，中庸熱，低熱，耐硫酸塩およびそれぞれの低アルカリ形（全アルカリ 0.6%以下）の 12 種類があり，混合セメントには，高炉，シリカ，フライアッシュの各セメントがある．混合セメントは，混合材の量によって，それぞれ A 種，B 種，C 種に区分されている．また，資源リサイクル型セメントとしてエコセメントがあり，含まれる塩化物イオン量によって，普通エコセメントと速硬エコセメントに区分されている．これらのセメントには，それぞれ特徴があり，品質にもかなりの差異がある．したがって，セメントの選定には，コンクリートの使用目的などを考慮する必要がある．

(2)　セメントに含まれている Na_2O（酸化ナトリウム）や K_2O（酸化カリウム）の量が多いと，条件によっては骨材中の特殊な鉱物がアルカリ骨材反応を起こし，コンクリートの劣化の原因となることがある．このようなアルカリ骨材反応を防止・抑制する方策としては，①アルカリ骨材反応性に関して無害と判定された骨材の使用，②低アルカリ形セメントの使用，③反応抑制効果が確認された高炉セメント B 種，C 種やフライアッシュセメント B 種，C 種などの混合セメントの使用，④コンクリート中のアルカリ総量（各材料から供給される全アルカリ）を Na_2O 換算で 3.0 kg/m³ 以下に抑えるなどの中から，少なくとも 1 つの方策を選定して適用することが有効とされている．ただし，低アルカリ形セメントを使用しても，単位セメント量が特に大きい場合には，アルカリ総量が上記の限度値を超えないことを確認しておく必要がある．

(3)　セメントの物理試験の試料

(a)　試料は，検査単位について平均品質を表すように，適当量のセメントを採取し縮分する．その採取方法および縮分方法は，受渡当事者間の協議により定める．適当量とは，縮分後の試料が 5 kg 以上になる量をいう．

(b)　採取した試料は，JIS Z 8801-1–2019 に規定する試験用網ふるい 850 μm でふるって雑物を除去し，防湿性の気密な容器に密封して保存する．試験に際しては，あらかじめ試験室内に入れ，室温と等しくなるようにする．

(c)　試験用水は，蒸留水，イオン交換水または上水道水とし，水温が試験室の温度と等しくなるようにする．

(4)　セメントの密度は，次の諸因子によって変化する．

(a)　セメントクリンカーの構成化合物の組成による．セメントクリンカーの主要構成化合物の密度

(g/cm^3) は，大体次のようである．

$$C_3S：3.15，\quad C_2S：3.28，\quad C_3A：3.04，\quad C_4AF：3.77$$

(b) セメントの密度は，風化が進むと小さくなる．また，混合セメントの密度は，混合材の添加量が多くなると小さくなる．

(5) セメントの密度試験成績の一例は，**表-1.1** のようになる．

表-1.1　セメントの密度 (g/cm^3) の試験成績

JIS R 5210–2019	ポルトランドセメント	普　　　　　通	3.15
		早　　　　　強	3.12
		超　早　強	—
		中　庸　熱	3.22
		低　　　　　熱	3.22
		耐　硫　酸　塩	3.21
JIS R 5211–2019	高炉セメント	A 種（高炉スラグの分量 5%を超え 30%以下）	3.06
		B 種（高炉スラグの分量 30%を超え 60%以下）	3.04
		C 種（高炉スラグの分量 60%を超え 70%以下）	2.97
JIS R 5212–2019	シリカセメント	A 種（シリカ質混合材の分量 5%を超え 10%以下）	3.11
		B 種（シリカ質混合材の分量 10%を超え 20%以下）	—
		C 種（シリカ質混合材の分量 20%を超え 30%以下）	—
JIS R 5213–2019	フライアッシュセメント	A 種（フライアッシュの分量 5%を超え 10%以下）	—
		B 種（フライアッシュの分量 10%を超え 20%以下）	2.95
		C 種（フライアッシュの分量 20%を超え 30%以下）	—
JIS R 5214–2019	エコセメント	普通エコセメント	3.18
		速硬エコセメント	3.13

1.3 セメントの粉末度試験

1. 試験の目的

(1) この試験は，「セメントの物理試験方法（JIS R 5201–2015）」に規定されている．

(2) セメントの粉末度は，セメントおよびコンクリートの性質を左右する物理的な重要因子であって，モルタルおよびコンクリートの諸性質をある程度予測することができる．

(3) 比表面積（cm^2/g）とは，1 g のセメントが持っている総表面積である．

(4) セメントの粉末度の大きいものほど，水に接触する表面積は増大し，水和作用が速く，強度発現が早い．

2. 使用器具

(A) 比表面積試験

(1) ブレーン空気透過装置一式（**図-1.3** 参照）

(2) ストップウォッチ（最小の読みが 0.1 秒のもの）

(3) ろ紙（JIS P 3801–1995 に規定する 5 種 A）

(4) はかり（ひょう量 100 g で，感量 5 mg のものを標準とする）

(5) 筆およびさじ　　　　(6) 試料瓶

(7) 比表面積試験用標準物質（セメント協会研究所が頒布している．）

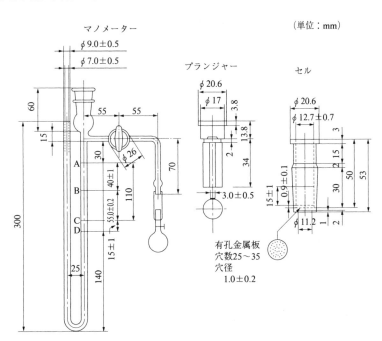

図-1.3　ブレーン空気透過装置

(B) 網ふるい試験

(1) JIS Z 8801-1–2019 に規定する試験用網ふるい 90 μm（ふるい枠は，直径 150 mm または直径 200 mm のものが望ましい．）

(2) ストップウォッチ

(3) はかり（ひょう量 100 g，感量 50 mg のものを標準とする）

(4)　羽根またははけ

(5)　黒色光沢紙

(6)　指サック

3.　実 験 要 領

　粉末度の試験は，ブレーン方法による．ただし，網ふるい方法もある． *5*

(A)　比表面積試験（ブレーン方法）

(1)　比表面積試験用標準物質を使用して，(2) から (15) に準じて降下時間（t_0：後述．9 頁参照）を測定する．測定は，毎回新しいベッドを作り 3 回以上行い，その平均値を求め，小数点以下一桁に丸める（標準化試験）．なお，比表面積試験用標準物質の密度は 3.15（g/cm^3），ベッドのポロシティーは *10* 0.500 ± 0.005 として試験を行う．［注：(A)(1)］

(2)　試料約 10 g を約 50 ml の瓶にとり，密栓し，約 1 分間激しく振り動かして，よくほぐす．

(3)　この試料の中から，次の式によって算出された試料を，0.005 g まで正確にはかりとる．［注：(A)(2)，関：(1)］

$$m = \rho v(1 - e) \quad\cdots\cdots\cdots\cdots\cdots\cdots\cdots\cdots\cdots\cdots\cdots\cdots\cdots\cdots\cdots\cdots\cdots\cdots\cdots (1.2)$$

　　ここに，m：はかりとる試料の質量（g） *15*

　　　　　　　ρ：試料の密度（g/cm^3）［関：(2)］

　　　　　　　v：セル中の試料ベッドの占める体積（cm^3）

　　　　　　　e：試料ベッドのポロシティー［関：(2)］

(4)　セルをマノメータから取り外し，プランジャーを抜き取り，セルの底部に有孔金属板を正しく接触させて入れる． *20*

(5)　有孔金属板に重なるように，ろ紙を入れる．［注：(A)(3)］

(6)　セルに漏斗を差し込み，試料を徐々にこぼさないように入れる．

(7)　漏斗に付着したセメントは，筆で落とし，静かに漏斗を取り去る．

(8)　セル側面を筆で軽くたたいて，試料をならす．

(9)　さらに別のろ紙を，試料の上に置く． *25*

(10)　プランジャーで静かに押し，そのつばをセルの上縁に密着させる．［注：(A)(4)］

(11)　プランジャーを，静かに抜き取る．

(12)　セルを，マノメータ上部にはめ込む．［注：(A)(5)］

(13)　ゴム球を右手で握りしめ，左手でコックを開く．

(14)　ゴム球を握った手を徐々に離し，U 字管内のマノメータ液の液頭を A 標線まで上げ，コックを閉じる． *30*

(15)　液頭が B 標線に来たらストップウォッチを押し，C 標線まで降下する時間（t）を，0.5 秒まで正確に測定する．なお，B 標線から C 標線までの降下時間の測定に自動装置を用いる場合には，繰返し精度が良好で，また，手動時計による試験結果と差がないことを確認した上で用いる．［注：(A)(6)］

(16)　比表面積は，次のように算出する．［注：(A)(7)］

$$S = S_0 \frac{\rho_0}{\rho} T \frac{1 - e_0}{\sqrt{e_0^3}} \frac{\sqrt{e^3}}{1 - e} \quad \text{ただし，} \quad T = \sqrt{\frac{t}{t_0}} \quad\cdots\cdots\cdots\cdots\cdots\cdots\cdots\cdots\cdots\cdots (1.3)$$ *35*

　　ここに，S：試料の比表面積（cm^2/g）

S_0：比表面積試験用標準物質の比表面積（cm^2/g）

ρ：試料の密度（g/cm^3）

ρ_0：比表面積試験用標準物質の密度（$3.15\,g/cm^3$）

t：試料をベッドとして使用したときにマノメータ液頭が B 標線から C 標線まで降下する時間（s）

t_0：比表面積試験用標準物質をベッドとして使用したときにマノメータ液頭が B 標線から C 標線まで降下する時間（s）

e：試料のベッドのポロシティー

e_0：比表面積試験用標準物質のベッドのポロシティー（0.500）

(B)　網ふるい試験

(1)　試料 50 g を 0.05 g まで正確にはかる．

(2)　試料をふるいに入れ，試料を完全に羽根で払い落とす．

(3)　静かにふるいを回しながらふるい分け，微粉末を通過させる．[注：(B)(1)]

(4)　片手で 1 分間約 150 回の速さで，ふるいの枠をたたく．25 回ごとにふるいを約 1/6 回転させる．[注：(B)(2)]

(5)　粉末の凝集したものは，指サックをはめた指でふるい枠に軽くすりつけて，つぶす．[注：(B)(3)]

(6)　1 分間のふるい通過量が 0.1 g 以下になったとき，ふるうのを止める．[注：(B)(4)]

(7)　ふるい上の残分を 0.05 g まではかり，記録する．

(8)　ふるい上の残分は，次の式によって算出し，小数点以下 1 けたに丸める．

$$f = \frac{m_2}{m_1} \times 100 \quad\cdots\cdots\cdots\cdots\cdots\cdots\cdots\cdots\cdots\cdots\cdots\cdots\cdots\cdots\cdots\cdots\cdots\cdots\cdots (1.4)$$

ここに，f：試料の粉末度（%）

m_1：試料の質量（g）

m_2：ふるい上の残分の質量（g）

4．注 意 事 項

(A)　比表面積試験（ブレーン方法）

(1)　標準化試験は，セル，プランジャーの摩耗があったとき，マノメータ液の汚染・増減のあったとき，試験用ろ紙の大きさまたは品質に変化があったとき，試験用の試料および装置の温度があらかじめ行った標準化試験時の温度と ±3°C 以上の差があったとき，そのつど行わなければならない．

(2)　セル中のセメントベッドの占める体積（v）は，水銀の置換法による．このときの試料セメントは，2.90 g をはかりとる．

(3)　ろ紙は，打抜器を使用して，いつも同じ大きさのものを作る．

(4)　セル中へプランジャーを急に押し込むと，試料が吹き出ることがあるので注意する．

(5)　セルとマノメータの密着部およびコックには，ワセリンなどを薄く塗布し，空気が流通しないようにする．

(6)　B 標線および C 標線の読みは，マノメータのうしろにある鏡を通して，正確な目の位置で行う．

(7)　比表面積試験は，毎回新しくベッドを作り，2 個の測定値が 2% 以内で一致したものの平均をとり，整数 2 位に丸める．

(B)　網ふるい試験

(1)　ふるっているときは，枠と網の接触部分の試料に気をつける．

(2)　ふるいの枠をたたくとき，一方に試料が片寄らないように，ふるいを少し傾斜させるとよい．

(3)　凝集した試料を指サックをはめた指でつぶすとき，網に押さえつけてはならない．

(4)　機械ふるい方法をもって，手ふるい方法に代用できるが，ふるい終わりは，手ふるい方法による 1 分　5
　　間の通過量によって判定しなければならない．

5.　関 連 知 識

(1)　セメントベッドの体積（v）は，次の式によって求める．

$$v = \frac{m_a - m_b}{d} \quad\cdots\cdots\cdots\cdots\cdots\cdots\cdots\cdots\cdots\cdots\cdots\cdots\cdots\cdots\cdots\cdots\cdots\cdots\cdots\cdots\cdots (1.5)$$

ここに，v：セメントベッドの体積（cm³）　　　　　　　　　　　　　　　　　　　　　　　　10

　　　　m_a：セメントを入れないとき，セルを満たした水銀の質量（g）

　　　　m_b：セメントベッドによって占められない部分を満たした水銀の質量（g）

　　　　d：試験温度における水銀の密度（g/cm³）（**表-1.2** 参照）．

表-1.2　水銀の密度

室温 （°C）	水銀の密度 （g/cm³）	室温 （°C）	水銀の密度 （g/cm³）
16	13.56	26	13.53
18	13.55	28	13.53
20	13.55	30	13.52
22	13.54	32	13.52
24	13.54	34	13.51

　　体積の測定は少なくとも 2 回以上行い，各回の測定値が ±0.005 cm³ において一致したものの平均値を
　　とる．水銀は密度が常温で 13.5 前後と非常に大きい液体であるため，体積の変動を敏感に計測すること　15
　　が可能である．

(2)　試料の密度（ρ）および試料ベッドのポロシティー（e）は，**表-1.3** による．

表-1.3　各試料の密度および試料ベッドのポロシティー

試料の種類	密度（g/cm³）	ポロシティー
普通ポルトランドセメント	3.15	0.500 ± 0.005
早強ポルトランドセメント	3.12	0.520 ± 0.005
超早強ポルトランドセメント	3.11	0.540 ± 0.005
中庸熱ポルトランドセメント	3.20	0.500 ± 0.005
低熱ポルトランドセメント	3.22	0.520 ± 0.005
耐硫酸塩ポルトランドセメント	3.20	0.500 ± 0.005
高炉セメント（A 種，B 種，C 種）	実測値 [*1]	0.510 ± 0.005
シリカセメント（A 種，B 種，C 種）	実測値 [*1]	0.510 ± 0.005
フライアッシュセメント（A 種，B 種，C 種）	実測値 [*1]	0.510 ± 0.005
普通エコセメント	3.15	0.520 ± 0.005
速硬エコセメント	実測値 [*1]	0.520 ± 0.005 [*2]

[*1] 密度（ρ）は，**1.2**「セメントの密度試験」によって決定する．
[*2] 速硬エコセメントのポロシティーは参考値である．

(3)　セメントの粉末度の規格と試験成績の一例は，**表-1.4** のようである．

表-1.4　セメントの粉末度の規格と試験成績（セメント協会）

セメントの種類		規格	試験成績例	
		比表面積 $(\mathrm{cm}^2/\mathrm{g})$	比表面積 $(\mathrm{cm}^2/\mathrm{g})$	試験用網ふるい $90\,\mu\mathrm{m}$ 残分 $(\%)$
ポルトランドセメント	普通	2 500 以上	3 390	0.6
	早強	3 300 以上	4 590	0.2
	超早強	4 000 以上	—	—
	中庸熱	2 500 以上	3 200	0.5
	低熱	2 500 以上	3 250	—
	耐硫酸塩	2 500 以上	3 300	0.6
高炉セメント	A 種	3 000 以上	4 020	0.4
	B 種	3 000 以上	4 010	0.4
	C 種	3 300 以上	4 030	0.3
シリカセメント	A 種	3 000 以上	3 480	0.9
	B 種	3 000 以上	—	—
	C 種	3 000 以上	—	—
フライアッシュセメント	A 種	2 500 以上	—	—
	B 種	2 500 以上	3 310	1.1
	C 種	2 500 以上	—	—
エコセメント	普通	2 500 以上	4 100	—
	速硬	3 300 以上	5 300	—

1.4　セメントの凝結試験

1.　試験の目的

(1)　この試験は，「セメントの物理試験方法（JIS R 5201–2015）」に規定されている．

(2)　セメントの凝結過程があまり短くても，また長くても，実際の工事に際して不都合を生じるので，それぞれのセメントについて凝結の初め（始発）と終わり（終結）とを測定する必要がある．

(3)　凝結は，セメントと水との化学反応である水和作用中の一現象である．

(4)　セメントの凝結は，粉末度の大きいものほど，水セメント比が小さくなるほど，温度が高いものほど速く，風化したセメントほど遅い．また，せっこうや混和材料の混入も，著しい影響がある．

2.　使 用 器 具

(1)　ビカー針装置（軟度計）一式（**図-1.4** 参照）

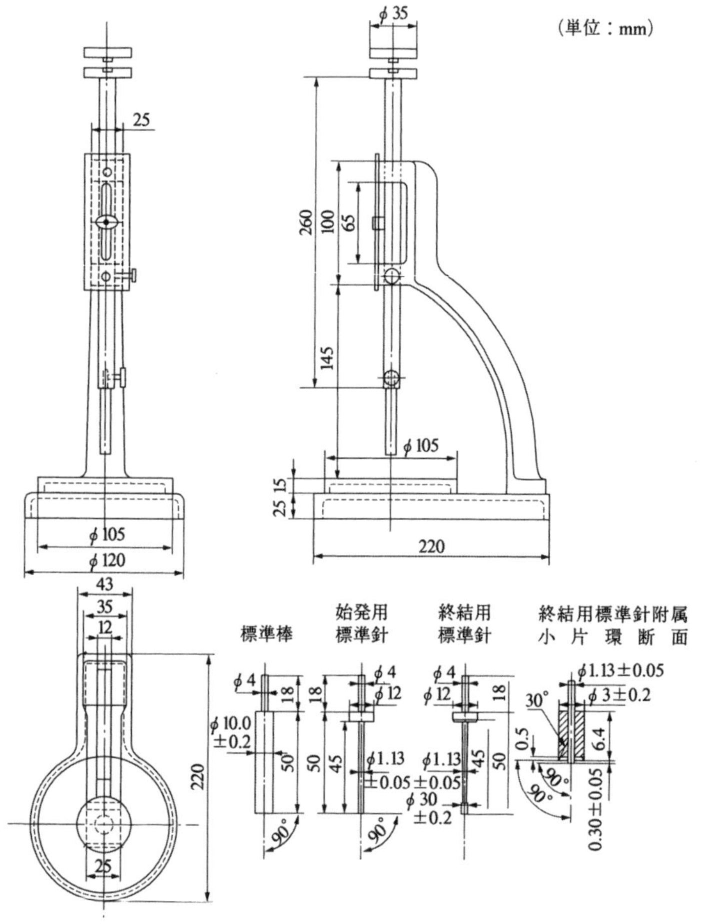

図-1.4　ビカー針装置

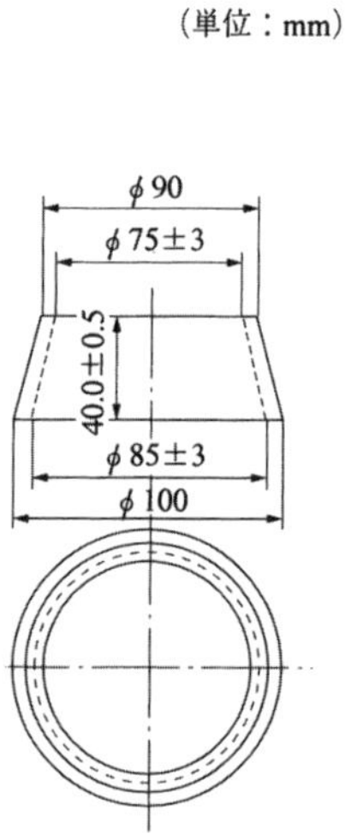

図-1.5　セメントペースト容器

(2)　はかり（ひょう量 1 kg，感量 1 g 以上の精度を有するもの）

(3)　機械練り用練混ぜ機 [注：(A)]

(4)　ガラス板（2.5 mm 以上の厚さで，セメントペースト容器より大きいもの）

(5)　ナイフ

(6) さじ

(7) 時計

(8) 湿布

(9) 湿気箱

---

3. 実 験 要 領

(A) 標準軟度のセメントペーストの作り方 [注：(B)(1)(2)(3)]

(1) セメント $500 \pm 1\,\mathrm{g}$ をはかりとる.

(2) 練混ぜ機の練り鉢に入れる. [注：(B)(4)]

(3) 標準軟度を得るのに必要と思われる量の水を, 鉢に入れる. [注：(B)(5)]

(4) 注水した時刻を記録する.

(5) 注水してから 60 秒間, 低速で練り混ぜる.

(6) 30 秒間休止し, この間に, さじで練り鉢およびパドルに付着したセメントペーストを, 練り鉢の中心部に集めるようにしてかき落とす.

(7) 休止が終わったら, 低速から高速に切り換え, 再び始動させ, 90 秒間練り混ぜる.

(8) ガラス板の上にセメントペースト容器 (**図-1.5** 参照) を置き, 軟度計のすべり棒に標準棒を取り付ける (すべり棒の上端に円板を載せない).

(9) ガラス板の上に標準棒を載せ, 軟度計の目盛を 0 にしておく.

(10) 練混ぜ終了後 60 秒以内に, セメントペーストを容器に入れる. [注：(B)(6)]

(11) ナイフで余分なペーストを除き, 表面を平らにする.

(12) 容器に満たしたペーストを標準棒の下に置き, 棒の先端をペーストと接触するまで静かに下げ, 1, 2 秒程度その位置に保つ.

(13) 標準棒を徐々に降下させ, 降下が止まってから少なくとも 5 秒後か, 降下を開始してから 30 秒後のどちらか早い方で, 標準棒の先端と底面との間隔を読む. この間隔が $6 \pm 1\,\mathrm{mm}$ になったセメントペーストを, 標準軟度セメントペーストとする. [注：(B)(7), 関：(1)]

(14) $6 \pm 1\,\mathrm{mm}$ から外れた場合は, 水量を変えて $6 \pm 1\,\mathrm{mm}$ のところにとどまるまで, 上記の (1)～(13) を繰り返す. [注：(B)(8)]

(B) 凝結の始発の測り方

(1) 軟度計の標準棒を, 始発用標準針に換える.

(2) すべり棒の上端に円板を載せ, 降下するものの全質量を, $300.0\,\mathrm{g} \pm 1.0\,\mathrm{g}$ とする.

(3) すべり棒を, ペースト中に徐々に降下させる. [注：(C)(1)]

(4) 始発用標準針の降下が止まるか, 降下を開始してから 30 秒後のどちらか早い方で, 始発用標準針の先端と底板との間隔を読む. 始発用標準針の先端が, 底版であるガラス板の上面からおよそ $1\,\mathrm{mm}$ のところにとどまるときを, 始発とし, セメントに注水したときから始発までの時間をもって, 始発時間とする. 始発時間は 5 分単位に丸める. [注：(C)(2), 関：(2)]

(C) 凝結の終結の測り方

(1) 始発用標準棒を, 終結用標準針に換える.

(2) すべり棒の上端に円板を載せ, 降下するものの全質量を, $300.0\,\mathrm{g} \pm 1.0\,\mathrm{g}$ とする.

(3)　すべり棒を，ペーストの表面に徐々に降下させる．

(4)　ペーストの表面に針の跡をとどめるが，附属小片環による跡を残さないようになったときを，終結とし，セメントに注入したときから終結までの時間をもって，終結時間とする．終結時間は 5 分単位に丸める．[注：(D)(1)(2)，関：(2)]

4.　注 意 事 項

(A)　機械練り用練混ぜ機は，パドルに自転およびそれと逆方向の公転運動を与える電動式とし，低速（自転速度：毎分 140 ± 5 回転，公転速度：毎分 62 ± 5 回転）と高速（自転速度：毎分 285 ± 10 回転，公転速度：毎分 125 ± 10 回転）の 2 段階に切り換えることができるものとする（「1.5　セメントの強さ試験」参照）．

(B)　標準軟度のセメントペーストの作り方

(1)　試験室の温度は 20 ± 2℃ とし，相対湿度は 50% 以上とする．使用器具および材料は，あらかじめその室に準備しておく．湿度による影響が大きい．

(2)　供試体を貯蔵する湿気箱内の温度は 20 ± 1℃ とし，相対湿度は 90% 以上とする．

(3)　手練りの場合は，試料を 400 ± 1g とし，標準軟度を得るのに必要と思われる量の水を注ぎ入れ，直ちに 3 分間さじで十分に練り混ぜる．

(4)　練混ぜ機の練り鉢やパドルは，よく絞った湿布でふいて，ただちにセメントを入れる．

(5)　練混ぜ水の温度は，20 ± 1℃ とする．

(6)　容器に入れたペーストに，気泡が入らないようにする．

(7)　ペーストが標準軟度であったならば，標準棒による穴のあとを平らにならし，凝結時間測定に用いることができる．

(8)　標準軟度のペーストが得られなかった場合は，このペーストを再び試験に用いてはならない．

(C)　凝結の始発の測り方

(1)　練混ぜ方法や容器への詰め方がまずいと，始発用標準針のとどまる高さが不ぞろいとなる．

(2)　始発の測定は，1 回では見誤りがあるので，連続 3 回ぐらい行う．

(D)　凝結の終結の測り方

(1)　ペーストの表面に外皮を生じて測定の結果が疑わしいときは，ガラス板を外して，ペーストの裏面で測ってもよい．

(2)　測定は，1 回では見誤りがあるので，連続 3 回ぐらい行う．

5.　関 連 知 識

(1)　標準軟度のペーストを作るときの適当な水量は，セメントの種類および風化の程度によって異なるが，セメント質量の 25〜30% 程度である．

(2)　供試体の数は，1 試料につき 2 個以上とすることが望ましい．

(3)　セメントの凝結の規格と試験成績の一例は，**表-1.5** のようである．

表-1.5　セメントの凝結の規格と試験成績（セメント協会）

セメントの種類		規　格		試験成績例	
		始発 (min)	終結 (h)	始発 (h-min)	終結 (h-min)
ポルトランドセメント	普通	60 以上	10 以下	2-33	3-15
	早強	45 以上	10 以下	1-57	2-45
	超早強	45 以上	10 以下	—	—
	中庸熱	60 以上	10 以下	4-07	5-22
	低熱	60 以上	10 以下	3-28	5-05
	耐硫酸塩	60 以上	10 以下	3-39	5-06
高炉セメント	A 種	60 以上	10 以下	2-05	2-52
	B 種	60 以上	10 以下	2-53	3-55
	C 種	60 以上	10 以下	4-14	5-27
シリカセメント	A 種	60 以上	10 以下	2-40	3-30
	B 種	60 以上	10 以下	—	—
	C 種	60 以上	10 以下	—	—
フライアッシュセメント	A 種	60 以上	10 以下	—	—
	B 種	60 以上	10 以下	3-15	4-12
	C 種	60 以上	10 以下	—	—
エコセメント	普通	60 以上	10 以下	2-21	3-29
	速硬	—	1 以下	—	0-20

1.5 セメントの強さ試験

1. 試験の目的

(1) この試験は，「セメントの物理試験方法（JIS R 5201-2015）」に規定されている．

(2) セメントの強さ試験は，そのセメントの持つ強さを知り，品質検査を行うと同時に，この試験結果から同じセメントを用いて造られるコンクリートの強度を，ある程度推定するために行われる． *5*

(3) セメントは，主としてコンクリート中の結合材として用いられるので，できるだけコンクリートと密接な関連性を保つことが望ましい．このような見地から，セメントの強さ試験はモルタルによって行われる．

(4) モルタルに標準砂 [注：(A)(2)] を用いるのは，使用砂の差異による影響を除き，試験条件を一定にするためである． *10*

(5) モルタルは配合および水量を規定しているので，その軟度は主にセメントの種類によって異なる．

2. 使用器具

(A) モルタルの作り方

(1) 機械練り用練混ぜ機一式（**図-1.6** 参照）

(2) 鉢およびさじ *15*

(3) はかり（ひょう量 2 kg，感量 1 g 以上の精度を有するもの）

(4) メスシリンダ

(5) ストップウォッチ

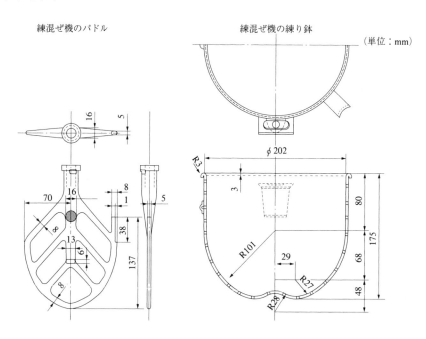

練混ぜ機のパドル　　　　　練混ぜ機の練り鉢　　　（単位：mm）

図-1.6 機械練り用練混ぜ機のパドルおよび練り鉢

(B) 供試体の作り方

(1) モルタル供試体成形用型（**図-1.7**，**写真-1.4** 参照） *20*

(2) テーブルバイブレータ（**写真-1.5** 参照）

(3) ガラス板（厚さ 6 mm，190 mm × 160 mm 程度）

(4) ストレートエッジ

(5) さじ

(6) 布

(7) スクレーパ

（単位：mm）

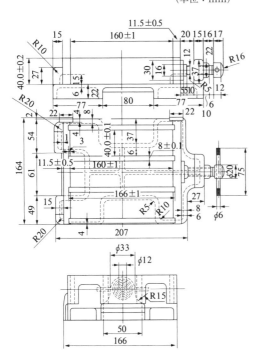

図-1.7　モルタル供試体成形用型

写真-1.4　モルタル供試体成形用型

写真-1.5　テーブルバイブレータ

(C)　脱型・養生

(1) 木づち

(2) ナイフおよびストレートエッジ

(3) 湿気箱

(4) はかり

(D)　曲げ試験

(1) 圧縮強さ試験機（**写真-1.6** 参照）

(2) 曲げ試験用治具（**写真-1.7** 参照）

(3) はかり

(4) 布

(5) メトロノーム

(E)　圧縮試験

(1) 圧縮強さ試験機（**写真-1.6** 参照）

(2) メトロノーム

(3) 布

写真-1.6　圧縮強さ試験機

写真-1.7　曲げ試験用治具

3.　実 験 要 領

(A)　モルタルの作り方 [注：(A)(1)(2)]

(1)　モルタルの配合は，質量比でセメント 1，標準砂 3，水 0.5 とする．1 回に練り混ぜるセメント，標準砂，水の規定採取量は，次のとおりとする．ただし，水は体積 $(225 \pm 1\,\mathrm{m}l)$ で量り採っても良い．なお，これは供試体 3 個分のモルタル量に相当する．

　　　　　セメント $450 \pm 2\,\mathrm{g}$，標準砂 $1\,350 \pm 5\,\mathrm{g}$，水 $225 \pm 1\,\mathrm{g}$ [注：(A)(3)]

(2)　モルタルの練混ぜ方法は，以下に述べる機械練りによって行う．

　(a)　練混ぜ機を使用して，練り鉢およびパドルを混合位置に固定し，規定量の水を入れ，次にセメントを入れる．

　(b)　ただちに，練混ぜ機を低速（自転速度：毎分 140 ± 5 回転，公転速度：毎分 62 ± 5 回転）で始動させる．

　(c)　パドルを始動させて 30 秒後に，規定量の標準砂を 30 秒間で入れる．

　(d)　高速（自転速度：毎分 285 ± 10 回転，公転速度：毎分 125 ± 10 回転）にし，引き続き 30 秒間練混ぜを続ける．

　(e)　90 秒間練混ぜを休止し，休止の最初の 30 秒間に，かき落としを行う．

　(f)　休止が終わったら再び高速で始動させ，60 秒間練り混ぜる（練混ぜ時間は，休止時間も含め 4 分である）．

　(g)　練混ぜが終わったら練り鉢を練混ぜ機から取り外し，さじで 10 回かき混ぜる．

(B)　供試体の作り方

(1)　供試体の寸法は，断面 40 mm 平方，長さ 160 mm の角柱とする．

(2)　型枠を分解し，グリースを浸み込ませた布でふく．

(3)　漏水を防ぐために，両端型枠および仕切枠の下面ならびにはめ込み部分にグリースを塗り，組み立てる．

(4)　木づちで軽くたたきながら，正しく締め付ける．

(5)　各部にはみ出したグリースを，スクレーパなどできれいに取り除く．

(6)　モルタル供試体成形用型に添え枠を載せて，テーブルバイブレータに固定しておく．

(7)　テーブルバイブレータは，型詰の作業の間連続で振動させ，途中で停止してはならない．振動時間は，全部で 120 ± 1 秒とする．

(8)　モルタルは，成形用型に 2 層に詰める．1 層目のモルタルは，振動開始から 15 秒間で，成形用型の高さの 1/2 までさじで詰める．

(9)　次の 15 秒間は，詰める作業を休止する．

(10)　さじで鉢のモルタルを集めながら，次の 15 秒間に，残りのモルタルを 1 層目と同じ順序で詰める．

(11)　さらに引き続き，75 秒間振動をかける．

(12)　振動終了後，テーブルバイブレータに載せた成形用型を静かに外す．

(13)　すぐに成形用型から添え枠を外して，成形用型の上のモルタルの盛り上げを削り取り，上面を平滑にする．削取りは，金属製のストレートエッジを鉛直に保ち，それぞれの方向に一度ずつ鋸引きを行う．

(14)　最後に，ストレートエッジをなでる方向に傾け，押し付けないで一度軽くなでることにより，上面を平滑にする．

(15)　削取りが終わったら，ガラス板を成形用型の上に置く．

(C)　脱型・養生

(1)　モルタルを詰めてから脱型までは湿気箱に入れ，20 時間から 24 時間の間に，供試体に試料記号，製作日，試験日など必要事項を記入して，ていねいに供試体を型枠から取り外す．なお，1 日材齢の試験では，試験前の 20 分以内に脱型を行い試験まで湿布で覆っておく．[注：(B)(1)]

(2)　供試体の質量をはかる．[注：(B)(2)]

(3)　水温 20 ± 1°C の水タンクに完全に浸す．

(4)　成形後 1 日（湿気箱中 24 時間），3 日（湿気箱中 24 時間，水中 2 日間），7 日（湿気箱中 24 時間，水中 6 日間），28 日（湿気箱中 24 時間，水中 27 日間）および 91 日（湿気箱中 24 時間，水中 90 日間）を経たのち，曲げ試験は各材齢とも 3 個の供試体について行い，圧縮試験は各材齢とも，曲げ試験によって切断された 6 個の供試体の折片について行う．

(D)　曲げ試験

(1)　曲げ強さ試験機は，曲げ試験用治具を用い，圧縮強さ試験機により行う．[注：(C)(1)]

(2)　供試体を水タンクから取り出し，布で付着水をぬぐい去り，質量をはかり，ただちに試験を行う．

(3)　供試体を成形したときの側面が正しく支点間上に載るように，はめ込む．

(4)　曲げ強さ試験機は，支点間の距離を 100 mm とし，供試体を成形したときの側面の中央に，毎秒 50 ± 10 N の割合で載荷して最大荷重を求める．[注：(D)(2)]

(5)　曲げ強さは次の式によって算出し，四捨五入し小数点以下 1 けたに丸める．[関：(1)(2)]

$$b = \frac{M}{I} y = \frac{3}{2} \frac{Pl}{bh^2} = \frac{3}{2} \frac{P \cdot 100}{40 \times 40^2} = P \times 0.00234 \quad \cdots\cdots\cdots\cdots\cdots\cdots\cdots\cdots (1.6)$$

$$M = \frac{Pl}{4}, \quad I = \frac{bh^3}{12}, \quad y = \frac{h}{2}$$

ここに，b：曲げ強さ [N/mm^2]，M：支間中央の曲げモーメント [N·mm]，I：断面二次モーメント [mm^4]，y：断面中央から下縁までの距離 [mm]，P：最大荷重 [N]，l：支点間距離（100 mm），b：断面の幅（40 mm），h：断面の高さ（40 mm）

(E) 圧縮試験

(1) 圧縮試験は，曲げ試験の直後に行うものとし，供試体は，曲げ試験に用いた供試片の両折片を用いる．供試体を成形したときの両側面を，加圧面とする．[注：(D)(1)]

(2) 40 mm 平方の加圧板を用いて，供試体中央部に毎秒 $2\,400 \pm 200\,\mathrm{N}$ の割合で載荷する．[注：(D)(2)]

(3) 試験機の指針が止まったときの荷重を最大荷重とする．

(4) 圧縮強さは次の式によって算出し，小数点以下 1 けたに丸める．[関：(1)(2)]

$$c = \frac{P}{A} = \frac{P}{40 \times 40} = \frac{P}{1\,600} \quad \cdots\cdots\cdots\cdots\cdots\cdots\cdots\cdots\cdots\cdots\cdots\cdots\cdots \quad (1.7)$$

ここに，c：圧縮強さ $[\mathrm{N/mm^2}]$

P：最大荷重 $[\mathrm{N}]$

A：加圧板の断面積 $[\mathrm{mm^2}]$

4. 注意事項

(A) モルタルの作り方

(1) 作業は常に室内で行い，日光の直射を避けて乾燥を防ぎ，室温は $20 \pm 2°\mathrm{C}$，湿度は 50%以上に保たなければならない．

(2) 標準砂は，JIS R 5201–2015 附属書 C の C.4.1.3 に規定された砂であり，天然けい砂を水洗，乾燥し，湿分 0.2%未満とし，次の粒度に調整したものとする．なお，試験用網ふるい 1.6 mm，160 μm および 80 μm は ISO 3310-1–2016 による．

試験用網ふるい	2.0 mm	残分	0%
試験用網ふるい	1.6 mm	残分	7 ± 5%
試験用網ふるい	1.0 mm	残分	33 ± 5%
試験用網ふるい	500 μm	残分	67 ± 5%
試験用網ふるい	160 μm	残分	87 ± 5%
試験用網ふるい	80 μm	残分	99 ± 1%

参考：標準砂の検査は社団法人セメント協会が行っている．

(3) 練混ぜ水の温度は，$20 \pm 1°\mathrm{C}$ とする．

(B) 脱型・養生

(1) 湿気箱中には水を満たした鉢を入れ，湿気箱内の温度は $20 \pm 1°\mathrm{C}$，湿度は 90%以上とし，温度の変化および空気の流通を防ぐ．

(2) 一様な供試体ができたかどうかを見るため，脱型後質量をはかっておく．

(C) 曲げ試験

(1) 供試体の長手方向軸と試験機の 3 個のロールの軸とが互いに直角となり，両端の支持用ロールが同一水平面上にあるようにする．

(D) 圧縮試験

(1) 供試体は，上下両加圧板のあいだに偏心することなく正しく設置しなければならない．

(2) 載荷速度によって強さが変化するから，圧縮試験機の送油バルブの動かし方を習熟しなければならない．時間は，メトロノームではかるのが便利である．

5. 関 連 知 識

(1) モルタルの強さは，材齢，使用砂，配合，温度，セメントの風化，養生等に左右される.

(2) セメントの強さの規格と試験成績の一例は，**表-1.6** のようである.

表-1.6 セメントの強さの規格と試験成績 (セメント協会)

セメントの種類		規 格					試験成績				
		圧縮強さ (N/mm^2)					圧縮強さ (N/mm^2)				
		1 日	3 日	7 日	28 日	91 日	1 日	3 日	7 日	28 日	91 日
ポルトランドセメント (JIS R 5210–2019)	普通	—	12.5 以上	22.5 以上	42.5 以上	—	—	28.7	43.5	60.8	68.6
	早強	10.0 以上	20.0 以上	32.5 以上	47.5 以上	—	26.8	45.1	54.3	64.3	—
	超早強	20.0 以上	30.0 以上	40.0 以上	50.0 以上	—	—	—	—	—	—
	中庸熱	—	7.5 以上	15.0 以上	32.5 以上	—	—	20.0	28.9	50.6	65.8
	低熱	—	—	7.5 以上	22.5 以上	42.5 以上	—	11.6	17.0	40.5	71.8
	耐硫酸塩	—	10.0 以上	20.0 以上	40.0 以上	—	—	—	—	—	—
高炉セメント (JIS R 5211–2019)	A 種	—	12.5 以上	22.5 以上	42.5 以上	—	—	—	—	—	—
	B 種	—	10.0 以上	17.5 以上	42.5 以上	—	—	19.8	32.5	57.1	74.1
	C 種	—	7.5 以上	15.0 以上	40.0 以上	—	—	—	—	—	—
シリカセメント (JIS R 5212–2019)	A 種	—	12.5 以上	22.5 以上	42.5 以上	—	—	—	—	—	—
	B 種	—	10.0 以上	17.5 以上	37.5 以上	—	—	—	—	—	—
	C 種	—	7.5 以上	15.0 以上	32.5 以上	—	—	—	—	—	—
フライアッシュセメント (JIS R 5213–2019)	A 種	—	12.5 以上	22.5 以上	42.5 以上	—	—	—	—	—	—
	B 種	—	10.0 以上	17.5 以上	37.5 以上	—	—	23.5	36.4	53.1	69.9
	C 種	—	7.5 以上	15.0 以上	32.5 以上	—	—	—	—	—	—
エコセメント (JIS R 5214–2019)	普通	—	12.5 以上	22.5 以上	42.5 以上	—	—	24.9	35.2	52.4	—
	速硬	15.0 以上	22.5 以上	25.0 以上	32.5 以上	—	23.6	30.6	35.0	48.6	—

■セメントに関する練習問題■

(1) セメントの品質等を規定する JIS とは何か，またなぜ設けられているか，その理由を記せ．

(2) ポルトランドセメントの 4 つの主要な化合物について述べよ．

(3) 混合セメントの特徴について述べよ．

(4) セメントの密度試験は，セメントの品質判定にどのような意義をもっているか．

(5) セメントの密度は，どのような因子に影響されるか．

(6) セメントの粉末度試験の意義を説明せよ．

(7) 比表面積とは，どのような意味か．

(8) セメントの比表面積試験のセメントベッドの体積を，水銀によって求めるのはなぜか．

(9) セメントの凝結試験は，その品質とどのような関係があるか．

(10) セメントの凝結の始発と終結は，どのようにしてはかるか．

(11) セメントの凝結に影響する因子を列挙せよ．

(12) 現在市販されているセメントの強さを，セメントの種類と材齢とについて比較せよ．

(13) セメントの強さ試験において，標準砂を使用しなければならない理由を述べよ．

(14) セメントの強さ試験における供試体の寸法を説明せよ．

(15) セメントの強さ試験のモルタルの配合および水セメント比を説明せよ．

(16) セメントの曲げ強さおよび圧縮強さの計算式は，どのようにして導き出されたか．

(17) 水をはかるときにメニスカスを読むときの注意事項を説明せよ．

第 2 章

●骨　　　材●

2.1　骨材試験総論

1.　骨材の位置づけ

（A）　細骨材と粗骨材の定義

骨材は，岩石などが自然作用や人工的な技術によって粒状に砕かれたもので，コンクリートなどへ使用する場合に呼ぶ名称である．

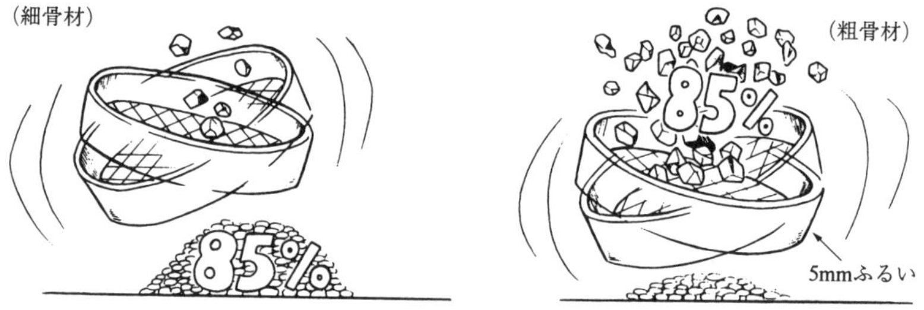

（細骨材）

（粗骨材）

5mmふるい

図-2.1　細骨材と粗骨材の定義

『細骨材』とは，10 mm ふるいを全部通り，5 mm ふるいを質量で 85%以上通る骨材をいう．

『粗骨材』とは，5 mm ふるいに質量で 85%以上とどまる骨材をいう．

（B）　コンクリート中の骨材の役割

骨材は一般に，コンクリートの骨格を形成し，容積の大半（7 割程度）を占めるので，その性質がコンクリートの品質を大きく左右することになり，清浄，堅硬，耐久的で，かつ有害物を有害量含まないものが要求される．

また骨材は，セメントペーストの硬化および乾燥による収縮の大きさを低減する働き

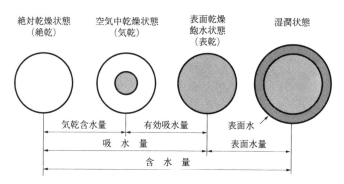

図-2.2　骨材の含水状態の位置づけ

を持つ．しかし，骨材とペーストの界面は付着ひび割れの出発点でもあり，力学的に弱点となりやすい．

一方，コンクリートを配合設計する場合，骨材の粒度・形状や含水状態，密度などの基本物性を把握する必要があるとともに，採取した環境や使用する環境の状況を十分に考慮する必要がある．

図-2.2 には，骨材の含水状態および吸水量，表面水量，含水量の位置づけを示す．

2.　骨材の種類

天然骨材には，川砂・川砂利，山砂・山砂利，海砂等のほか，軽量の火山礫や軽石も含まれ，対象となる種類は，非常に多岐にわたる．

産地，その岩石名や鉱物の種類を明確に把握することは，実験を行う前提として，非常に重要なことである．

人工骨材には，砕石・砕砂，軽量・重量骨材などがあり，また，循環型社会に貢献する産業副産物としての利用も行われ，高炉スラグ骨材を代表とする各種のスラグ骨材などが広く普及している．近年，コンクリート構造物の解体によって生ずる廃棄物などを，破砕して再度利用するための，再生骨材の検討も盛んに行われてきた．

日本産業規格（JIS）では，コンクリート用スラグ骨材として，次の 5 部の分類がある．

(1) 高炉スラグ骨材（高炉で銑鉄と同時に生成する溶融スラグを水，空気等によって急冷し，または徐冷し，粒度調整したもの：JIS A 5011-1–2018）

(2) フェロニッケルスラグ骨材（炉でフェロニッケルと同時に生成する溶融スラグを徐冷し，または水，空気によって急冷し，粒度調整したもの：JIS A 5011-2–2016）

(3) 銅スラグ細骨材（銅製錬プロセスで生成されるスラグを高圧水で冷却し，砂状水砕したもの：JIS A 5011-3-2016）

(4) 電気炉酸化スラグ骨材（電気炉製鋼工場で鉄スクラップを溶融して製鋼する際に発生する電気炉酸化スラグを破砕して粒度調整し，コンクリート用骨材として利用できるようにしたもの：JIS A 5011-4-2018）

(5) 石炭ガス化スラグ骨材（石炭ガス化複合発電 (IGCC) に際して生じるスラグを水で急冷し，磨砕および粒度調整したもの：JIS A 5011-5-2020）

また，再生骨材に関しては，コンクリート用再生骨材 H （JIS A 5021-2018），再生骨材コンクリート M （JIS A 5022-2018）および，再生骨材 L を用いたコンクリート （JIS A 5023-2018）がある．

3.　骨材の利用における時代的変遷

過去には，河川産骨材が骨材の大半を占めていたが，採取規制などにより，近年，砕石・砕砂の利用が増え，産出場所は時代とともに変化している．海砂の採取制限の問題などに見られるように，骨材の採取は，生態系全体の環境と深くかかわりを持つので，供給源の各種整備が検討されている．

4.　骨材試験の意義

骨材試験の意義は，以下の 2 点に大別できる．

(A)　配合設計や品質管理を行うための骨材情報の把握

骨材の粒度や粒形，単位容積質量は，コンクリートのワーカビリティーなど，フレッシュコンクリートの性質に影響し，密度や吸水率は，配合設計を行ううえで必要不可欠な情報となる．

(B)　環境条件を考慮した使用の適否と品質の判定

主として天然の岩石から採取する骨材は，その環境から受ける多岐多様な性格を持つので，コンクリートの構成材料としての役割を考えるとき，採取する環境や使用する環境などのさまざまな問題も十分に考慮する必要がある．

塩害，凍害，アルカリ骨材反応，化学的作用などによる影響や，自然風化，すりへり作用などに対する強靭性や耐摩耗性などを考慮して，使用の適否を判断する必要がある．

写真-2.1　アルカリ骨材反応による構造物の劣化

5.　本章で取り上げる骨材試験

本章においては，骨材の試験項目として，**4.(A)** の視点から，粒度分布，密度，吸水率，単位容積質量や実積率などの物理的試験を取り上げる．

また，**4.(B)** の視点から，塩化物含有率試験，アルカリシリカ反応性試験，気象の作用に対する骨材の安定性試験，腐植土などの含有量を把握する有機不純物試験，道路・ダム用のコンクリート用骨材として必要なすりへり試験を取り上げる．なお，骨材試験では，試験用の試料を採取する際の均質性の確保が重要となる．このため，各試験方法には，四分法や試料分取器による試料採取が規定されている．現在では，骨材に関する試料採取の方法が「JIS A 1158-2020　試験に用いる骨材の縮分方法」として規定されているため，試料の縮分についての詳細は，個別の試験方法には記載されていない．本書では，読者の使いやすさを考慮して，骨材の試験方法内に，JIS A 1158 と齟齬のない試料の縮分方法の記述を残している．

6.　骨材からみたコンクリート構造物における損傷や劣化事例と分析装置

　本章の **4.(B)** における環境条件を考慮した骨材のあり方は，コンクリート構造物の竣工後の損傷や使用期間中の劣化の進行に大きく寄与する特性を調べる重要な試験と位置づけられる．また，その試験法は，高度な分析装置や機器を使用する場合もあるので，その原理の理解が十分に必要である．

　本章では，コンクリートの構造物における損傷や劣化事例などを紹介するとともに，各骨材試験との関連を様々な観点から考えることとする．

　細骨材の有機不純物試験は，山砂や川砂などの中に混入する腐植酸物質を問題視する．フミン酸やタンニン酸などの有機酸は，コンクリートのアルカリ性の性質を持つ水酸化カルシウムと反応すると同時に，その化合塩が生成され，それが水分による溶出侵食性を持つ場合，コンクリート構造物に化学的侵食としての損傷を生ずることが懸念される．また，有機不純物はセメントの水和反応において，フローや水和阻害に影響を及ぼす場合がある．

　写真-2.2 には，有機酸によるモルタルの溶解としての水中侵食の様子を示す．我が国には，ダムの堆砂量の膨大な増加に深刻な問題などもあり，山砂，川砂などの有機不純物の検討を行うことで，骨材の枯渇化の対策に，砂資源の再利用として，その活用が望まれている．

　骨材中に含まれる粘土塊の存在は，コンクリートの単位水量の増加とともに，コンクリートの乾燥収縮ひび割れの発生に関与する場合がある．

　硫酸ナトリウムによる骨材の安定性試験はコンクリートの凍害劣化促進に関連する場合がある．**写真-2.3** には，凍結融解作用を受けたコンクリート供試体を示す．

　粗骨材のすりへり試験については，道路用コンクリートに使用されるので，強靱な骨材の使用が求められる．

　実際の鉄筋コンクリート床版では，それを小型的モデル化した走行輪荷重載荷試験も行われている．床版下面では橋軸方向にもひび割れが発生し，エフロレッセンスを下面に沈着し，コンクリート床版内部で，こすり合わせの動きが起こり，ひび割れ面の摩耗面からの浸透水により，雨などの水分供給が，さらなるひび割れ面の摩耗を促進する重要な知見として認知されている．また床版の疲労促進は，構成コンクリート中のセメント成分を溶出分離させ，砂利化の現象をもたらすことも知られている．

　海砂の塩化物イオン含有率試験は，過去，瀬戸内海などで，大量の海砂の採取がなされ，コンクリート構造物に使用され，鉄筋を腐食させる塩害につながり，山陽新幹線のトンネル覆工コンクリートの剥落事故などを引き起こしている．**写真-2.4**

写真-2.2　有機酸によるモルタルの溶解

写真-2.3　凍結融解作用を受けたコンクリート

写真-2.4　鉄筋の腐食によるひび割れ

には，コンクリート内の鉄筋の腐食によるひび割れを示す．

　一般に，反応性骨材に含まれる可溶性シリカ，コンクリート中や外部から供給されるアルカリ金属（Na，K），水分との化学反応により，骨材が膨張する反応をアルカリシリカ反応（ASR）と呼ぶ．この化学的反応により，アルカリシリカゲルが生成し，吸水膨張してコンクリートにひび割れを生じさせ，コンクリート構造物の耐久性の低下や鉄筋の破断など，多くの事例の報告がされている．

　骨材のアルカリシリカ反応性試験（化学法）は，試料の溶解シリカ量（Sc）とアルカリ濃度減少量（Rc）を化学分析によって求め，「無害」または「無害でない」を判定する試験で，「JIS A 5308–2019　レディーミクストコンクリート」において，使用する骨材のアルカリシリカ反応性を判定する試験となっている．

　「無害でない」とは，潜在的に反応性を持つ場合，現在進行中の場合があると考えられる骨材で，JIS A 5308–2019 では抑制対策を実施すればコンクリートに使用できると定められている．また，化学法で「無害でない」と判定された骨材でも，モルタルバー法の試験結果が「無害」と判定された場合は，その対象骨材は「無害」と判定されるものと考える．

写真-2.5　骨材のアルカリシリカ反応性試験（化学法，モルタルバー法）の試験分析装置
（原子吸光光度法，中和滴定法，長さ変化測定，モルタルバー貯蔵槽）

　JIS A 1146–2022 のモルタルバー法では，養生期間中に含有アルカリが溶出し，膨張率の増加が小さくなる可能性や遅延膨張性の骨材では，判定する材齢 26 週間以降でも膨張が継続していることが推測され，緩慢な反応の骨材の岩種によっては評価が難しいとの見解もある．**写真-2.5** には，アルカリシリカ反応性試験における分析装置を示す．

　これに対し，以下に示す促進モルタルバー法は供試体に常にアルカリが供給される養生方法として，特徴を持ち，ASTM C 1260 では，80°C の 1 N·NaOH（水酸化ナトリウム）溶液中，デンマーク法では，50°C の飽和 NaCl（塩化ナトリウム）溶液中に供試体を浸漬する状態にて試験を行う．

　また，ASTM C 1260 に準拠したコンクリートコアの促進膨張試験として，カナダ法がある．本章において取り上げる迅速法では，高温・高圧下でのみ，その促進性を期待するものである．

　さらに，飛来塩分や凍結防止剤の散布が想定されるコンクリート構造物に使用予定の骨材は，ASR とともに，複合劣化やその遅延膨張性などを十分に検討するべきと考える．

　特に，構造物から採取したコンクリートコアを促進環境で養生させることにより，ASR の可能性を検討する試験では，ASR の有無を判定するのは慎重に考え，実構造物の供用環境や使用状態が様々な条件であることから，実構造物の膨張挙動と試験結果が一致するかについては，十分判定に配慮すべきである．すなわち，各試験法では，将来膨張する可能性を持つ骨材が使用されているか否かを確認すると同時に，骨材岩種や構造物がアルカリや水分などの影響をどのように受けるかの詳細な情報を総合的に鑑み，適切な試験法を選択する必要がある．

2.2　骨材のふるい分け試験

1.　試験の目的

(1)　この試験は，「骨材のふるい分け試験方法（JIS A 1102–2014）」に規定されている．

(2)　この試験は，コンクリートに用いる骨材の粒度を知るために行う．

(3)　骨材の粒度とは，骨材の大小粒が混合している程度をいう． 5

(4)　骨材の粒度が適当であれば，骨材の単位容積質量が大きく，セメントペーストが節約され，密度の高いコンクリートが得られ，経済的となる．

(5)　骨材の粒度は，コンクリートのワーカビリティーに大きな影響を及ぼす．特に細骨材の場合，その影響が大きい．

(6)　細骨材とは，10 mm ふるいを全部通り，5 mm ふるいを質量で 85%以上通過する骨材をいう． 10

(7)　粗骨材とは，5 mm ふるいに質量で 85%以上とどまる骨材をいう．

(8)　各ふるいにとどまる試料の質量とは，対象とするふるいおよびそれよりふるい目が大きいすべてのふるいの，連続する各ふるいの間にとどまる試料の質量の累計のことである．

2.　使 用 器 具

(1)　はかり（細骨材用のはかりは目量 0.1 g，粗骨材用のはかりは目量 1 g またはこれより小さいもの） 15

(2)　試料分取器

(3)　ショベル

(4)　試験用網ふるい（公称目開き 75 μm {0.075 mm}，150 μm {0.15 mm}，300 μm {0.3 mm}，600 μm {0.6 mm} および 1.18 mm {1.2 mm}，2.36 mm {2.5 mm}，4.75 mm {5 mm}，9.5 mm {10 mm}，16 mm {15 mm}，19 mm {20 mm}，26.5 mm {25 mm}，31.5 mm {30 mm}，37.5 mm {40 mm}，53 mm {50 mm}， 20 63 mm {60 mm}，75 mm {80 mm}，106 mm {100 mm}）

※ {　} はふるいの呼び名であり，呼び寸法と称される．たとえば，公称目開き 1.18 mm のふるいは，1.2 mm ふるいと呼ぶことができる．

(5)　ふるい機

(6)　乾燥機（排気口のあるもので，105±5℃ に保持できるもの） 25

3.　実 験 要 領

(A)　試料の準備

(1)　試験しようとするロットを代表するように骨材を採取し，四分法または試料分取器によって，ほぼ所定量となるまで縮分する．

(2)　分取した試料を，105±5℃ で，一定質量となるまで乾燥させる．乾燥後，試料は室温まで冷却させる． 30

(3)　試料の最小乾燥質量は，下記の量を標準とする．ただし構造用軽量骨材では，下記の最小乾燥質量の 1/2 とする．

細骨材　1.2 mm ふるいを 95%（質量比）以上通過するもの………100 g

　　　　1.2 mm ふるいに 5%（質量比）以上とどまるもの　………500 g 35

粗骨材　使用する骨材の最大寸法（ミリメートル表示）の 0.2 倍をキログラム表示した量とする.

(B)　試験方法

(1)　(A) 試料の準備で採取した試料の質量を細骨材は 0.1 g, 粗骨材は 1 g まで測定する.

(2)　ふるいは, 試験の目的に合う組合せの網ふるいを用い, ふるい目の粗いふるいから順番にふるい分ける. また, 機械によってふるい分ける場合は, 受皿の上にふるい目の細かいふるいから順番に積み重ね, 最上部に試料を置き, 必要に応じてふたをしてふるい分ける.

(3)　ふるい分けは, 手動または機械によって, ふるいに上下動および水平動を与えて試料を揺り動かし, 試料が絶えずふるい面を均等に運動するようにし, 1 分間に各ふるいを通過するものが, 全試料質量の 0.1% 以下となるまで作業を行う.

(4)　機械を用いてふるい分けた場合は, さらに手でふるい分け, 1 分間の各ふるい通過量が上記の値より小となったことを確かめなければならない. [注: (1)]

(5)　ふるい目に詰まった粒は, 破砕しないように注意しながら押し戻し, ふるいにとどまった試料とみなす. [注: (2)]

(6)　5 mm より小さいふるいでは, ふるい作業が終わった時点で, 各ふるいにとどまるものが次の値を超えてはならない.

$$m_r = \frac{A\sqrt{d}}{300} \quad \cdots\cdots\cdots\cdots\cdots\cdots\cdots\cdots\cdots\cdots\cdots\cdots\cdots\cdots\cdots\cdots\cdots\cdots\cdots\cdots\cdots\cdots\cdots (2.1)$$

ここに, m_r：連続する各ふるいの間にとどまるものの質量（g）

　　　　A：ふるいの面積（mm²）

　　　　d：ふるいの公称目開き（mm）

各ふるいの中のどれかが, この量を超える場合は, 次の 2 つの方法のうち 1 つを行う.

1)　その部分の試料を, 規定した最大質量より小さくなるように分け, これらを次々にふるい分ける.

2)　5 mm のふるいを通過する試料を試料分取器あるいは四分法によって縮分し, 縮分した試料についてふるい分けを行う.

(7)　連続する各ふるいの間にとどまった試料の質量を細骨材は 0.1 g, 粗骨材は 1 g まで測定する. 連続する各ふるいの間にとどまった試料の質量と受皿中の試料の質量の総和は, ふるい分け前に測定した試料の質量と 1% 以上異なってはならない.

(C)　試験結果の整理

(1)　連続する各ふるいの間にとどまるものの質量分率は, ふるい分け後の全試料質量に対する質量分率（%）を計算し, 四捨五入して整数に丸めて求める. なお (B) の (6) に規定する分割操作を行った場合は, これを計算の際に考慮する. [注: (3)]

(2)　各ふるいにとどまるものの質量分率を, 対象とするふるいおよびそれよりふるい目が大きいすべてのふるいの, 連続する各ふるいの間にとどまるものの質量分率（%）を累計して求める.

(3)　各ふるいを通過するものの質量分率を, 100% から各ふるいにとどまるものの質量分率（%）を減じて求める.

表-2.1　ふるい分けの試験結果の一例

ふるいの公称目開き (mm)	粗骨材				細骨材			
	連続する各ふるいの間にとどまるものの質量および質量分率		各ふるいにとどまるものの質量分率	各ふるいを通過するものの質量分率	連続する各ふるいの間にとどまるものの質量および質量分率		各ふるいにとどまるものの質量分率	各ふるいを通過するものの質量分率
	(g)	(%)	(%)	(%)	(g)	(%)	(%)	(%)
53　{50}	0	0	0	100				
*37.5　{40}	270	2	2	98				
31.5　{30}	1 755	12	14	86				
26.5　{25}	2 455	16	30	70				
*19　{20}	2 270	15	45	55				
16　{15}	4 230	28	73	27				
* 9.5　{10}	2 370	16	89	11	0.0	0	0	100
* 4.75　{5}	1 650	11	100	0	25.0	5	5	95
* 2.36　{2.5}		0	100	0	37.5	8	13	87
* 1.18　{1.2}		0	100	0	67.5	14	27	73
* 0.6		0	100	0	213.0	41	68	32
* 0.3		0	100	0	118.5	24	92	8
* 0.15		0	100	0	35.0	7	99	1
0.075		0	100	0	3.5	1	100	0
受　皿	0	0	100	0	0.0	0	100	0
合　計	15 000	100			500.0	100		

注 1) 細骨材では，連続する各ふるいの間にとどまるものの質量分率（%）の合計が 102%となったので，連続する各ふるいの間にとどまるものの質量分率（%）の最大の 0.6 mm ふるいの値を 41%に調整している.

　 2) 粗粒率は * 印を付したふるいについて，ふるいにとどまるものの質量分率（%）を合計して，100 で割って求めている.

※　{　}はふるいの呼び寸法

(4)　最大寸法および粗粒率（F.M.）を求める.［関：(1)(2)(3)］

　　粗粒率および最大寸法の計算例

　　　　粗骨材：

$$粗粒率 (F.M.) = \frac{2 + 45 + 89 + 100 + 100 \times 5}{100}$$
$$= 7.36$$

　　　　　最大寸法は　　40 mm

　　細骨材：

$$粗粒率 (F.M.) = \frac{5 + 13 + 27 + 68 + 92 + 99}{100}$$
$$= 3.04$$

(5)　試験結果は表だけでなく，**図-2.3** のように，横軸にふるいの呼び寸法を対数目盛でとり，縦軸にふるいを通過するものの質量分率（%）あるいはふるいにとどまるものの質量分率（%）をとって，粒度曲線を描いて図示する.［関：(4)(5)(6)(7)］

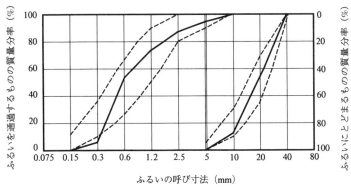

点線は表-2.2, 2.3 の粒度の標準を示す.

図-2.3　粒度曲線の一例

4.　注 意 事 項

(1)　機械を用いてふるい分け中に粉砕される可能性があると判断される骨材は，機械を用いてふるい分けてはならない.

(2)　どのような骨材でも，手で押して無理にふるいを通過させてはならない. ただし，大きめの粒子は，手で置くようにして向きを変えて個々の孔に当て，通過するものはふるいを通過する試料とみなす.

(3)　連続する各ふるいの間にとどまるものの質量分率（％）の総和が 100％とならない場合には，最も大きい質量分率（％）を加減して調整する.

5.　関 連 知 識

(1)　粗骨材の最大寸法とは，質量で少なくとも 90％が通るふるいのうち，最小寸法のふるいの呼び寸法で示される粗骨材の寸法をいう.

(2)　骨材の粗粒率は，ふるいの呼び寸法が 80 mm，40 mm，20 mm，10 mm，5 mm，2.5 mm，1.2 mm，0.6 mm，0.3 mm および 0.15 mm の各ふるいにとどまるものの質量分率（％）の和を 100 で除して，四捨五入によって小数点以下 2 けたに丸めて表示する. その適当な範囲の値は，細骨材の場合 2.3〜3.1，粗骨材の最大寸法が 40 mm の場合 6〜8 である.

(3)　骨材粒の大きなものが多ければ，粗粒率の数値も大きくなる.

(4)　細骨材，粗骨材の粒度の標準を，**表-2.2〜2.5** に示す.

　　(a)　細骨材

表-2.2　細骨材の粒度の標準

ふるいの呼び寸法 （mm）	10	5	2.5	1.2	0.6	0.3	0.15
ふるいを通るものの 質量分率（％）	100	90〜100	80〜100	50〜90	25〜65	10〜35	2〜10[1]

1) 砕砂あるいはスラグ細骨材を単独に用いる場合には質量分率（％）を 2〜15％にしてよい. 混合使用する場合で，0.15 mm 通過分の大半が砕砂あるいはスラグ細骨材である場合には 15％としてよい.

2) 連続した 2 つのふるいの間の量は 45％を超えないのが望ましい.

3) 空気量が 3％以上で単位セメント量が 250 kg/m³ 以上のコンクリートの場合，良質の鉱物質微粉末を用いて細粒の不足分を補う場合等に 0.3 mm ふるいおよび 0.15 mm ふるいを通るものの質量百分率の最小値をそれぞれ 5 および 0 に減らしてよい.

表-2.3　細骨材の粒度の標準（ダムコンクリート）

ふるいの呼び寸法	粒径別分率（%）	ふるいの呼び寸法	粒径別分率（%）
10～5 mm	0～8	600～300 μm	15～30
5～2.5 mm	5～20	300～150 μm	12～20
2.5～1.2 mm	10～25	150 μm 以下	2～15
1.2 mm～600 μm	10～30		

（b）　粗骨材

表-2.4　粗骨材の粒度の標準

ふるいの呼び寸法（mm）		ふるいを通るものの質量分率（%）									
		50	40	30	25	20	15	13	10	5	2.5
粗骨材の最大寸法（mm）	40	100	95～100			35～70			10～30	0～5	
	25			100	95～100		30～70			0～10	0～5
	20				100	90～100			20～55	0～10	0～5
	10							100	90～100	0～15	0～5

表-2.5　粗骨材の粒度の標準（ダムコンクリート）

粗骨材の最大寸法（mm） ＼ 粒径の範囲（mm）	粒径の範囲の質量分率（%）					
	150～80	120～80	80～40	40～20	20～10	10～5
150	35～20		32～20	30～20	20～12	15～8
120		25～10	35～20	35～20	25～15	15～10
80			40～20	40～20	25～15	15～10
40				55～40	35～30	25～15

（5）　粗骨材の最大寸法の標準を，**表-2.6** に示す．

表-2.6　粗骨材の最大寸法の標準

構造条件	粗骨材の最大寸法
最小断面寸法が 1 000 mm 以上 かつ，鋼材の最小あきおよびかぶりの 3/4 > 40 mm の場合	40 mm
上記以外場合	20 mm　　または　　25 mm

（6）　構造用軽量コンクリート骨材については，JIS A 5002–2003 に，コンクリート用砕石および砕砂については JIS A 5005–2020 に，コンクリート用スラグ骨材については JIS A 5011-1–2018, JIS A 5011-2–2016, JIS A 5011-3–2016, JIS A 5011-4–2018 に，粒度範囲が示されている．

（7）　粒度曲線とは，骨材や粉体などを構成する粒子の径の分布状態を表した曲線のことをいう．骨材の場合には，一般的には，適当に選ばれた1組のふるいの呼び寸法を横軸に対数目盛にとり，各ふるいを通過する質量分率（%）（通過質量分率）または各ふるいにとどまる質量分率（%）（残留質量分率）を縦軸に普通目盛でとって表される．ただし，ふるいの公称目開きを横軸にとる場合もある．

2.3　細骨材の密度および吸水率試験

1.　試験の目的

(1)　この試験は,「細骨材の密度及び吸水率試験方法（JIS A 1109–2020）」に規定されている.

(2)　この試験は,細骨材の一般的性質を判断し,またコンクリートの配合設計における細骨材の絶対容積を知るために行う.

(3)　細骨材の吸水率試験は,細骨材粒の空げきを知ったり,またコンクリートの配合の計算において,使用水量を調節するために行う.

(4)　細骨材の密度とは,表面乾燥飽水状態における骨材粒の密度（表乾密度）のことで,密度の大きなものは一般に強度は大であり,吸水率は少なくなり,凍結に対する耐久性は大となる.

(5)　採取箇所および風化の程度により,密度,吸水率に変化を生じる.

(6)　表面乾燥飽水状態とは,骨材の表面水がなく,骨材粒の内部の空げきが水で満たされている状態をいう.［関：(1)]

2.　使 用 器 具

(1)　はかり（ひょう量 2 kg 以上で,目量が 0.1 g またはこれより小さいもの）

(2)　ピクノメータ（フラスコまたは他の適切な容器（以下,ピクノメータという）は,非吸水性の材料で,細骨材の試料が容易に入れられるものとし,試験を繰り返し行った場合,その容量を ±0.1 % 以内の精度で測定できるものとする.また,キャリブレーションされた容量を示す印までの容積は,試料を収容するのに必要な容積の 1.5 倍以上で 3 倍を超えないもの.キャリブレーションされた容量としては,500 ml とすることが多い）［注：(1)]

(3)　フローコーン（細骨材の表面乾燥飽水状態を試験するのに用いる非吸水性の材料を用いて製作したもので,寸法が上面内径 40 ± 3 mm,底面内径 90 ± 3 mm,高さ 75 ± 3 mm で厚さ 4 mm 以上のもの）

(4)　突き棒（質量 340 ± 15 g で,一端が直径 23 ± 3 mm の円形断面のもの）

(5)　試料分取器

(6)　水槽

写真-2.6　試料分取器

写真-2.7　フローコーンと突き棒

(7)　乾燥機（排気口があるもので，105 ± 5°C に保持できるもの）

(8)　デシケーター

(9)　ピペット

(10)　漏斗

3.　実 験 要 領

(A)　試料の準備

(1)　試料は，代表的なものを採取して，四分法または試料分取器によって約 2 kg に縮分し，それを四分法または試料分取器によって約 1 kg ずつに二分する．試料は，24 時間吸水させ，水温は，吸水時間の少なくとも 20 時間は 20 ± 5°C に保つ．[注：(2)(3)]

(2)　吸水させた細骨材を平らな面の上に薄く広げ，暖かい風を静かに送りながら均等に乾燥させるため，ときどきかき回す．

(3)　細骨材の表面にまだ幾分表面水があるときに，細骨材をフローコーンに注ぎ込むように緩く詰める．

(4)　上面を平らにならした後，試料の上面から突き棒の重さだけで力を加えず速やかに 25 回軽く突く．突き固めた後，残った空間を再度満たしてはならない．次に，フローコーンを静かに鉛直に引き上げる．このとき表面水があれば，細骨材はコーンの形をそのまま保つ．[注：(4)]

(5)　このときには，再び細骨材を広げて乾燥し，上記の方法を繰り返す．

(6)　フローコーンを引き上げたときに，細骨材のコーンが初めてスランプした（崩れる）とき，表面乾燥飽水状態であるとする．[注：(5)]

(7)　(6) の試料を約 500 g ずつ二分し，それぞれを密度および吸水率試験の 1 回の試料とする．

(B)　密度試験方法と試験結果の整理

(1)　ピクノメータに水をキャリブレーションされた容量を示す印まで加え，そのときの質量（m_1）を 0.1 g まではかり，また水温（t_1）をはかる．[注：(6)]

(2)　ピクノメータの水を空けて，(A)(7) の表乾密度試験用試料の質量（m_2）を 0.1 g まではかった後，試料をピクノメータに入れ，水をキャリブレーションされた容量を示す印まで加える．[注：(7)]

(3)　ピクノメータを平らな板の上で転がし，泡を追い出した後，20 ± 5°C の水槽につける．

(4)　約 1 時間ピクノメータを水槽につけてから，さらにキャリブレーションされた容量を示す印まで水を加え，そのときの質量（m_3）を 0.1 g まではかり，また水温（t_2）をはかる．水槽につける前後のピクノメータ内の水温の差（t_1 と t_2 との差）は 1°C を超えてはならない．

(5)　細骨材の表面乾燥飽水状態における密度（表乾密度）および絶対乾燥状態における密度（絶乾密度）は，次の式によって算出し，四捨五入し，小数点以下 2 けたに丸める．[注：(8)]

$$d_S = \frac{m_2 \times \rho_w}{m_1 + m_2 - m_3} \quad\cdots\cdots\cdots\cdots\cdots\cdots\cdots\cdots\cdots\cdots\cdots\cdots\cdots\cdots\cdots\cdots\cdots\cdots\cdots\cdots\cdots (2.2)$$

ここに，d_S：表面乾燥飽水状態における密度（g/cm³）

$\quad\quad\quad m_1$：キャリブレーションされた容量を示す印まで水を満たしたピクノメータの全質量（g）

$\quad\quad\quad m_2$：表面乾燥飽水状態における密度試験用試料の質量（g）

$\quad\quad\quad m_3$：試料と水でキャリブレーションされた容量を示す印まで満たしたピクノメータの質量（g）

$\quad\quad\quad \rho_w$：試験温度における水の密度*（g/cm³）

　　注 * 水の密度は，試験温度に応じて次の値を用いる．

温度 (°C)	15	16	17	18	19	20	21	22	23	24	25
密度 (g/cm³)	0.9991	0.9989	0.9988	0.9986	0.9984	0.9982	0.9980	0.9978	0.9975	0.9973	0.9970

$$d_d = d_S \times \frac{m_5}{m_4} \quad\cdots\cdots\cdots\cdots\cdots\cdots\cdots\cdots\cdots\cdots\cdots\cdots\cdots\cdots\cdots\cdots (2.3)$$

ここに，d_d：絶対乾燥状態における密度（g/cm³）

m_4：表面乾燥飽水状態の吸水率試験用試料の質量（g）

m_5：乾燥後の吸水率試験用試料の質量（g）

(6)　試験は 2 回行い，その平均値をとる．平均値からの差は，0.01 g/cm³ 以下でなければならない．

(C)　吸水率試験方法と試験結果の整理

(1)　**(A)**(7) の吸水率試験用試料の質量（m_4）を 0.1 g まではかった後，105 ± 5°C で一定質量となるまで乾燥し，デシケーター内で室温になるまで冷やし，その質量（m_5）を 0.1 g まではかる．

(2)　吸水率は，次の式で計算し，四捨五入して，2 けたまでに丸める．[注：(9)，関：(2)(3)(4)]

$$Q = \frac{m_4 - m_5}{m_5} \times 100 \quad\cdots\cdots\cdots\cdots\cdots\cdots\cdots\cdots\cdots\cdots\cdots\cdots\cdots\cdots\cdots (2.4)$$

ここに，Q：吸水率（質量百分率）（%）

(3)　試験は 2 回行い，その平均値をとる．平均値からの差は，0.05% 以下でなければならない．

4.　注 意 事 項

(1)　軽量骨材の場合，容器の容積は，700 ml 以上とするのがよい．また，水に浮く軽量骨材を試験する場合，ふた付きのピクノメータを用いるのがよい．

(2)　山積みされた骨材から代表的な試験用骨材を採取するときは，数箇所から取るのがよい．

(3)　四分法とは，骨材を一様な厚さでほぼ円形に広げ，2 本の直径で 4 等分し，相対する 2 つの 1/4 部分をとって加え，1/2 に縮減する方法である．四分法および試料分取器による縮分の詳細は，JIS A 1158–2020 に規定されている．

(4)　突き棒で 25 回軽く突く場合，突き棒が鉛直下向きの姿勢を保つことができるように，突き棒を手から完全に離さないようにして，突き棒の重さのみで突くようにする．2 回目以降は，突いていない部分で盛り上がっている箇所に突き棒を移動させてその位置で静かに突き，順次「の」の字を描くように 25 回突く．

(5)　もし最初にフローコーンを取り去ったときに細骨材のコーンがスランプしたら，表面乾燥飽水状態を過ぎているので，このときには少量の水を加えてよく混合し覆いをして 30 分間置いた後，前述（試料の準備）の作業を行うとよい．

(6)　上水道水など清浄な水とする．

(7)　試料をピクノメータに入れる前に，少量の水を入れておけば，ピクノメータを割るおそれが少ない．

(8)　この密度は，表面乾燥飽水状態の見掛け密度である．

(9)　構造用軽量細骨材を絶対乾燥状態から 24 時間吸水させて試験する場合は，JIS A 1134–2022 によって行う．

5. 関 連 知 識

(1) 骨材における含水状態は，**図-2.2** に示すように，絶対乾燥状態（絶乾状態），空気中乾燥状態（気乾状態），表面乾燥飽水状態（表乾状態）および湿潤状態の 4 種類に分けられる．

(2) 一般に，細骨材の密度は $2.50 \sim 2.65\,\mathrm{g/cm^3}$，吸水率は 1〜3％ ぐらいである．

(3) コンクリート用砕砂は，絶乾密度が $2.5\,\mathrm{g/cm^3}$ 以上，吸水率が 3.0％以下と定めている（JIS A 5005–2020）．

(4) コンクリート用高炉スラグ細骨材は，絶乾密度が $2.5\,\mathrm{g/cm^3}$ 以上，吸水率が 3.0％以下と定めている（JIS A 5011-1–2018）．

(5) コンクリート用フェロニッケルスラグ細骨材は，絶乾密度が $2.7\,\mathrm{g/cm^3}$ 以上，吸水率が 3.0％以下と定めている（JIS A 5011-2–2016）．

(6) コンクリート用銅スラグ細骨材は，絶乾密度が $3.2\,\mathrm{g/cm^3}$ 以上，吸水率が 2.0％以下と定めている（JIS A 5011-3–2016）．

(7) コンクリート用電気炉酸化スラグ細骨材は，絶乾密度により，**表-2.7** のように区分している（JIS A 5011-4–2018）．

表-2.7 コンクリート用電気炉酸化スラグ細骨材の区分

区分	絶乾密度（$\mathrm{g/cm^3}$）	吸水率（％）
N	3.1 以上 4.0 未満	2.0 以下
H	4.0 以上 4.5 未満	

(8) コンクリート用石炭ガス化スラグ細骨材は，絶乾密度が $2.5\,\mathrm{g/cm^3}$ 以上，吸水率が 1.5％以下と定めている（JIS A 5011-5–2020）．

(9) 再生骨材 L を用いたコンクリート（JIS A 5023–2018）では，再生細骨材 L は，吸水率が 13.0％以下と定めている．再生骨材 M を用いたコンクリート（JIS A 5022–2018）では，再生細骨材 M は，絶乾密度が $2.2\,\mathrm{g/cm^3}$ 以上，吸水率が 7.0％以下と定めている．またコンクリート用再生細骨材 H は，絶乾密度が $2.5\,\mathrm{g/cm^3}$ 以上，吸水率が 3.5％以下と定めている（JIS A 5021–2018）．

2.4 粗骨材の密度および吸水率試験

1. 試験の目的

(1) この試験は,「粗骨材の密度及び吸水率試験方法（JIS A 1110–2020）」に規定されている. [注：(1)(2)]

(2) この試験は, 粗骨材の一般的性質を判断し, またコンクリートの配合設計における粗骨材の絶対容積を知るために行う.

(3) 粗骨材の吸水率試験は, 粗骨材粒の空げきを知ったり, またコンクリートの配合の計算において, 使用水量を調節するために行う.

(4) 粗骨材の密度とは, 表面乾燥飽水状態あるいは絶対乾燥状態における骨材粒の密度のことで, 密度の大きなものは一般に強度は大であり, 吸水率は少なくなり, 凍結に対する耐久性は大となる.

(5) 採取箇所および風化の程度により, 密度, 吸水率に変化を生ずる.

(6) 表面乾燥飽水状態とは, 骨材の表面水がなく, 骨材粒の内部の空げきが水で満たされている状態をいう.

2. 使 用 器 具

(1) はかり（試料質量の 0.02% 以下の目量をもつもので, 皿の中心から直径 3 mm 以下の金属線でかごをつるし, これを水中に浸すことができる構造のもの）

(2) 金網かご（目開き 3 mm 以下の金網製で, 直径約 200 mm, 高さ約 200 mm のもの）

(3) 水槽

(4) 吸水性の布（粗骨材の粒子の表面の水膜をぬぐうのに用いるもので, 乾燥した柔らかいもの）

(5) 乾燥機（排気口のあるもので, $105 \pm 5°C$ に保持できるもの）

3. 実 験 要 領

(A) 試料の準備

(1) 試料は代表的なものを採取し, 公称目開き 4.75 mm の金属製網ふるいにとどまる粗骨材を, 四分法または試料分取器によって, ほぼ所定量となるまで縮分する. [注：(1)]

(2) 普通骨材の 1 回の試験に使用する試料の最小質量は, 粗骨材の最大寸法（ミリメートル表示）の 0.1 倍をキログラム表示した量とする. 軽量骨材については, 次の式により, おおよその試料質量を定める.

$$m_{\min} = \frac{d_{\max} \times D_e}{25} \quad \cdots\cdots\cdots\cdots\cdots\cdots\cdots\cdots\cdots\cdots\cdots\cdots\cdots\cdots\cdots\cdots\cdots\cdots\cdots \quad (2.5)$$

ここに, $m_{\min}$：試料の最小質量（kg）

$\quad\quad d_{\max}$：粗骨材の最大寸法（mm）

$\quad\quad D_e$：粗骨材の推定密度（g/cm³）

(3) 試料を水で十分に洗って, 粒の表面についているごみその他を取り除き, $20 \pm 5°C$ の水中で 24 時間吸水させる.

(4) 試料を水中から取り出し, 水切り後, 吸水性の布の上にあける. 試料を吸水性の布の上で転がして, 目で見える水膜をぬぐい去り, 表面乾燥飽水状態とする. [注：(3)]

(5) (4) の試料を, 密度および吸水率試験の 1 回の試料とする.

(B)　試験方法

試験は次の方法によるが，それぞれの質量は試料質量の 0.02% まではかる.

(1)　(A)(5) の試料の質量（m_1）をはかる.

(2)　試料を金網かごに入れ，水中で振動を与え，粒子表面と粒子間の付着空気を排除した後，$20 \pm 5°C$ の水中で試料と金網かごの見掛けの質量（m_2）をはかり，また水温をはかる. [注：(4)]

(3)　金網かごの水中における見掛けの質量（m_3）をはかる. [注：(5)]

(4)　水中から取り出した試料を $105 \pm 5°C$ で一定質量が得られるまで乾燥し，室温まで冷やし，その乾燥質量（m_4）をはかる.

(5)　密度および吸水率の試験は，同時に採取した試料について 2 回ずつ行う.

(C)　試験結果の整理

(1)　粗骨材の表面乾燥飽水状態における密度（表乾密度），絶対乾燥状態における密度（絶乾密度）および吸水率は，それぞれ次の式により算出し，四捨五入して小数点以下 2 けたに丸める. [関：(1)(2)(3)(4)]

　　(a) 表面乾燥飽水状態における密度

$$D_S = \frac{m_1 \times \rho_w}{m_1 - (m_2 - m_3)} \quad \cdots\cdots\cdots\cdots\cdots\cdots\cdots\cdots\cdots\cdots\cdots\cdots\cdots (2.6)$$

　　ここに，D_S：表面乾燥飽水状態における密度（g/cm³）

　　　　　　m_1：表面乾燥飽水状態における試料の質量（g）

　　　　　　m_2：試料と金網かごの水中の見掛けの質量（g）

　　　　　　m_3：金網かごの水中の見掛けの質量（g）

　　　　　　ρ_w：試験温度における水の密度*（g/cm³）

　　注 * 水の密度は，試験温度に応じて次の値を用いる.

温度（°C）	15	16	17	18	19	20	21	22	23	24	25
密度（g/cm³）	0.9991	0.9989	0.9988	0.9986	0.9984	0.9982	0.9980	0.9978	0.9975	0.9973	0.9970

　　(b) 絶対乾燥状態における密度

$$D_d = \frac{m_4 \times \rho_w}{m_1 - (m_2 - m_3)} \quad \cdots\cdots\cdots\cdots\cdots\cdots\cdots\cdots\cdots\cdots\cdots\cdots\cdots (2.7)$$

　　ここに，D_d：絶対乾燥状態における密度（g/cm³）

　　　　　　m_4：絶対乾燥状態の試料の質量（g）

　　(c) 吸水率

$$Q = \frac{m_1 - m_4}{m_4} \times 100 \quad \cdots\cdots\cdots\cdots\cdots\cdots\cdots\cdots\cdots\cdots\cdots\cdots\cdots (2.8)$$

　　ここに，Q：吸水率（質量分率）(%)

(2)　2 回の試験の平均値を，四捨五入によって小数点以下 2 けたに丸め，密度および吸水率の値とする. 平均値からの差は，密度の場合は $0.01\,\mathrm{g/cm^3}$ 以下，吸水率の場合は 0.03% 以下でなければならない.

4.　注 意 事 項

(1)　構造用軽量粗骨材を絶対乾燥状態から 24 時間吸水させて試験する場合は，JIS A 1135–2022 による.

(2)　ピクノメータを用いて粗骨材の密度および吸水率を試験する場合は，JIS A 1109–2020 によることができる.

(3)　表面乾燥飽水状態では表面はなお湿っているように見えるものである. 粒を一つずつぬぐう場合には，一部で極端に乾燥するおそれがあるので注意を要する.

(4)　水は上水道水など清浄な水とする.

(5)　金網かごが水中に没している高さは，金網かごだけの場合と金網かごと試料の場合において一定となるように調整する.

5.　関 連 知 識

(1)　一般に，粗骨材の表乾密度は 2.55〜2.70 g/cm^3，吸水率は 0.5〜3.5%程度である.

(2)　ダムコンクリート用粗骨材の表乾密度は，2.50 g/cm^3 以上を標準と定めている.

(3)　コンクリート用砕石の絶乾密度は 2.50 g/cm^3 以上で，吸水率は 3.0%以下と定めている（JIS A 5005–2020）.

(4)　コンクリート用高炉スラグ粗骨材は，絶乾密度および吸水率により，**表-2.8** のように区分している（JIS A 5011-1–2018）.

表-2.8　コンクリートスラグ用高炉スラグ粗骨材の区分

区　　分	絶乾密度 (g/cm^3)	吸水率 (%)
L	2.2 以上	6.0 以下
N	2.4 以上	4.0 以下

(5)　コンクリート用フェロニッケルスラグ粗骨材は，絶乾密度が 2.7 g/cm^3 以上，吸水率が 3.0%以下と定めている（JIS A 5011-2–2016）.

(6)　コンクリート用電気炉酸化スラグ粗骨材は，絶乾密度により，**表-2.9** のように区分している（JIS A 5011-4–2018）.

表-2.9　コンクリート用電気炉酸化スラグ粗骨材の区分

区　　分	絶乾密度 (g/cm^3)
N	3.1 以上 4.0 未満
H	4.0 以上 4.5 未満

(7)　再生骨材コンクリート L（JIS A 5023–2018）では，再生粗骨材 L は，吸水率が 7.0%以下と定めている. 再生骨材コンクリート M（JIS A 5022–2018）では，再生粗骨材 M は，絶乾密度が 2.3 g/cm^3 以上，吸水率が 5.0%以下と定めている. またコンクリート用再生粗骨材 H は，絶乾密度が 2.5 g/cm^3 以上，吸水率が 3.0%以下と定めている（JIS A 5021–2018）.

2.5 細骨材の表面水率試験

1. 試験の目的

(1) この試験は，「細骨材の表面水率試験方法（JIS A 1111–2015）」に規定されている．

(2) この試験は，細骨材の表面水がモルタルやコンクリートの練混ぜ水に及ぼす影響を知り，これを調整するために行う．

(3) 骨材の表面水とは，骨材粒の表面についている水をいい，骨材に含まれる水から骨材内部に吸収されている水を差し引いた水をいう．

2. 使用器具

(1) はかり（ひょう量が試料の質量以上で，目量が試料質量の 0.1% 以下のもの）

(2) 容器

容器は容量 500～1 000 ml で，次のいずれかを用いる．

(a) 一定の容量を示すマークがあるガラス容器

(b) 目盛があるガラス容器

(c) ピクノメータ

(d) 上面をすり合わせ仕上げしたガラス製容器

3. 実 験 要 領

(A) 試料の準備

試料は，代表的なものを 400 g 以上採取する．採取した試料は，できるだけ含水率の変化がないように注意して二分し，それぞれを 1 回の試験の試料とする．なお，2 回目の試験に用いる試料は，試験を行うまでの間に含水量が変化しないようにする．

(B) 試験方法

試験は，質量法・容積法いずれによってもよい．試験の間，容器およびその内容物の温度は，15～25°C の範囲内で，できるだけ一定に保つ．

(1) **質量法**　試験には **2.**(2) に示す容器のいずれかを用いる．

(a) 試料の質量（m_1）を 0.1 g まではかる．

(b) 水を入れた容器の質量（m_2）を 0.1 g まではかる．なお，容器の種類に応じて，次のようにはかる．

① 一定の容量を示すマークがあるガラス容器または目盛があるガラス容器を用いるときは，マークまたは所定の目盛まで水を入れて，そのときの質量をはかる．

② ピクノメータまたは上面をすり合わせ仕上げしたガラス製容器を用いるときは，容器にあふれるまで水を入れた後，空気を混入させないよう注意してふたまたは平らなガラス板でふたをして，そのときの質量をはかる．

(c) 容器を空にし，試料を覆うのに十分な水を入れる．

(d) 試料を入れ，試料と水をゆり動かすかまたはかきまわして，空気を十分に追い出す．

(e) マークまで水を入れ，容器，試料および水の合計質量（m_3）をはかる．

(f) 試料で置き換えられた水の質量（m）は，次の式で計算する．

$$m = m_1 + m_2 - m_3 \quad \cdots\cdots\cdots\cdots\cdots\cdots\cdots\cdots\cdots\cdots\cdots\cdots\cdots\cdots\cdots\cdots\cdots\cdots\cdots\cdots (2.9)$$

　　ここに，m：試料で置き換えられた水の質量（g）

　　　　　　　m_1：試料の質量（g）

　　　　　　　m_2：容器と水の質量（g）

　　　　　　　m_3：容器，試料および水の合計質量（g）

　　(g)質量法による表面水率の試験は，同時に採取した試料について 2 回行う．

　(2)　**容積法**　試験には，**2.**(2) に示す容器のうち，一定の容量を示すマークがあるガラス容器または目盛があるガラス容器を用いる．

　　(a)　試料の質量（m_1）を 0.1 g まではかる．

　　(b)　試料を覆うのに十分な水量（V_1）を 0.5 ml まではかって容器に入れる．

　　(c)　試料を容器に入れ，試料と水をゆり動かすかまたはかきまわして，空気を十分に追い出す．

　　(d)　目盛がある容器を用いるときは，試料と水との容積の和（V_2）の目盛を 0.5 ml まで読む．マークがある容器を用いるときは，試料と水との容積の和（V_2）は，入った量がわかるようにして水をマークまで満たし，この水の容積を容器の容量から差し引いて求める．

　　(e)　試料で置き換えられた水量（V）は，次の式で計算する．

$$V = V_2 - V_1 \quad \cdots\cdots\cdots\cdots\cdots\cdots\cdots\cdots\cdots\cdots\cdots\cdots\cdots\cdots\cdots\cdots\cdots\cdots\cdots\cdots\cdots (2.10)$$

　　ここに，V：試料で置き換えられた水の量（ml）

　　　　　　　V_2：試料と水との容積の和（ml）

　　　　　　　V_1：試料を覆うように入れた水の量（ml）

　　(f)　容積法による表面水率の試験は，同時に採取した試料について 2 回行う．

(C)　試験結果の整理

　(1)　表面乾燥飽水状態に対する試料の表面水率 H（%）は，次の式で計算し，四捨五入によって小数点以下 1 けたに丸める．[注：(1)，関：(1)]

　　　表面水率　　　$H = \dfrac{m - m_S}{m_1 - m} \times 100$ $\quad \cdots\cdots\cdots\cdots\cdots\cdots\cdots\cdots\cdots\cdots\cdots\cdots\cdots\cdots (2.11)$

　　　　ただし，　　$m_S = \dfrac{m_1}{\text{細骨材の表乾密度}}$ $\quad \cdots\cdots\cdots\cdots\cdots\cdots\cdots\cdots\cdots\cdots\cdots\cdots (2.12)$

　　ここに，H：表面水率（%）

　　　　　　　m：試料で置き換えられた水の質量（g）

　　　　　　　　なお，容積法による場合は，水の密度を近似的に $1.0\,\mathrm{g/cm^3}$ として $m = 1.0 \times V$ を用いる．

　　　　　　　m_1：試料の質量（g）

　(2)　2 回の試験の平均値を表面水率の値とする．それぞれの測定値は，いずれもその平均値との差が 0.3 % 以下でなければならない．

4.　注 意 事 項

　(1)　この試験は，構造用軽量細骨材にも適用される．軽量細骨材の表乾密度は，その吸水状態とできるだけ近い状態において測定した値とする．

5．関 連 知 識

(1) 骨材の表面水率の一例を，**表-2.10** に示す．

表-2.10 骨材の状態と表面水率の関係の一例

骨材の状態	表面水率 (%)
湿った砂利または砕石	1.5〜2
非常にぬれている砂（にぎると手のひらがぬれる）	5〜8
普通にぬれた砂（にぎると形を保ち，手のひらにわずかに水分がつく）	2〜4
湿った砂（にぎっても形はすぐ崩れ，手のひらにわずかに湿りを感じる）	0.5〜2

注：同程度の表面水率に見える場合でも，粗い砂ほど表面水は少ない．

2.6　骨材の含水率試験および含水率に基づく表面水率の試験

1.　試験の目的

(1)　この試験は,「骨材の含水率試験方法及び含水率に基づく表面水率の試験方法（JIS A 1125–2015)」に規定されている.

(2)　この試験は,骨材の含水率を乾燥前後の質量差によって求める方法,および骨材の表面水率を含水率によって求める方法を示している.

(3)　この試験は,構造用軽量骨材にも適用する.加熱によって変質するおそれのある骨材には,適用できない.

2.　使 用 器 具

(1)　はかり（ひょう量が試料の質量以上で,かつ,目量が試料質量の 0.1%以下のもの）

(2)　乾燥用器具　次のいずれかを用いる.

　　(a)　乾燥機（排気口のあるもので,槽内を $105 \pm 5°C$ に保持できるもの）

　　(b)　赤外線ランプ,電気ヒータまたはガスヒータ

(3)　容器（骨材を乾燥するときに用いる容器は耐熱性があり,骨材を広げるのに十分な底面をもつもの）

(4)　さじまたはへら（骨材をかき混ぜるさじまたはへらは耐熱性のもの）

3.　実 験 要 領

(A)　試料の準備

(1)　試料は,代表的なものを採取する.2 回目の試験に用いる試料は,特に試験を行うまでの間に含水量が変化しないようにする.1 回の試験に使用する試料の最小質量は,粗骨材の場合は最大寸法（ミリメートル表示）の 0.1 倍をキログラム表示した量とし,細骨材の場合は 400 g 以上とする.ただし,軽量粗骨材については,次の式によって,おおよその試料質量を求める.

$$m_{\min} = \frac{d_{\max} \times D_e}{25}$$

ここに, $m_{\min}$: 試料の最小質量（kg)

　　　　$d_{\max}$: 軽量粗骨材の最大寸法（mm)

　　　　D_e : 軽量粗骨材の推定密度（g/cm^3)

(B)　試験方法

(1)　試料の質量（m)をそれぞれの試料に対応するはかりの目量まではかる.

(2)　試料を次の方法によって乾燥する.なお,試験の間に骨材の粒子が失われないように十分注意する.

　　(a)　乾燥機を用いる場合

　　槽内の温度を $105 \pm 5°C$ に保って,一定質量となるまで乾燥する.

　　(b)　赤外線ランプ,電気ヒータまたはガスヒータを用いる場合

　　試料がなるべく均一に熱せられ,かつ乾燥するように,さじまたはへらでかき混ぜながら,一定質量となるまで乾燥する.

(3)　乾燥した試料を室温になるまで静置した後,その質量（m_D)をそれぞれの試料に対応するはかりの目量まではかる.

(4)　含水率および含水率に基づく表面水率の試験は，同時に採取した試料について 2 回行う．

(C)　試験結果の整理

(1)　含水率 Z は，次の式で計算し，四捨五入によって小数点以下 2 けたに丸める．

$$Z = \frac{m - m_D}{m_D} \times 100 \quad \cdots\cdots\cdots\cdots\cdots\cdots\cdots\cdots\cdots\cdots\cdots\cdots\cdots\cdots\cdots\cdots \quad (2.13)$$

　　　ここに，Z：含水率（%）

　　　　　　　m：乾燥前の試料の質量（g）

　　　　　　　m_D：乾燥後の試料の質量（g）

(2)　含水率に基づく骨材の表面水率 H は，次の式で計算し，四捨五入によって小数点以下 1 けたに丸める．

$$H = (Z - Q) \times \frac{1}{1 + \dfrac{Q}{100}} \quad \cdots\cdots\cdots\cdots\cdots\cdots\cdots\cdots\cdots\cdots\cdots\cdots\cdots \quad (2.14)$$

　　　ここに，H：表面水率（%）

　　　　　　　Z：(C)(1) で求めた含水率（%）

　　　　　　　Q：吸水率（%）

　　　　　　　　　2.3「細骨材の密度および吸水率試験」，2.4「粗骨材の密度および吸水率試験」によって求めた吸水率（%）．軽量骨材の表面水率を含水率から求める場合は，試料を吸水完了状態とみなして JIS A 1134–2022「構造用軽量細骨材の密度及び吸水率試験方法」または JIS A 1135–2022「構造用軽量粗骨材の密度及び吸水率試験方法」に準じて吸水率を求める．

(3)　2 回の試験の平均値を含水率および含水率に基づく表面水率の値とする．

　　　含水率および表面水率のいずれの試験においても，それぞれの測定値は，平均値との差が 0.3% 以下でなければならない．

2.7　骨材の単位容積質量および実積率試験

1.　試験の目的

(1)　この試験は,「骨材の単位容積質量及び実積率試験方法（JIS A 1104–2019）」に規定されている. [注:
(1)]

(2)　この試験は, コンクリートの製造, 配合の選定, 現場における骨材の計量などに必要なために行う.

(3)　骨材の単位容積質量とは, 容器に満たした絶乾状態の骨材の質量を, その容器の容積で除した値をいう.

(4)　単位容積質量は, 骨材の密度, 粒度, 空げき率および含水の程度などにより変化する.

(5)　実積率とは, 容器に満たした骨材の絶対容積のその容器の容積に対する百分率をいう.

(6)　空げき率は, 次の式で表される.

$$\text{空げき率（％）} = \frac{\text{固体単位容積質量} - \text{単位容積質量}}{\text{固体単位容積質量}} \times 100 = 100 - \text{実積率} \quad \cdots\cdots (2.15)$$

ただし, 固体単位容積質量とは, 空げきがないと考えた骨材の単位容積質量をいう.

2.　使 用 器 具

(1)　はかり（試料質量の 0.2% 以下の目量をもつもの）

(2)　骨材単位容積質量の測定容器（容器の容積は, これを満たすのに要する水の質量を正確にはかって, これを算定する. 容器は, 内面を機械仕上げした金属製の円筒で, 水密で十分強固なものとする. 容器には, 取り扱いに便利なように取っ手をつける. 容器は粗骨材の最大寸法に応じて**表-2.11** による）

表-2.11　容器と突き回数

粗骨材の最大寸法 (mm)	容　積 (l)	内高／内径	1 層当りの突き回数
5（細骨材）以下	1～2		20
10 以下	2～3		20
10 を超え 40 以下	10	0.8～1.5	30
40 を超え 80 以下	30		50

(3)　突き棒（直径 16 mm, 長さ 500～600 mm の丸鋼とし, その先端を半球状にしたもの）

(4)　ショベル

(5)　乾燥機

3.　実 験 要 領

(A)　試料の準備

試料は代表的なものを採取し, 四分法または試料分取器によってほぼ所定量となるまで縮分する. その量は, 用いる容器の容積の 2 倍以上とする. 試料は, 絶乾状態とする. ただし, 粗骨材の場合は気乾状態でもよい. この試料を二分し, それぞれを 1 回の試験の試料とする.

(B)　試料の詰め方

単位容積質量の測定は, 次のとおり試料を詰め, 骨材の表面をならした後, 容器の中の試料の質量をはかる.

　試料の詰め方は，棒突きによることとする．ただし粗骨材の寸法が大きく，棒突きが困難な場合や試料を損傷する恐れのある場合，後述するジッギングによる．

1.　棒突きによる場合

(1)　容器の 1/3 まで試料を満たし，上面を指でならし，突き棒で均等に所要の回数を突く．この時，突き棒の先端が容器の底に強く当たらないように注意する．突く回数は，粗骨材の最大寸法に応じて**表-2.11**による．[注：(2)(3)]

(2)　容器の 2/3 まで満たし，前と同じように同数を突く．

(3)　容器からあふれるまで試料を満たし，同じように同数を突く．

(4)　細骨材の場合は，突き棒を定規として余分の試料をかきとり，容器の上面にそってならす．粗骨材の場合は，骨材の表面を指または定規でならし，容器の上面からの粗骨材粒の突起が，上面からのへこみと同じくらいになるようにする．

(5)　容器中の試料の質量（m_1）をはかる．

2.　ジッギングによる場合

(1)　容器をコンクリート床のような強固で水平な床の上におき，容器の 1/3 まで試料を満たす．[注：(3)]

(2)　容器の片側を約 5 cm 持ち上げて床をたたくように落下させる．次に，反対側を約 5 cm 持ち上げて落下させる．各側を交互に 25 回，全体で 50 回落下させて締める．

(3)　容器の 2/3 まで満たし，同じように締める．

(4)　容器にあふれるまで試料を満たし，同じように締める．

(5)　骨材の表面をならし（棒突き試験の場合と同様），容器中の試料の質量（m_1）をはかる．

(C)　試料の密度，吸水率および含水率の測定

(1)　質量を測定した試料から四分法または試料分取器によって，密度，吸水率および含水率を測定するための試料を採取する．

(2)　密度，吸水率および含水率は，JIS A 1109–2020，JIS A 1110–2020，JIS A 1125–2015，JIS A 1134–2022 および JIS A 1135–2022 によって試験する．[注：(4)]

(D)　試験結果の整理

(1)　骨材の単位容積質量（T）は，次の式によって算出し，四捨五入によって有効数字 3 けたに丸める．[注：(5)，関：(1)(3)(4)]

$$T = \frac{m_1}{V} \quad\cdots\cdots\cdots\cdots\cdots\cdots\cdots\cdots\cdots\cdots\cdots\cdots\cdots\cdots (2.16)$$

ここに，T：骨材の単位容積質量（kg/l）

　　　　　m_1：容器中の試料の質量（kg）

　　　　　V：容器の容積（l）

気乾状態の試料を用いて試験を行い，含水率の測定を行った場合は，次の式による．

$$T = \frac{m_1}{V} \times \frac{m_D}{m_2} \quad\cdots\cdots\cdots\cdots\cdots\cdots\cdots\cdots\cdots\cdots\cdots\cdots (2.17)$$

ここに，m_2：含水率測定に用いた試料の乾燥前の質量（kg）

　　　　　m_D：含水率測定に用いた試料の乾燥後の質量（kg）

(2)　骨材の実積率（G）は，次の式によって算出し，四捨五入によって有効数字 3 けたに丸める．

$$G = \frac{T}{d_D} \times 100 \quad または \quad G = \frac{T}{d_S} \times (100 + Q) \quad\cdots\cdots\cdots\cdots\cdots\cdots (2.18)$$

ここに，G：骨材の実積率（％）

　　　　T：(1) で求めた単位容積質量（kg/l）

　　　　d_D：骨材の絶乾密度（g/cm^3）

　　　　Q：骨材の吸水率（％）

　　　　d_S：骨材の表乾密度（g/cm^3）

(3)　試験は，同時に採取した試料について 2 回行い，2 回の試験の平均値を試験結果とする．単位容積質量の平均値からの差は，0.01 kg/l 以下でなければならない．

4.　注意事項

(1)　構造用軽量骨材を含む．

(2)　棒突きによる場合，最初の層を突くとき，底を突かないようにする．また 2 層および 3 層のときは，その前層に達する程度にする．

(3)　容器に試料を満たすときには，大小粒が分離しないようにする．

(4)　絶乾状態の試料を用いる場合または試料の含水率が 1.0％以下の見込みの場合は，含水率の測定は省略してよい．

(5)　単位容積質量は，kg/l または kg/m^3 で表す．

5.　関連知識

(1)　単位容積質量および実積率測定例（棒突きによる場合）を，**表-2.12** に示す．

表-2.12　測定例

測定番号		細骨材		粗骨材	
		1	2	1	2
①　容器の容積	(l)	2.000	2.000	10.000	10.000
②　試料と容器の質量	(kg)	5.108	5.096	21.860	21.790
③　容器質量	(kg)	1.846	1.846	4.880	4.880
④　試料質量　②－③	(kg)	3.262	3.250	16.980	16.910
⑤　$\dfrac{④}{①}$	(kg)	1.631	1.625	1.698	1.691
⑥　含水率測定に用いた試料の乾燥前の質量	(g)	500	500	7 500	7 500
⑦　含水率測定に用いた試料の乾燥後の質量	(g)	492	492	7 395	7 395
⑧　単位容積質量　⑤　または　⑤×$\dfrac{⑦}{⑥}$	(kg/l)	1.605	1.599	1.674	1.667
⑨　平均値	(kg/l)	1.60		1.67	
⑩　平均値からの差	(kg/l)	0.005	−0.001	0.004	−0.003
⑪　絶乾密度	(g/cm^3)	—	—	—	—
⑫　表乾密度	(g/cm^3)	2.63	2.63	2.65	2.65
⑬　吸水率	(％)	1.82	1.82	1.62	1.62
⑭　実積率　$\dfrac{⑧}{⑪}×100$　または　⑧×$\dfrac{100+⑬}{⑫}$	(％)	62.14	61.91	64.19	63.92
⑮　平均値	(％)	62.0		64.1	

注 1）細骨材には 2 l 容器を用いた．
　　2）粗骨材の最大寸法は 30 mm であるから，10 l 容器を用いた．
　　3）含水率は 1％以上であるから，上記の計算方法を用いた．

(2)　コンクリート用砕石の粒形判定に用いる試料は，砕石 4005，砕石 2505 および砕石 2005 は，そのままで，その他の区分の砕石については砕石 2505 または砕石 2005 の粒度に適合するように混合したものとする．このような試料を用いた粒形判定実積率試験を行い，その値は 56% 以上でなければならない．ただし，この規定は砕石 8040，砕石 6040 および砕石 4020 には適用されない．なお，砕砂の粒形判定実積率は，54% 以上でなければならない（JIS A 5005–2020）．

(3)　コンクリート用高炉スラグ粗骨材では，単位容積質量が 1.25 kg/l 以上を分類 L，1.35 kg/l 以上を分類 N と定めている（JIS A 5011-1–2018）．

(4)　コンクリート用高炉スラグ細骨材では，単位容積質量を 1.45 kg/l 以上と定めている（JIS A 5011-1–2018）．

(5)　コンクリート用フェロニッケルスラグ細骨材では，単位容積質量を 1.50 kg/l 以上と定めている（JIS A 5011-2–2016）．

(6)　コンクリート用銅スラグ細骨材では，単位容積質量を 1.80 kg/l 以上と定めている（JIS A 5011-3–2016）．

(7)　コンクリート用電気炉酸化スラグ粗骨材では，単位容積質量が 1.6 kg/l 以上を分類 N，2.0 kg/l 以上を分類 H と定めている（JIS A 5011-4–2018）．

(8)　コンクリート用電気炉酸化スラグ細骨材では，単位容積質量が 1.8 kg/l 以上を分類 N，2.2 kg/l 以上を分類 H と定めている（JIS A 5011-4–2018）．

(9)　コンクリート用石炭ガス化スラグ細骨材では，単位容積質量が 1.50 kg/l 以上と定めている（JIS A 5011-5–2020）．

2.8　骨材の微粒分量試験

1.　試験の目的

(1)　この試験は,「骨材の微粒分量試験方法（JIS A 1103–2014)」に規定されている.

(2)　この試験は, 骨材中に含まれている粒子のうち, 公称目開き 75 μm の金属製網ふるいを通過する微粒分量を測定するために行う.

(3)　骨材中に含まれる微細な物質が多くなると, コンクリート 1 m^3 について必要とする水量が多くなり, また, これらの物質がコンクリートの表面に集まり, 乾燥収縮のためにひび割れを生じやすくなる.

(4)　微細な物質が骨材表面に付着している場合には, 骨材粒子とセメントペーストとの付着を妨げ, 強度を低下させることもある.

2.　使 用 器 具

(1)　試料分取器

(2)　はかり（ひょう量が試料の質量以上でかつ目量が質量の 0.1% 以下のもの)

(3)　試験用網ふるい（網ふるい 0.075 mm および 1.2 mm)

注：これは, 公称目開き 75 μm および 1.18 mm の金属製網ふるいである.

(4)　水洗容器（試料を激しく洗う際, 試料および洗い水が飛び出さない程度に十分大きいもの)

(5)　乾燥機（試料を 105 ± 5°C で定質量となるまで乾燥できるもの)

3.　実 験 要 領

(A)　試料の準備

(1)　骨材の代表的試料を, 四分法または試料分取器によって, ほぼ所定量となるまで縮分する. 試料の採取量は, 乾燥後において, 下記の質量を標準とする. [注：(1)]

細骨材...1 kg

粗骨材の最大寸法 10 mm 程度のもの ....2 kg

粗骨材の最大寸法 20 mm 程度のもの ....4 kg

粗骨材の最大寸法 40 mm 程度のもの ....8 kg

ただし, 構造用軽量骨材の場合は, 上記の乾燥質量の 1/2 とする.

(2)　(1) の試料を, 更に試料分取器によって二分し, それぞれ 1 回の試験の試料とする.

(3)　(2) の試料を, 105 ± 5°C で一定質量となるまで乾燥する.

(B)　試験方法

(1)　乾燥機より取り出し, 室温になるのを待って, その質量（m_1）を 0.1% まで正確にはかる.

(2)　試料を容器に入れ, 試料を覆うまで水を加える.

(3)　水中で試料を手で 30 秒間を目安に激しくかきまわし, 細かい粒子を粗い粒子から分離させ, 洗い水の中に懸濁させる. [注：(2)]

(4)　粗い粒子をできるだけ流さないように注意しながら, 洗い水を 0.075 mm ふるいの上に 1.2 mm ふるいを重ねた 2 個のふるいの上にあける.

(5)　再び容器の中の試料に水を加え, 30 秒間を目安に激しくかきまわし, 重ねた 2 個のふるいの上に洗

い水をあける．水中の骨材が目視で確認できるまで，この操作を繰り返す．[注：(3)]

(6) 重ねた 2 個のふるいにとどまった粒子を，洗い流して試料中に戻す．[注：(4)]

(7) 洗い終わった試料は，105 ± 5°C で一定質量となるまで乾燥する．[注：(5)]

(8) 乾燥した試料の質量（m_2）を 0.1% まで正確にはかる．

(C) 試験結果の整理

(1) 試験の結果は，次の式で計算し，四捨五入によって，小数点以下 1 けたに丸める．[関：(1)(2)(3)]

$$A = \frac{m_1 - m_2}{m_1} \times 100 \quad \cdots\cdots\cdots\cdots\cdots\cdots\cdots\cdots\cdots\cdots\cdots\cdots\cdots\cdots\cdots\cdots\cdots\cdots\cdots\cdots\cdots\cdots\cdots\cdots\cdots\cdots\cdots \quad (2.19)$$

ここに，A：骨材の微粒分量(%)，m_1：洗う前の試料の乾燥質量(g)，m_2：洗った後の試料の乾燥質量(g)

(2) 試験は同時に採取した試料について 2 回行い，その平均値をもって試験値とする．平均値からの差は，細骨材の場合 0.3% 以下，粗骨材の場合 0.2% 以下でなければならない．ただし，測定値のいずれか一方でも 10.0% 以上の場合は，この限りではない．

---

4. 注 意 事 項

(1) 採取する試料は，微粒分が分離を起こさない程度の湿気が必要である．試料の縮分方法は，JIS A 1158–2020 に規定されている．

(2) かきまわし作業は，網ふるい 0.075 mm を通過する細かい粒子が粗い粒子から完全に分離し，かつ洗い水とともに流れ出る程度に，激しく行う．ただし，骨材が削れて微粉が発生するため，骨材どうしをもむようにこすりあわせてはいけない．

(3) 微粒分が多い骨材の場合，0.075 mm ふるいの目が詰まり，2 個のふるいの間から洗い水があふれる場合がある．また 0.075 mm ふるいにとどまった粒子には，まだふるいを通過する粒子を含んでいることがあるので，ふるいの上に水をそそぐか，またはふるいの下端を水に浸して振とうするなどの操作を行う必要がある．

(4) 0.075 mm ふるいの枠とふるい面の境界部分をはんだなどで目張りしておくと，ふるいにとどまった粒子を洗い流して試料中に戻す作業が容易になる．

(5) このとき容器に残っている水は，すべて乾燥によって蒸発させる．

---

5. 関 連 知 識

骨材の微粒分量試験で失われる質量の限度(%)

(1) コンクリート用砕石および砕砂（JIS A 5005–2020）では，砕石で 3.0%，砕砂で 9.0% と規定している．ただし，砕石について，粒形判定実積率が 58% 以上の場合は，骨材の粒の大きさによる区分にかかわらず，5.0% とすることができる．

(2) 土木学会コンクリート標準示方書での細骨材の場合（**表-2.13** 参照）

(3) 土木学会コンクリート標準示方書での粗骨材の場合

最大値は 1.0% とし，砕石の場合で，粒形判定実積率 56% 以上の場合は，石粉等の微粒分量の最大値は 3.0% 以下と規定されている．ただし，粒形判定実積率 58% 以上の場合は，微粒分量の最大値を 5.0% としてよい．

(4) 構造用軽量コンクリート細骨材の場合の最大値は，10% である（JIS A 5002–2003）．

(5) 再生骨材 L を用いたコンクリート（JIS A 5023–2018）では，再生細骨材 L および再生粗骨材 L の

表-2.13　微粒分量試験で失われる細骨材の質量の限度 (%)

種　　類	無筋および鉄筋 コンクリート	舗装 コンクリート	ダム コンクリート
コンクリートの表面が すりへり作用を受ける場合	3.0 (5.0)	3.0 (5.0)	3.0 (5.0)
その他の場合	5.0 (9.0)		7.0 (9.0)

備考：( ) は砕砂およびスラグ細骨材の場合で，微粒分量試験で失われるものが
　　　砕石粉であり，粘土，シルトなどを含まないときの最大値を示す．

微粒分量は，それぞれ 10.0%以下および 3.0%以下と定めている．再生骨材 M を用いたコンクリート（JIS A 5022–2018）では，再生細骨材 M および再生粗骨材 M の微粒分量は，それぞれ 8.0%以下および 2.0%以下と定めている．またコンクリート用再生骨材 H（JIS A 5021–2018）では，再生細骨材 H および再生粗骨材 H の微粒分量は，それぞれ 7.0%以下および 1.0%以下と定めている．

2.9　細骨材の有機不純物試験

1.　試験の目的

(1)　この試験は，「細骨材の有機不純物試験方法（JIS A 1105–2015）」に規定されている．

(2)　この試験は，モルタルおよびコンクリートに用いる細骨材の中に含まれる有機不純物が，水酸化ナトリウムによって褐色に着色反応を示すことを利用して，その有害量の概略を調べるものである．これによって，細骨材の使用の可否を判定する一助とする．

(3)　骨材を汚染する有機不純物は，泥炭質，腐植土に含まれてその量が 1% に満たない場合でもコンクリートの硬化を妨げ，コンクリートの強度，耐久性，安定性を害することがある．[関：(1)]

(4)　細骨材中に含まれる有機物は，腐食した植物質の形（腐植土）で入っているのが普通であり，洗った細骨材には，有機不純物の含まれることは少ない．

2.　使用器具・使用試薬

(1)　はかり（細骨材を計量する場合は，ひょう量 2 kg 以上で，かつ，目量が 0.1 g またはこれより小さいもの．タンニン酸を計量する場合は，ひょう量 10 g 以上で，かつ，目量が 0.01 g またはこれより小さいもの）

(2)　試料分取器

(3)　ガラス容器 2 個（無色透明，有栓の容量 500 ml のメスシリンダ）

(4)　ピペット

(5)　タンニン酸

(6)　水酸化ナトリウム（JIS K 8576 に規定する試薬）

(7)　エタノール (99.5)（JIS K 8101 に規定する試薬）

3.　実 験 要 領

(A)　標準色液のつくり方

(1)　100 ml の 10% エタノール溶液で 2.0% タンニン酸溶液をつくる．[注：(1)]

(2)　3.0% 水酸化ナトリウム溶液をつくる．[注：(2)]

(3)　3.0% 水酸化ナトリウム溶液 97.5 ml に，タンニン酸溶液 2.5 ml を加える．

(4)　これを，容量 500 ml のガラス容器（メスシリンダ）に入れる．

(5)　栓をして，よく振り混ぜ，ふたをしたまま 24 時間静置すると，標準色液ができる．

(B)　試験方法（試料液のつくり方）

(1)　試料は，代表的なものを採取し，空気中乾燥状態（気乾状態）まで乾燥させ，四分法または試料分取器によって，代表的試料を約 500 g に縮分する．ただし，軽量骨材の場合は，約 300 g とする．

(2)　試料を，容量 500 ml のガラス容器（メスシリンダ）に，125 ml の目盛まで入れる．

(3)　これに，3.0% 水酸化ナトリウム溶液を 200 ml の目盛まで加える．

(4)　ただちに，容器に栓をして，よく振り混ぜ，ふたをしたまま 24 時間以上静置する．

(C)　結果の判定（比色試験）

(1)　細骨材の上部の溶液の色と標準色液との濃淡を目視で比較して，溶液の色が標準色より，濃い，同じ，

または淡いの判定をする．標準色液は，時間の経過につれて変色するから，試験のつど試料溶液と同時につくることが望ましい．なお，標準色液をつくらない場合は，標準色液の代わりに，JIS Z 8102–2001における色名による表示がみかん色（6YR 6.5/13）の色見本を用いてもよい．ただし，色見本を用いる場合は，色見本をガラス容器の中に入れて濃淡を目視で比べるか，または試料を入れたガラス容器と同程度の肉厚のガラスを色見本に当てた状態で濃淡を目視で比べる．

(2)　溶液の色が標準色より濃い場合は，その細骨材の使用に先立ち，JIS A 1142–2018（有機不純物を含む細骨材のモルタルの圧縮強度による試験方法）による試験を行って，有機不純物の影響を調べる必要がある．[関：(2)]

4.　注意事項

(1)　2.0%タンニン酸溶液は，10 ml 程度つくった方が色度の差が少なくなる．

(2)　3.0%水酸化ナトリウム溶液は，標準色液，試験溶液を合わせた量を同時につくると，便利である．また，水酸化ナトリウムのひょう量にはひょう量瓶を用いないと，吸湿し誤差が大となる．なお，所定の濃度に調整できない場合は，調整後の溶液を購入するとよい．

5.　関連知識

(1)　山砂，山砂利は，旧河床または丘陵地などから採取したもので，粘土，有機不純物，その他を多量に含んでいる．もしやむを得ず利用する場合には，使用に際し十分洗う必要がある．

(2)　有機不純物含有量の判定標準の一例を，**表-2.14** に示す．

表-2.14　有機不純物含有量の判定標準

色	適　　否	硬練りモルタルの材齢 7 日および 28 日の圧縮強度低下率 (%)
無色ないし淡黄色	良いコンクリートに使用できる	0
濃黄色	使用できる	10〜 20
赤黄色	コンクリート強度への影響が小さいときに使用できる	15〜 30
淡赤褐色	使用できない	25〜 50
暗赤褐色	使用できない	50〜100

2.10 骨材中に含まれる粘土塊量の試験

1. 試験の目的

(1) この試験は，「骨材中に含まれる粘土塊量の試験方法（JIS A 1137–2014）」に規定されている．

(2) この試験は，骨材中に含まれる粘土塊の量を知るために行う．なお，微粒分量試験（JIS A 1103）を行わずに粘土塊量の試験だけを試験する場合を対象とする． 5

(3) 粘土とは，土中の細粒分で，粒径は 0.005 mm {5 μm} 以下の土をいう．

(4) 粘土が骨材表面に密着していると，セメントペーストとの付着を妨げ，強度，耐久性を害することがある．[関：(1)]

(5) 骨材に粘土塊が混入すると，同一のワーカビリティーを得るための単位水量が増加し，また粘土塊は，強度上の弱点となるばかりでなく，乾湿によって体積を変えるので，有害である． 10

2. 使用器具

(1) はかり（細骨材用のはかりは目量 0.1 g，粗骨材用のはかりは目量 1 g またはこれより小さいものとする）

(2) 試料分取器

(3) 試験用金属製網ふるい（公称目開き 600 μm {0.6 mm}，1.18 mm {1.2 mm}，2.36 mm {2.5 mm} および 4.75 mm {5 mm}） 15

   ※ { } はふるいの呼び名であり，呼び寸法と称される．たとえば，公称目開き 4.75 mm のふるいは 5 mm ふるいと呼ぶことができる．

(4) 乾燥機（乾燥機は排気口のあるもので，105 ± 5°C に保持できるものとする）

3. 実験要領 20

(A) 試料の準備

(1) 試験しようとするロットを代表するように骨材を採取し，(2) (3) に示す質量以上となるように四分法または試料分取器で分取する．その際，含まれている粘土塊を砕かないようにしなければならない．分取した試料を 105 ± 5°C で一定質量となるまで乾燥させる．乾燥後，試料は室温まで冷却する．[注：(1)，関：(1)] 25

(2) 細骨材は，試験用網ふるい 1.2 mm にとどまるもの，粗骨材は，試験用網ふるい 5 mm にとどまるものを試料とする．細骨材の試料は，600 g 以上とする．[注：(2)]

(3) 粗骨材の試料は，最大寸法によって，絶乾状態で**表-2.15** の質量以上とする．

表-2.15 準備する粗骨材の質量

粗骨材の最大寸法 (mm)	試料の質量 (kg)
10 または 15	2
20 または 25	5
30 または 40	10
40 を超える場合	20

(4) (2)，(3) の試料を二分し，片方を用いて 1 回の試験の試料とする．

(B) 試験方法 30

(1) 試料の質量（m_{D1}）を試料質量の 0.1% まで正確にはかる．乾燥によって粘土塊が崩れて細粒または

粉末となったものも含めて，質量をはかる．

(2)　試料を容器の底に薄く広げる．

(3)　試料を覆うに必要な量の水を加える．

(4)　24 時間吸水させた後，余分な水を除き，骨材粒を指で押しながら粘土塊を調べる．[注：(3)]

ここで，指で押して細かく砕くことのできるものを，粘土塊とする．

(5)　すべての粘土塊をつぶしてから，細骨材は公称目開き 600 μm のふるい，粗骨材は 2.5 mm のふるいの上で，水洗いする．

(6)　ふるいにとどまった粒子を 105 ± 5°C で定質量となるまで乾燥し，その質量（m_{D2}）を試験前の試料質量の 0.1% まで正確にはかる．

(C)　試験結果の整理

粘土塊量は，次の式で計算し，四捨五入によって小数点以下 2 けたに丸める．[関：(2)(3)]

$$C = \frac{m_{D1} - m_{D2}}{m_{D1}} \times 100 \quad \cdots\cdots\cdots\cdots\cdots\cdots\cdots\cdots\cdots\cdots\cdots\cdots\cdots\cdots\cdots\cdots\cdots\cdots\cdots\cdots\cdots \quad (2.20)$$

ここに，C：粘土塊量（%）

m_{D1}：試験前の試料の乾燥質量（g）

m_{D2}：試験後の試料の乾燥質量（g）

試験回数は 1 試料について 1 回とする．ただし，最初の試験で粘土塊量が，細骨材で 1.0%，粗骨材で 0.2% を超える場合は再度試験を行う．再度試験を行った場合は，粘土塊量を小数点以下 3 けたまで計算し，その平均値を四捨五入して小数点以下 2 けたに丸める．なお，報告では，それぞれの試験結果（小数点以下 3 けた）と平均値を記述する．試験を 2 回行った場合は，平均値との差が 0.2% 以下でなければならない．

4.　注　意　事　項

(1)　採取する試料は，分離を起こさない程度に湿気のあるものがよい．

(2)　細骨材で 1.2 mm ふるいにとどまる量が 5% 未満となる試料については，試験を省略できる．

(3)　粗骨材中の粘土塊をつぶすには，粗骨材の最大寸法に応じて，幾つかの粒群にふるい分けると，作業がやりやすい．

(4)　骨材の採取状態については，たとえば，細骨材中に粘土塊が散在していても，必ずしも試料に含まれない場合がある．また，粗骨材の表面に粘土分などが付着している場合は，それが試験値に影響する．このような状態については，別に記載する．

5.　関　連　知　識

(1)　粘土が骨材の表面に密着しないで均等に分布しているものであれば，貧配合のときには必ずしも有害ではない．

(2)　人工軽量骨材の粘土塊含有量（%）の限度は，1.0 である．

(3)　粘土等の微粒子が多く含有されると，ブリーディング水とともにコンクリート上面に浮かび出て，レイタンスをつくる．

(4)　JIS A 5308–2019（レディーミクストコンクリート）では，粘土塊量の限度を，細骨材 1.0%，粗骨材 0.25% としている．

2.11　硫酸ナトリウムによる骨材の安定性試験

1.　試験の目的

(1)　この試験は，「硫酸ナトリウムによる骨材の安定性試験方法（JIS A 1122–2014）」に規定されている．

(2)　この試験は，硫酸ナトリウムの結晶圧による破壊作用を応用した骨材の抵抗性（安定性）を試験の対象とする．ただし，人工軽量骨材は除く．

(3)　気象作用に対して耐久的なコンクリートを造るためには，耐久的な骨材を用いることが必要で，この試験により，気象作用に対する骨材の安定性を判断するための一つの情報が得られる．

2.　使用器具・使用試薬

(1)　試験用金属製網ふるい

　　細骨材用（公称目開き 150 μm {0.15 mm}，300 μm {0.3 mm}，600 μm {0.6 mm} および 1.18 mm {1.2 mm}，2.36 mm {2.5 mm}，4.75 mm {5 mm}，および 9.5 mm {10 mm}）

　　粗骨材用（4.75 mm {5 mm}，9.5 mm {10 mm}，16 mm {15 mm}，19 mm {20 mm}，26.5 mm {25 mm}，37.5 mm {40 mm}）

　　※ ｛ ｝ はふるいの呼び名であり，呼び寸法と称される．たとえば，公称目開き 9.5 mm のふるいは，10 mm ふるいと呼ぶことができる．

(2)　金網かご [注：(1)]　　　　(3)　ガラス製容器 [注：(2)]

(4)　温度調節装置　　　　　(5)　乾燥機 [注：(3)]

(6)　はかり ┌細骨材用（目量が 0.1 g 以下のもの）
　　　　　　 └粗骨材用（目量が 1 g 以下のもの）

(7)　硫酸ナトリウム（無水），硫酸ナトリウム（十水和物），塩化バリウム（二水和物）：それぞれ JIS K 8987, 8986, 8155 に規定する特級

3.　実 験 要 領

(A)　試料の準備 [注：(4)]

(1)　細骨材を試験する場合（10 mm ふるいにとどまる粒は，細骨材として取り扱わない）

　(a)　試料は，代表的なもの約 3 kg 以上を採取する．

　(b)　試料の一部を用いて，細骨材のふるい分け試験を行い，**表-2.16** に示す粒径による群に分け，各群の質量分率を求め，質量分率が 5％以上になった群だけについて，安定性試験をする．[注：(5)(6)]

　(c)　ふるい分け試験に用いる試料を採った残りの試料に水をかけてよく洗いながら，0.3 mm ふるいにとどまる粒を採り，105 ± 5°C の温度で一定質量となるまで乾燥した後，ふるい分ける．

　(d)　各群ごとに 100.0 g の試料を採って，別々に保存する．

(2)　粗骨材を試験する場合

　(a)　試料は，代表的なものを採取し，その最小質量は粗骨材の最大寸法に応じて，**表-2.17** に示す質量とする．ただし，骨材の最大寸法が 40 mm を超える場合は，40 mm ふるいでふるい分け，ふるいを通過するものを試験用試料とする．

表-2.16　細骨材の粒径による群分け

ふるいの呼び寸法で区分した各群の粒径の範囲
0.6 mm ふるいを通過し 0.3 mm ふるいにとどまるもの
1.2 mm ふるいを通過し 0.6 mm ふるいにとどまるもの
2.5 mm ふるいを通過し 1.2 mm ふるいにとどまるもの
5　mm ふるいを通過し 2.5 mm ふるいにとどまるもの
10　mm ふるいを通過し 5　mm ふるいにとどまるもの

表-2.17　粗骨材試料の質量

粗骨材の最大寸法 (mm)	採取する試料の最小質量 (kg)
10	4
15	6
20	8
25	10
40	16

注：この量が採取できない場合は，代表的な試料であることを確かめる.

表-2.18　粗骨材試料の各群の質量

ふるいの呼び寸法で区分した各群の粒径の範囲 (mm)	試料の最小質量 (g)
10 mm ふるいを通過し 　5 mm ふるいにとどまるもの	300
15 mm ふるいを通過し 10 mm ふるいにとどまるもの	500
20 mm ふるいを通過し 15 mm ふるいにとどまるもの	750
25 mm ふるいを通過し 20 mm ふるいにとどまるもの	1 000
40 mm ふるいを通過し 25 mm ふるいにとどまるもの	1 500

注：構造用軽量コンクリート骨材（人工軽量骨材は除く）の場合は 1/2 とする.

(b)　試料を 5 mm ふるいでふるい，ふるいにとどまったものについて，ふるい分け試験を行い，**表-2.18**
に示す群に分け，各群の質量分率を求め，質量分率が 5 %以上となった群だけについて，安定性試験
をする. [注：(7)]

(c)　水をかけてよく洗った粗骨材を，105 ± 5°C の温度で一定質量となるまで乾燥した後，ふるい分
ける.

(d)　各群ごとに**表-2.18**に規定する量以上の試料をはかり，各群の試料とし，別々に保存する.

(3)　岩石を試験する場合

(a)　岩石を試験する場合には，なるべく等形，等大で，1 個の質量が約 100 g となるように砕く.

(b)　砕いた粒を洗い，105 ± 5°C の温度で一定質量となるまで乾燥した後，5 000 ± 100 g を採って試料
とする.

(B)　試験方法

(1)　試験用溶液は，試験に用いる前に，よくかき混ぜて密度を確認する.

(2)　各群の試料をそれぞれ別の金網かごに入れ，硫酸ナトリウム飽和試験用溶液の中に 16～18 時間浸す.
このとき，溶液の表面が試料の上面から 15 mm 以上高くなるようにする. 溶液の温度は 20 ± 2°C に
保ち，溶液の蒸発および異物の混入を防ぐため，適切なふたをする. [注：(8)(9)]

(3)　試料を溶液から取り出して，液がしたたらなくなった後，試料を乾燥機に入れ，乾燥機内の温度を 1
時間に約 40 ± 10°C の割合で上げ，105 ± 5°C の温度で 4～6 時間乾燥する. [注：(10)]

(4)　乾燥した試料を室温まで冷やす.

(5)　以上の操作を 5 回繰り返す. [注：(11)]

(6)　5 回の操作を終えた試料を清浄な水で洗う. 洗った水に少量の塩化バリウム（$BaCl_2$）溶液を加え
ても白く濁らないようになるまで洗う（塩化バリウム（$BaCl_2$）溶液の濃度は，5～10 %とする）. [注：
(12)(13)]

(7)　洗った試料を，105 ± 5°C の温度で質量が一定となるまで，乾燥する.

(8)　細骨材または粗骨材の場合には，乾燥した各群の試料を，試験を行う前に試料がとどまったふるいでふ
るい，ふるいにとどまった試料の質量を細骨材は目量 0.1 g まで，粗骨材は目量 1 g まではかる. [注：(14)]

(9) 岩石の場合には，試料を指で軽く押して試料の何個が 3 片以上に砕けたかを数える．また，粒の破壊状況（崩壊，割れ，はげ落ち，ひび割れ，その他）を入念に観察する．

(C) 試験結果の整理

試料の損失質量分率（％）は，次の式で計算し，四捨五入によって小数点以下 1 けたに丸める．[関：(1)(2)]

(1) 細骨材および粗骨材の場合

各群の試料の損失質量分率（％）

$$= \left\{ 1 - \frac{\text{試験前に試料がとどまったふるいに残る試験後の試料の質量 (g)}}{\text{試験前の試料の質量 (g)}} \right\} \times 100 \quad \cdots\cdots (2.21)$$

$$\text{骨材の損失質量分率（％）} = \sum \frac{\text{各群の質量分率 (\%)} \times \text{各群の損失質量分率 (\%)}}{100} \quad \cdots\cdots\cdots (2.22)$$

試料の質量分率が 5 ％未満の群における損失質量分率（％）は，実際に試験を行った最も近い群の損失質量分率を採用する．ただし，最も近い群が二つある場合は，二つの平均値とする．前後の群における試験値のいずれかが欠けているときには，欠けていない方の群の損失質量分率（％）をとる．なお，0.3 mm ふるいを通過する粒子の損失質量は，0 として計算する．

(2) 岩石の場合

$$\text{損失質量分率（％）} = \left[1 - \frac{\text{3 片以上に砕けた粒を除いたものの質量 (g)}}{\text{試験前の試料の質量 (g)}} \right] \times 100 \quad \cdots\cdots\cdots (2.23)$$

---

4. 注 意 事 項

(1) 骨材を入れる金網かごのかわりに，側面および底面などに穴をあけて，骨材に付着している試験用溶液が切れるようにした容器を用いてもよい．また金網かごは試験用溶液に侵されないもので，その網目は骨材粒がこぼれ落ちないように十分細かいものとする．

(2) 試験用溶液を入れる容器は，溶液に侵されないものであること．

(3) 乾燥機は，排気口のあるもので，105 ± 5 °C の温度に保持できるもので，空気かくはん機およびベンチレータが付いているものがよい．

(4) ふるいの網目に挟まった粒を，試料に混ぜてはならない．

(5) 試料の細骨材は，10 mm ふるいにとどまる粒は除外し，概略のふるい分けによって約 110 g を採り，この試料を 1 分間にふるいを通過する量が，試料質量の 0.1 ％以下となるまでふるった後，100.0 g の試料をはかり採るとよい．

(6) 同時に採取した代表的な試料ですでにふるい分け試験を実施している場合は，その試験結果を採用してもよい．

(7) 同時に採取した代表的な試料ですでにふるい分け試験を実施している場合は，40 mm ふるいを通過し 5 mm ふるいにとどまる群について再計算し，各群の質量分率を求めてもよい．

(8) 試験用溶液は，次に規定する硫酸ナトリウム飽和溶液とする．また，試験に用いる前にしばしばかき混ぜる．25〜30 °C の清浄な水 1 l に，硫酸ナトリウム（Na_2SO_4）を約 250 g または硫酸ナトリウム（結晶）（$Na_2SO_4 \cdot 10 H_2O$）を約 750 g の割合で加え，よくかき混ぜながら溶かし，約 20 °C となるまで冷やす．溶液は，48 時間以上 20 ± 2 °C の温度に保った後，試験に用いる．試験時には，容器の底に結晶が生じていなければならない．また，溶液の密度は，1.151〜1.174 g/cm^3 でなければならない．試験用溶液の密度は，質量と体積の関係から算出するか，密度浮ひょうまたは比重浮ひょうを用いて確認する．

(9)　構造用軽量コンクリート骨材（人工軽量骨材は除く）の場合は，試料の上に適切な質量の金網を載せるとよい．

(10)　試料を溶液から取り出したとき，20 mm 以上の粒は破壊状況を入念に観察する．試料を乾燥するために必要な時間より長く乾燥を続けることは，適当でない．

(11)　溶液の使用回数（試料の浸せき回数）は，10 回を限度とする．ただし，溶液に濁りがなく，容器の底に結晶が認められ，かつ，密度が $1.151 \sim 1.174\,\mathrm{g/cm^3}$ の範囲であれば，さらに，10 回追加して使用してもよい．

(12)　試料を金網かごに入れたまま温水に浸せきし，その後，水洗いを行うと作業が容易となる．

(13)　塩化バリウム（$BaCl_2$）は，試験用溶液の骨材への残留の有無を調べるためのものであり，5〜10％とする．

(14)　ふるう操作は 1 分間にふるいを通過する量が試料質量の 0.1％以下となるまで行う．

---

5. 関連知識

(1)　硫酸ナトリウムによる安定性試験を行った場合，操作を 5 回繰り返したときの骨材の損失質量分率（％）の限度は，一般に次のようである．

　　　　　細骨材……10％　　　砕石……12％　　　粗骨材……12％　　　砕砂……10％

上記の限度を超えた骨材は，これを用いた同程度のコンクリートが，予期される気象作用に対して満足な耐凍害性を示した実例がある場合には，これを用いることができる．

(2)　骨材の損失質量分率の算出例（**表-2.19** 参照）

表-2.19　骨材の損失質量分率の算出例

骨材の種類	通るふるい	とどまるふるい	各群の質量分率 (%)	試験前の各群の質量 (g)	試験後の各群の質量 (g)	各群の損失質量分率 (%)	骨材の損失質量分率 (%)
細骨材	0.15 mm	—	8	—	—	—[2]	—
	0.3 mm	0.15 mm	19	—	—	—[2]	—
	0.6 mm	0.3 mm	32	100.0	94.6	5.4	1.7[5]
	1.2 mm	0.6 mm	23	100.0	92.4	7.6	1.7[5]
	2.5 mm	1.2 mm	12	100.0	89.9	10.1	1.2[5]
	5 mm	2.5 mm	4	—	—	10.1[3]	0.4[5]
	10 mm	5 mm	2	—	—	10.1[3]	0.2[5]
	合計		100	—	—	—	5.2
粗骨材[1]	10 mm	5 mm	22	300[4]	266	11.3	2.5[5]
	15 mm	10 mm	23	500[4]	452	9.6	2.2[5]
	20 mm	15 mm	35	750[4]	690	8.0	2.8[5]
	25 mm	20 mm	20	1 000[4]	952	4.8	1.0[5]
	合計		100	—	—	—	8.5

注：1）40 mm ふるいにとどまる粗骨材は試験を行わない．
　　2）0.3 mm ふるいを通過する粒子の損失質量は 0 とした．
　　3）実際に試験を行った最も近い群の損失質量分率を採用した．
　　4）この場合は，最小量を採っているが，これより多く試料をとってもよい．
　　5）$\dfrac{\text{各群の質量分率} \times \text{各群の損失質量分率}}{100}$ である．

(3)　化学的あるいは物理的に不安定な骨材は，これを用いてはならない．ただし，その使用実績，使用条件，化学的あるいは物理的安定性に関する試験結果から，有害な影響をもたらさないものであると認められた場合には，これを用いてもよい．

2.12　粗骨材のすりへり試験

1.　試験の目的

(1)　この試験は，「ロサンゼルス試験機による粗骨材のすりへり試験方法（JIS A 1121–2007）」に規定されている．

(2)　この試験は，ロサンゼルス試験機によって，粗骨材のすりへり（摩耗・摩削作用）抵抗性を試験するために行う．ただし，構造用軽量骨材には，この試験方法は適用しない．なお，粒径の範囲が 5〜2.5 mm の細骨材にも適用できる．

(3)　道路用コンクリートおよびダム用コンクリートなどのように，すりへり抵抗性が必要な場合には，骨材は強靭でなければならない．一般に粗骨材のすりへり減量が少ないほど，コンクリートのすりへり減量は少なく，粗骨材のすりへり試験でコンクリートのすりへり抵抗性の優劣を決めることができる．

2.　使用器具

(1)　はかり（ひょう量 10 kg 以上，目量 1 g またはこれより小さいもの）

(2)　試料分取器

(3)　ロサンゼルス試験機一式（**図-2.4**）

(4)　試験用網ふるい（公称目開き 1.7, 2.36 {2.5}, 4.75 {5}, 9.5 {10}, 16 {15}, 19 {20}, 26.5{25}, 37.5{40}, 53{50}, 63 {60} および 75 {80} mm）
※ { } はふるいの呼び名であり，呼び寸法と称される．

(5)　鋼球（数および全質量は，**表-2.21** に示す粒度の区分に応じて，**表-2.20** のようにする）[注：(1)]

(6)　乾燥機（排気口のあるもので，槽内を 105 ± 5°C に保持できるもの）

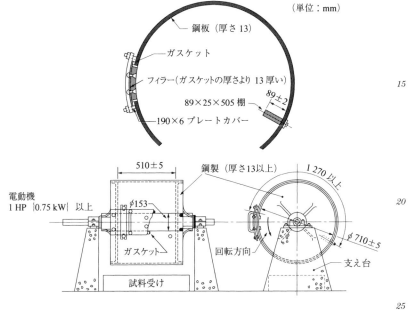

図-2.4　ロサンゼルス試験機

表-2.20　鋼球の数および全質量

粒度の区分	球の数	球の全質量 (g)	粒度の区分	球の数	球の全質量 (g)
A	12	5 000 ± 25	E	12	5 000 ± 25
B	11	4 580 ± 25	F	12	5 000 ± 25
C	8	3 330 ± 25	G	12	5 000 ± 25
D	6	2 500 ± 25	H	10	4 160 ± 25

3.　実 験 要 領

(A)　試料の準備

(1)　粗骨材を，試験用網ふるい（2.5 mm，5 mm，10 mm，15 mm，20 mm，25 mm，40 mm，50 mm，60 mm，80 mm）でふるい分ける．

(2)　**表-2.21** に示す粒度区分のうち，試験する粗骨材の粒度に最も近いものを選び，それに該当する粒径の範囲の粗骨材を水で洗った後，105 ± 5°C の温度で一定質量となるまで乾燥する．**表-2.21** に示す試料の質量が得られない場合は，採取した試料の一部をふるい分けて補充する．

(3)　乾燥させた粗骨材を該当する粒度区分の試料の質量に適合するように，1 g まではかって試料とする．

表-2.21　粒度区分と試料の質量との関係

粒度区分	粒径の範囲 (mm)	試料の質量 (g)	試料の全質量 (g)
A	40　〜25	1 250 ± 25	5 000 ± 10
	25　〜20	1 250 ± 25	
	20　〜15	1 250 ± 10	
	15　〜10	1 250 ± 10	
B	25　〜20	2 500 ± 10	5 000 ± 10
	20　〜15	2 500 ± 10	
C	15　〜10	2 500 ± 10	5 000 ± 10
	10　〜 5	2 500 ± 10	
D	5〜 2.5	5 000 ± 10	5 000 ± 10
E	80　〜60	2 500 ± 50	10 000 ± 100
	60　〜50	2 500 ± 50	
	50　〜40	5 000 ± 50	
F	50　〜40	5 000 ± 50	10 000 ± 75
	40　〜25	5 000 ± 25	
G	40　〜25	5 000 ± 25	10 000 ± 50
	25　〜20	5 000 ± 25	
H	20　〜10	5 000 ± 10	5 000 ± 10

(B)　試験方法

(1)　乾燥した試料の質量をはかり，これを m_1 とする．このとき試料の質量が**表-2.21** に適合することを確認する．

(2)　試料の粒度区分に応じて，**表-2.20** に示す球の数を選び，これを試料とともに試験機の円筒に入れる．

(3)　円筒にふたを取り付け，毎分 30〜33 回の回転数で，A，B，C，D および H の粒度区分の場合 500 回，E，F および G の場合 1 000 回，回転させる．

(4)　試料を試験機から取り出し，1.7 mm ふるいでふるう．このとき，湿式でふるってもよい．

(5)　ふるいにとどまった試料を，水で洗う．湿式でふるった場合は，この作業を省略してよい．

(6)　水で洗った試料を，105 ± 5°C の温度で，一定質量となるまで乾燥する．

(7)　乾燥した試料の質量を 1 g まではかり，これを m_2 とする．

(C)　試験結果の整理

すりへり減量は，次の式によって算出し，四捨五入によって小数点以下 1 けたに丸める．[注：(2), 関：(1)]

$$R = \frac{m_1 - m_2}{m_1} \times 100 \quad \cdots\cdots\cdots\cdots\cdots\cdots\cdots\cdots\cdots\cdots\cdots\cdots\cdots\cdots\cdots\cdots\cdots\cdots\cdots\cdots\cdots\cdots \quad (2.24)$$

　　ここに，R：すりへり減量（%）

　　　　　　m_1：試験前の試料の全質量（g）

　　　　　　m_2：試験後，1.7 mm ふるいにとどまった試料の質量（g）

4. 注意事項

(1) 試験に用いる球は鋼製で，平均直径は約 46.8 mm，1 個の質量は 390〜445 g とする．なお，球は JIS B 1501 に規定する鋼球の呼び $1\frac{13}{16}$ および $1\frac{7}{8}$ のものを組み合わせて**表-2.20** に示す全質量が得られるようにする．

(2) 岩石をほぼ立方体に近い粒形に手割りしたものを，この方法によって試験した場合のすりへり減量は，同じ岩石からつくった砕石について試験した場合のすりへり減量の約 85%程度である．

5. 関連知識

(1) ロサンゼルス試験機による粗骨材のすりへり減量の限度は，舗装用コンクリートの場合は，35%以下と定められている．粗骨材のすりへり減量は，コンクリートのすりへり抵抗性と相関性が高い．したがって，舗装版用コンクリートに用いる粗骨材のすりへり減量としては，コンクリート用砕石に規定されている 40%以下よりも厳しい．

　　また，積雪寒冷地の道路では，タイヤチェーンなどによって大きなすりへり抵抗を受けるために，25%以下とすることが望ましい．

(2) この試験は，骨材の粒度，粒形により変動するので，粒度区分の選定には注意を要する．

2.13　海砂の塩化物イオン含有率試験（滴定法）

1.　試験の目的

(1)　この試験は，「海砂の塩化物イオン含有率試験方法（滴定法）（JSCE-C 502–2018）」に規定されている．

(2)　この試験は，海砂の塩化物イオン含有率を滴定法（ファヤンス法）によって，測定する．

(3)　塩化物含有量により，コンクリート用細骨材としての適否を判定する．

(4)　海砂を用いた鉄筋コンクリート構造物においては，海砂に含まれる塩化物の量が許容限度を超えると，コンクリート中の鉄筋の発錆により，場合によっては構造物の耐荷力を低下させることがある．

(5)　定量方法は，塩化物イオン選択性電極を用いた電位差滴定法とファヤンス法に区分されるが，下記には，後者の定量方法を記述する．

2.　使用器具

(1)　はかり（ひょう量 1 kg 程度，感量 0.1 g 以下）

(2)　バット（海砂 10 kg 程度を採取できる容量のもの）

(3)　ビーカーまたは広口瓶（500 ml），2 個

(4)　三角フラスコ（100 ml），2 個

(5)　ホールピペット（25 ml および 50 ml）

(6)　駒込ピペット（2 ml および 10 ml）

(7)　メスシリンダー（200 ml）

(8)　ビューレット（25 ml）

(9)　ビューレット台

(10)　ガラス棒（かくはん用）

(11)　乾燥機（温度を 100～110°C に保ちうるもの）

3.　使用試薬

(1)　0.1 mol/l 硝酸銀溶液，0.01 mol/l 硝酸銀溶液 [注：(1)]

　　　硝酸銀溶液は，0.1 mol/l および 0.01 mol/l に調製されたものを用いることを標準とする．

(2)　0.2%フルオレセイン溶液

　　　フルオレセイン 0.2 g を 75%エチルアルコールに溶解し，精製水で 100 ml に希釈したもの，または，フルオレセインナトリウム 0.2 g を 100 ml の精製水に溶解したものを用いる．

(3)　2%デキストリン溶液

　　　デキストリン水和物 2 g を適量の精製水で練り，これを 100 ml の沸騰水に入れて約 1 分間煮沸し，常温に冷やしたものを用いる．

4.　実験要領

(A)　試料の採取および試験液の作製

(1)　数箇所から代表的な試料を，バットに約 10 kg 採取する．[注：(2)]

(2)　採取した全試料から約 200 g を分取し，0.1 g まで正確にひょう量した 500 ml のビーカー，または広

口瓶に入れる．[注：(3)]

(3)　分取試料を，100〜110°C の乾燥機に入れて，恒量となるまで乾燥し，放冷した後，絶乾状態の試料を 0.1 g まで正確にひょう量する（W_D）．

(4)　試料に 200 ml の精製水を加え，ガラス棒でかくはんするか，または広口瓶を用いる場合には，数回の転倒振とうをするかして，試料全体をよく混ぜた後，ふたをして 24 時間静置する．[注：(4)]

(5)　再度，ガラス棒で全体をかくはんするか，または広口瓶の場合は，数回の転倒振とうを繰り返すかして，試料中の塩化物を十分に溶出させて試験液を作り，これを約 5 分間静置する．

(6)　試験液は，採取試料に対して 2 回の分析試験を行うために，(2)〜(5) の操作をそれぞれ行って，2 個作製する．

(B)　試験液の分取および 0.1 mol/l 硝酸銀溶液の滴定量の測定

(1)　ビーカーまたは広口瓶中の試験液から，上澄液をホールピペットで分取し，100 ml の三角フラスコに入れる．[注：(5)]

(2)　試験溶液に，2%デキストリン溶液約 5 ml を 10 ml 駒込ピペットで，また指示薬として，0.2%フルオレセイン溶液 3〜5 滴を 2 ml 駒込ピペットで加える．

(3)　三角フラスコを強く振り混ぜながら，ビューレットから 0.1 mol/l 硝酸銀溶液を慎重に滴下する．

(4)　三角フラスコを強く振り混ぜて，試験溶液の黄緑色が黄色を経て黄橙色になったところを，滴定の終点とし，そのときの硝酸銀溶液の滴定量 C_1 を求める．[注：(6)]

(5)　**(A)**(6) で作った 2 個の試験液について，(1)〜(4) の試験操作をそれぞれ行い，硝酸銀溶液の滴定量 C_1 を求める．

(6)　(1) で分取した試験溶液とほぼ同じ量の精製水を別に取り，(2)〜(4) の方法で 0.01 mol/l 硝酸銀溶液によって空試験を行い，滴定量 C_2 を求める．空試験の滴定量を試験溶液の滴定に要した硝酸銀溶液の量に補正し，0.1 mol/l 硝酸銀溶液の滴定量 C（ml）を次式より求める．

$$C = C_1 - \frac{C_2}{10}$$

(C)　試験結果の整理

(1)　試料の塩化物イオン含有率は，次式で計算し，四捨五入によって小数点以下 3 けたに丸める．[注：(7)]

$$CL = 0.00355 \times \frac{C \times f}{W_D} \times \frac{200}{分取した試験溶液量} \times 100 \quad \cdots\cdots\cdots\cdots\cdots\cdots (2.25)$$

ここに，CL：試料の塩化物イオン含有率（%）

$\quad\quad$ C：滴定に要した 0.1 mol/l 硝酸銀溶液の量（ml）

$\quad\quad$ f：0.1 mol/l 硝酸銀溶液のファクター（濃度係数）

$\quad\quad$ W_D：絶乾状態の試料の質量（g）

(2)　試料の塩化物イオン含有率は，**(B)** で滴定した 2 個の試験液の値から試料の塩化物イオン含有率をそれぞれ求め，その平均値をとる．[関：(1)(2)(3)(4)]

5.　注 意 事 項

(1)　0.1 mol/l および 0.01 mol/l 硝酸銀は，変質しやすいので，褐色ガラス瓶あるいはポリエチレン製の容器に保存する．また市販品は，記載してあるファクター（濃度係数）を用いてよいが，長期間保存した場合には，濃度が既知である塩化ナトリウム標準液で試験し，ファクターを新たに求める．

(2)　海砂は，貯蔵状態および散水等による除塩方法によって，表面と内部で塩化物イオン含有率の値が著しく異なることがある．したがって，試料の採取に当たっては，試料が全体を代表するよう注意する．このためには，異なる数箇所で，貯蔵中の海砂の表面部分を除いて，試料を採取するのがよい．

(3)　採取した全試料を乾燥炉で絶乾状態にすると，バットの内側面に析出物が付着し，回収が困難になるので，分取した試料を，ビーカーまたは広口瓶に入れて，乾燥する．

(4)　精製水は，蒸留水またはイオン交換樹脂で精製した水を使用する．

(5)　濁った上澄液を用いるような場合には，滴定終点の判別が困難になることがあるので，JIS P 3801-1995［ろ紙（化学分析用）］に規定する5種Bのろ紙を用いて，上澄液をろ過することが望ましい．また試験溶液の分取量は，海砂の塩化物イオン含有率（%）が0.05%未満の場合は50 ml，0.05%以上の場合は25 mlとする．

(6)　滴定の終点付近では，少量の硝酸銀溶液の滴下で急激に試験液の色が変化するので，慎重に滴下するようにする．また，終点の黄橙色の識別が困難な場合もあるので，あらかじめ既知濃度の塩化ナトリウム溶液を用いて滴定し，黄橙色に変色した比較溶液を作製しておくと，滴定誤差を小さくすることができる．

(7)　硝酸銀溶液のファクターが$f = 0.995 \sim 1.005$の範囲であれば，測定した試料の塩化物イオン含有率に対する影響が± 0.5%となり非常に小さいので，ファクターを無視してもよい（$f = 1$にする）．

6.　関連知識

(1)　海砂に含まれる塩化物の量が，細骨材の絶乾質量に対し塩化物（塩化物イオン量）が0.02%（NaCl換算では0.04%に相当する）の許容限度を超える場合に，水洗いその他により，塩化物含有量を許容限度以下にして用いなければならない．ただし，海砂と他の細骨材と混合して使用する場合には，混合した細骨材の塩化物含有量が許容限度以下であればよい．

(2)　海砂中に含まれる塩化物の大部分（約90%）を構成する塩化ナトリウムは，アルカリシリカ反応を促進させる作用を有するので，海砂の使用にあたっては，この点にも注意する必要がある．

(3)　海砂には貝殻が混入していることが多いが，特に大きな貝殻片や巻貝が混入しなければ，実用上問題になることはあまりない．貝殻の混入量が多い場合には，海砂を10 mm以下のトロンメルを通過させて用いることが望ましい．

(4)　簡易測定器法（JSCE-C 503-2007）として，簡易な塩化物イオン含有率の測定器によって測定する方法が規定されており，塩化物の管理試験に適用される．この塩化物イオン含有率測定器は，イオン電極法，電極電流測定法，モール法，または電量滴定法を測定原理とし，簡易に水溶液などの塩化物イオン含有率を測定できる機器を示す．

2.14　骨材のアルカリシリカ反応性試験（化学法）

1.　試験の目的

(1)　この試験は，「骨材のアルカリシリカ反応性試験方法（化学法）（JIS A 1145-2017）」に規定されている．

(2)　この試験は，コンクリート用骨材のアルカリシリカ反応性を，化学的な方法によって比較的迅速に判定するものである．ただし，コンクリート用骨材のうち，人工軽量骨材（粗，細）には適用しない．また，硬化コンクリートから取り出した骨材に対しても，適用しない．

(3)　アルカリシリカ反応性（ASR）は，骨材中の反応性をもつシリカ（二酸化けい素，SiO_2）と，コンクリートに含まれるアルカリ金属（Na^+，K^+ など）とが反応することによって生じた生成物が吸水して膨張し，コンクリートにひび割れなどを生じさせる現象である．

(4)　アルカリ濃度減少量 (Rc) は，骨材反応によって消費された水酸化ナトリウムの量を示す．また，溶解シリカ量 (Sc) は，骨材とアルカリ溶液との反応によって溶出したシリカの量を示す．今，反応性骨材とアルカリ溶液との反応によって溶出したシリカの量 (Sc) が，反応によって消費されたアルカリ量 (Rc) を上回ったとき，無害でないと判定される．つまり，Rc < Sc (Sc/Rc = 1 以上) のとき，無害でないと判定される．ただし，溶解シリカ量 (Sc) が 10 mmol/l 以上で，アルカリ濃度減少量 (Rc) が 700 mmol/l 未満の範囲のときに限る．

　　　溶解シリカ量 (Sc) がアルカリ濃度減少量 (Rc) 未満となる場合，その骨材を“無害”と判定する．溶解シリカ量 (Sc) が 10 mmol/l 未満で，アルカリ濃度減少量 (Rc) が 700 mmol/l 未満の場合も，その骨材を“無害”と判定する．

(5)　骨材の主成分は，一般にシリカが主体で，このシリカが不安定だとアルカリシリカ反応を起こしやすくなる．また不安定なシリカほど，水酸化ナトリウム溶液（強アルカリ性溶液）に溶けやすく，その溶けたシリカ量を測るのが化学法の基本原理である．

2.　使用器具

(1)　粉砕装置（粗骨材を約 5 mm 以下の粒度に粉砕することができるものとする [注：(1)]）

(2)　微粉砕装置（5 mm 以下の骨材を 300 μm 以下の粒度に粉砕することができる粉砕機またはその他適切な装置）

(3)　試験用網ふるい（公称目開きが 300 μm および 150 μm ふるい）
これらのふるいの寸法は，それぞれ 0.3 mm および 0.15 mm ふるいと呼ぶことができる．

(4)　乾燥機（排気口のあるもので 105 ± 5°C に保持できるもの）

(5)　はかり

(a) 骨材試料を計量する場合（ひょう量 150 g 以上で目量が 10 mg またはこれより小さいもの）

(b) 溶解シリカ量を質量法で定量する場合（ひょう量 80 g 以上で目量が 0.1 mg またはこれより小さいもの）

(6)　反応容器（ステンレス鋼または適切な耐食性材料で製作された容量 50〜60 ml の容器とし，気密にふたをすることができるもので，空試験時にシリカの溶出がなく，アルカリ濃度減少量が 10 mmol/l 未満のもの）

(7)　恒温水槽（反応容器全体を沈めて静置させた状態で，$80 \pm 1.0°C$ に 24 時間保持することができるもの）

(8)　水浴（水温が $95°C$ 以上に保持できるもの）

(9)　砂浴（砂温が $100°C$ 以上に保持できるもの）

(10)　原子吸光光度計（JIS K 0121）

(11)　光電分光光度計または光電光度計（JIS K 0115）

(12)　電気炉（最高温度 $1100°C$ で長時間保持できることができるもの）

(13)　分析用器具類

    (a)　全量ピペット（1 ml，2 ml，4 ml，5 ml，6 ml，8 ml，10 ml，20 ml，25 ml，30 ml，40 ml）

    (b)　ブフナー漏斗（内径約 60 mm）

    (c)　ビュレット（25 ml）

    (d)　全量フラスコ（100 ml，1 l）

    (e)　三角フラスコ（100 ml）

    (f)　ビーカー（100 ml，200 ml）

    (g)　時計皿

    (h)　共栓付ポリエチレン製容器（30〜100 ml）

    (i)　ポリエチレン瓶（100 ml，1 l）

    (j)　白金るつぼ（30 ml）

    (k)　磁器るつぼ（30 ml）

    (l)　デシケータ

    (m)　吸引ろ過装置

(14)　水は，蒸留水または同程度以上の純度をもつ水とする．

(15)　試薬は，それぞれの JIS に適合する試薬特級またはそれと同等以上のもの．

    (a)　1 mol/l 水酸化ナトリウム標準液　1.000 ± 0.010 mol/l で，± 0.001 mol/l まで標定したもの．（JIS K 8001）

    (b)　0.05 mol/l 塩酸標準液　0.05 mol/l で，± 0.001 mol/l まで標定したもの．（JIS K 8001）

    (c)　過塩素酸（質量分率 60％ または 70％）

    (d)　塩酸（1＋1）（塩酸と水を 1：1 の体積比で混ぜた溶液）

    (e)　硫酸（1＋10）

    (f)　フェノールフタレイン指示薬（1％エタノール溶液）　フェノールフタレイン 1 g をエタノール（1＋1）100 ml に溶解し，滴瓶に入れて保存する．

    (g)　モリブデン酸アンモニウム溶液（質量濃度 10％）　モリブデン酸アンモニウム $[(NH_4)_6Mo_7O_{24} \cdot 4H_2O]$ 10 g を水に溶かして 100 ml とする．溶液が透明でない場合はろ紙（JIS P 3801 に規定された 5 種 C）を用いてろ過する．この溶液はポリエチレン瓶に保存する．白色沈殿が生じたら新たに作り直す．

    (h)　しゅう酸溶液（質量濃度 10％）　しゅう酸二水和物 10 g を水に溶かして 100 ml とする．この溶液はポリエチレン瓶に保存する．

    (i)　シリカ標準液（SiO_2 10 mmol/l）　シリカ（純度 99.9％ 以上）を磁器るつぼに入れて，$1000°C$ で約 1 時間強熱後，デシケータ中で放冷する．冷却したシリカ 0.601 g を白金るつぼ（30 ml）にはかり

取り，炭酸ナトリウム（無水）を 3.0 g 加えてよく混合する．徐熱してから 1000°C の電気炉に入れてシリカを融解する．冷却後，温水 100 ml を入れたビーカー（200 ml）に入れ融成物をよく溶かす．白金るつぼはよく洗浄して取り出す．溶液は 1 l の全量フラスコに移し，水を加えて定容とした後，ポリエチレン瓶に入れて保存する．この標準液は，検量線作成の都度調整する．

(j)　けい素標準液（Si 1 000 mg/l）　(i) のシリカ標準液に代えて，市販の原子吸光分析用けい素標準液（Si 1 000 mg/l）を使用してもよい．

3. 実験要領

(A)　試料の準備

(1)　試料は，未使用骨材およびフレッシュコンクリート中の骨材とし，粗骨材および細骨材について代表的なものを約 40 kg 採取する．さらに，骨材をよく混合し，JIS A 1158 によって縮分して約 10 kg の代表骨材を採取する．

(2)　粗粉砕として，代表骨材を破砕機によって約 5 mm 以下に粉砕する．これをよく混合した後，縮分して約 1 kg の代表試料を採取する．

(3)　代表試料の調整は，次による．

(a)　代表試料から 300〜150 μm 粒群をふるい分ける．150 μm 以下の微粉は廃棄する．

(b)　300 μm 以上の粗粒部分は，微粉砕機を用いて少量ずつ粉砕する．このとき，150 μm 以下の微粒部分の割合をできるだけ少なくするように注意する．

(c)　粉砕した代表試料は，300〜150 μm 粒群にふるい分け，150 μm 以下の微粉は廃棄する．

(d)　粉砕した代表試料中の 300 μm 以上の粗粒部分は，(b) および (c) の操作を繰り返して，300〜150 μm 粒群を集める．

(e)　300 μm 以上の粗粒部分がなくなったら，300〜150 μm 粒群を混合し，150 μm ふるいを用いて少量ずつ流水で水洗する．水洗によって微粉を除去した試料は，約 1 l の水を用いてすすぎ洗いを行う．

(f)　水洗した試料は，ステンレス鋼製バットなどの適切な容器に移し，余分の水を除去した後，105 ± 5°C に調節した乾燥機で 20 ± 4 時間乾燥する．

(g)　冷却後，再び 150 μm ふるいによって微粒部分を除去し，300〜150 μm の粒群をよく混合して試験用試料とする．

(B)　アルカリと骨材試料との反応操作

300〜150 μm に粒度調整した試料に 1 mol/l 水酸化ナトリウム標準液を加え，80 ± 1°C に調節した恒温水槽中で 24 時間反応させ，これを吸引ろ過して試料原液を得る．そのための操作は，次の順序とする．

(1)　1 試料につき 25.00 ± 0.05 g ずつを 3 個はかり取り，それぞれ 3 個の反応容器に入れる．次いで 1 mol/l 水酸化ナトリウム標準液 25 ml を全量ピペットを用いて加え，直ちにふたをする．なお，空試験用反応容器 1 個も同時に操作する．

(2)　反応容器は，実験台上で交互に 3 回ゆっくり水平に回し，試料に付着した気泡を分離する．

(3)　反応容器のふたをよく締め，直ちに 80 ± 1°C の恒温水槽に完全に沈めて 24 時間 ±15 分間そのまま静置する．

(4)　所定時間に達したら，恒温水槽中から反応容器を取り出し，流水で室温になるまで冷却する．

(5)　密封したままの容器を上下に 2 回転倒させ，5 分間程度静置した後，ふたを開ける．

(6)　吸引装置と吸引瓶とをクローズドの状態にして吸引し，そのときの吸引圧を 50.0 ± 2.5 kPa に調整する．なお，吸引ろ過を開始すると吸引圧は低下するが，吸引圧の再調整は行わない．

(7)　ブフナー漏斗にろ紙（JIS P 3801 に規定された 5 種 B の直径 55 mm のもの）を置き，まず上澄液を 1 分間で静かに吸引ろ過していったん吸引を止める．次いで容器中の残分は，ステンレス鋼製スプーンなどでブフナー漏斗に移し入れ，残分を軽く押して平らにし，4 分間吸引ろ過する．ろ液は 30～100 ml の共栓付ポリエチレン製容器に受ける．

(8)　ろ液の入ったポリエチレン製容器を密栓し，混合した後，試料原液とする．なお，ろ過操作は，反応容器 1 個ずつ順次行ったほうが誤差が小さくなる．

(C)　アルカリ濃度減少量（Rc）の定量方法（中和滴定法）

試料原液を分取し，水を加えて希釈試料とする．この一部を分取し，フェノールフタレイン指示薬を用いて 0.05 mol/l 塩酸標準液で滴定する．そのための操作は，次の順序とする．

(1)　試料原液 5 ml を全量ピペットで分取し，直ちに 100 ml の全量フラスコに移して水を加えて定容とする．よく混合した後，この希釈試料溶液 20 ml を全量ピペットで分取し，三角フラスコ（100 ml）に移す．

(2)　フェノールフタレイン指示薬（1%エタノール溶液）2, 3 滴を加え，0.05 mol/l 塩酸標準液で少量ずつ滴定して，最後の 1 滴でごくうすい紅色が無色となったときを終点とする．

(3)　次に，希釈試料溶液 20 ml を再び分取し，1 回目の滴定量を参考にして慎重に滴定を行い，ここで得た値を正式測定値とする．

(4)　それぞれの反応容器から得られた試料原液について，(1)～(3) の操作を繰り返す．

(5)　次の式によって，アルカリ濃度減少量を算出する．

$$Rc = \frac{20 \times 0.05 \times F}{V_1} \times (V_3 - V_2) \times 1\,000 \quad \cdots\cdots\cdots\cdots\cdots\cdots\cdots\cdots\cdots\cdots\cdots \quad (2.26)$$

ここに，Rc：アルカリ濃度減少量 (mmol/l)

　　　　　V_1：希釈試料溶液からの分取量 (ml)

　　　　　V_2：希釈試料溶液の滴定に要した 0.05 mol/l 塩酸標準液量 (ml)

　　　　　V_3：希釈した空試料溶液の滴定に要した 0.05 mol/l 塩酸標準液量 (ml)

　　　　　F：0.05 mol/l 塩酸標準液のファクター

(D)　溶解シリカ量 (Sc) の定量方法

溶解シリカ量の定量は，質量法・原子吸光光度法・吸光光度法のいずれかの方法によるものとする．

(1)　**質量法**　　試料原液を分取し，塩酸を加えて蒸留乾固した後，過塩素酸処理を行い沈殿物を強熱する．そのための操作は，次の順序とする．

(a)　試料原液 5 ml を全量ピペットで分取し，ビーカー（100 ml）に移す．

(b)　塩酸（1 + 1）5 ml を加えて混合し，ドラフト内のウォーターバス上で蒸発乾固する．

(c)　乾固したら過塩素酸（60%または 70%）8 ml を加え，サンドバス上で加熱し，内容物が飛散しないように注意して蒸発させ，過塩素酸の濃い白煙が出始めたら時計皿でふたをし，容器の底を少し砂の中に埋めるようにして 10 分間加熱を続ける．

(d)　ビーカーをサンドバスからおろした後，時計皿を水洗して除き，塩酸（1 + 1）5 ml および温水約 20 ml を加えてガラス棒でかき混ぜ，ゼリー状の塊をよくつぶしてから，ろ紙（JIS P 3801 に規定された 5 種 B の直径 110 mm のもの）でろ過し，温水で 10 回洗浄する．

(e)　沈殿を白金るつぼまたは磁器るつぼ（30 ml）に入れ，ろ紙上に硫酸（1 + 10）2, 3 滴を滴下してから乾燥し，炎を出さないように徐々に加熱した後，灰化する．次いで 1 000 ± 50℃ に調節した電気炉で 1 時間強熱し，デシケータ中で放冷した後，質量をはかる．

(f)　それぞれの反応容器について，(a)〜(e) の操作を繰り返す．

(g)　次の式によって溶解シリカ量を算出する．

$$Sc = 3\,330 \times W \quad \cdots\cdots\cdots\cdots\cdots\cdots\cdots\cdots\cdots\cdots\cdots\cdots\cdots\cdots \quad (2.27)$$

ここに，Sc：溶解シリカ量（mmol/l）

　　　　W：空試験による補正を行った試料原液 5 ml 中のシリカの質量（g）

(2)　**原子吸光光度法**　　原子吸光光度法は，希釈試料溶液をアセチレン・酸化二窒素の高温フレーム中に噴霧させ，251.6 nm における吸光度を測定してシリカ量（Sc）を定量する．そのための準備，操作および計算は，次のとおりとする．

(a)　検量線用溶液の調整は，次による．

①　シリカ標準液（SiO_2 10 mmol/l）から 0 ml, 10 ml, 20 ml, 30 ml および 40 ml を正しく分取して 100 ml の全量フラスコに入れ，それぞれ水を標線まで加えて振り混ぜ，ポリエチレン製容器に移す（SiO_2 として 0 mmol/l, 1.0 mmol/l, 2.0 mmol/l, 3.0 mmol/l および 4.0 mmol/l）．

②　けい素標準液（Si 1 000 mg/l）を用いる場合は，けい素標準液を 0 ml, 1.0 ml, 2.0 ml, 4.0 ml, 6.0 ml, 8.0 ml および 10.0 ml を正しく分取して 100 ml の全量フラスコに入れ，それぞれ水を標線まで加えて振り混ぜ，ポリエチレン製容器に移す（Si として 0 mg/l, 10 mg/l, 20 mg/l, 40 mg/l, 60 mg/l, 80 mg/l および 100 mg/l）．

(b)　検量線の作成は，次による．

①　原子吸光光度計のけい素用中空陰極ランプを点灯し，輝度を安定させるための最適条件に設定する．アセチレン・空気を用いてバーナに点火した後，アセチレン・酸化二窒素の高温フレームに切り替える．

②　最も高濃度の検量線溶液を噴霧させ，アセチレン・酸化二窒素の流動比，バーナヘッドの位置などの最適条件を設定する．

③　次いで各検量線用溶液の吸光度を測定し，シリカ濃度またはけい素濃度との関係線を作成して検量線とする．

(c)　調整した希釈試料溶液の吸光度を検量線作成と同じ条件で測定する．試料溶液の吸光度が，最も高濃度の検量線用溶液の吸光度を超えるときは，希釈試料溶液を更に適宜正確に希釈（希釈倍率 n）して測定する．

(d)　溶解シリカ量は，次の式によって算出する．

①　シリカ標準液（SiO_2 10 mmol/l）を用いた場合

$$Sc = 20 \times n \times C \quad \cdots\cdots\cdots\cdots\cdots\cdots\cdots\cdots\cdots\cdots\cdots\cdots \quad (2.28)$$

②　けい素標準液（Si 1 000 mg/l）を用いた場合

$$Sc = 20 \times n \times A \times \frac{1}{28.09} \quad \cdots\cdots\cdots\cdots\cdots\cdots\cdots\cdots \quad (2.29)$$

ここに，Sc：溶解シリカ量（mmol/l）

　　　　n：希釈倍率

C：検量線から求めたシリカ量（SiO_2 mmol/l）

A：検量線から求めたけい素量（Si mg/l）

(3)　**吸光光度法**　　希釈した試料溶液中のシリカとモリブデン酸アンモニウムとを反応させた後，しゅう酸を加え 410 nm 付近で吸光度を測定してシリカ量を定量する．

(a)　検量線の作成は，次による．

①　シリカ標準液（SiO_2 10 mmol/l）から 0 ml, 1.0 ml, 2.0 ml, 3.0 ml および 4.0 ml を正しく分取して 100 ml の全量フラスコに入れ，それぞれ約 50 ml となるように水を加える．

②　モリブデン酸アンモニウム溶液（10%）2 ml および塩酸（1＋1）1 ml を加えて振り混ぜる．15 分間静置した後，しゅう酸溶液（10%）1.5 ml を正しく加え，水を標線まで加えて振り混ぜる（SiO_2 として 0 mmol/l, 0.1 mmol/l, 0.2 mmol/l, 0.3 mmol/l および 0.4 mmol/l）．

③　けい素標準液（Si 1 000 mg/l）を用いる場合は，けい素標準液 10 ml を正しくはかり取って 100 ml の全量フラスコに入れ，水を標線まで加えて振り混ぜる．この溶液から 0 ml, 2.0 ml, 4.0 ml, 6.0 ml および 10.0 ml を正しく分取して 100 ml の全量フラスコに入れ，それぞれ約 50 ml となるように水を加える．

④　続いて，②と同様に操作する（Si として 0.0 mg/l, 2.0 mg/l, 4.0 mg/l, 6.0 mg/l および 10.0 mg/l）．

⑤　各検量線用溶液は 5 分 ±10 秒間静置し，水を対照液として，410 nm 付近の波長で吸光度を測定し，シリカ濃度またはけい素濃度との関係から検量線を作成する．

(b)　測定操作は，次による．

①　調整した希釈試料溶液 10 ml を，全量ピペットで分取して 100 ml の全量フラスコに移す．

②　約 50 ml となるように水を加えた後，(a) ②と同様に操作する．

③　5 分 ±10 秒間静置した後，検量線作成時と同じ条件で吸光度を測定する．吸光度が 0.1〜0.6 の範囲を外れた場合には，試料溶液の濃度を適宜調整してから改めて測定を行う．

(c)　溶解シリカ量は，次の式によって算出する．

①　シリカ標準液（SiO_2 10 mmol/l）を用いた場合

$$Sc = 20 \times n \times C \quad \cdots\cdots \quad (2.30)$$

②　けい素標準液（Si 1 000 mg/l）を用いた場合

$$Sc = 20 \times n \times A \times \frac{1}{28.09} \quad \cdots\cdots \quad (2.31)$$

ここに，Sc：溶解シリカ量（mmol/l）

n：希釈倍率

C：検量線から求めたシリカ量（SiO_2 mmol/l）

A：検量線から求めたけい素量（Si mg/l）

(E)　結果

各定量値および平均値は，mmol/l 単位で表し，四捨五入によって整数に丸める．

(F)　精度

アルカリ濃度減少量および溶解シリカ量の 3 個の定量値は，いずれもその平均値との差が 10% 以内でなければならない．ただし，アルカリ濃度減少量および溶解シリカ量とも，定量値が 100 mmol/l 以下の場合に

は，平均値との差が 10 mmol/l 以内であればよい．

(G)　骨材のアルカリシリカ反応性の判定

骨材のアルカリシリカ反応性の判定は，測定項目における定量値の平均値を用いて行うものとし，次による．

(1)　溶解シリカ量 (Sc) が 10 mmol/l 以上で，アルカリ濃度減少量 (Rc) が 700 mmol/l 未満の範囲では，溶解シリカ量 (Sc) がアルカリ濃度減少量 (Rc) 未満となる場合，その骨材を"無害"と判定し，溶解シリカ量 (Sc) がアルカリ濃度減少量 (Rc) 以上となる場合，その骨材を"無害でない"と判定する．

(2)　溶解シリカ量 (Sc) が 10 mmol/l 未満でアルカリ濃度減少量 (Rc) が 700 mmol/l 未満の場合，その骨材を"無害"と判定する．

(3)　アルカリ濃度減少量 (Rc) が 700 mmol/l 以上の場合は判定しない．

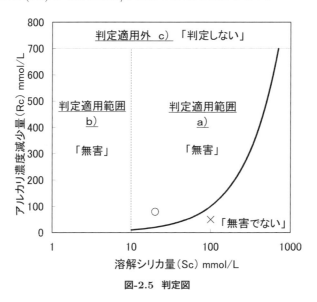

図-2.5　判定図

4.　注 意 事 項

(1)　ロッドミル，ジョークラッシャ，ディスク形製砂機，ロール形製砂機などをいう．

(2)　石灰石は，水酸化ナトリウム溶液に溶けないので，この試験の適用外となっている．

(3)　化学法における温度および，圧力条件は，実際のコンクリート構造物内部におけるものとは異なるので，化学法によって得られた結果は，必ずしも，アルカリシリカ反応による膨張の程度を示す指標とならない場合がある．

(4)　水酸化イオン濃度を決定するとき，指示薬としてフェノールフタレインを使用すると，終点の判定が不明確なことがある．

(5)　水酸化イオンによるアルカリ濃度減少量 (Rc) が，700 mmol/l 以上の場合は，その実績がないため，判定しないものとする．

5.　関 連 知 識

(1)　アルカリシリカ反応において，「無害でない」とする骨材とは，水酸化物イオン濃度の減少量と少なくとも，同程度の量の溶解性シリカが生成されるような岩石であることを意味する．また．水酸化物イオン濃度の低下が大きいとき，今後の反応性の進行・活発が予期されるものとみる．一方，水酸化物イ

オン濃度の低下が，それほど大きくないとき，「無害でない」と判定される場合もある．このように試験の報告は，「無害」か「無害でない」かの判定をするのが目的であるが，水酸化物イオン濃度の減少量の低下の程度は，「無害でない」の判定結果の解釈を深めるものである．さらに，水酸化物イオン濃度の低下が大きいほど，ペシマム量（％）は小さいものと，既往の事例的な見解から，一般に考えられている．

(2)　無害でない骨材と無害の骨材とを混合使用した場合に，モルタルやコンクリートの膨張量が最大となることがあり，これをペシマム現象と呼ぶ．ペシマム現象には，膨張が骨材の混合比率に依存する組成ペシマムと粒径に依存する粒径ペシマムがある．組成ペシマムは，反応性骨材と非反応性骨材の混合比によるもので，粒径ペシマムは，反応性骨材であっても，粒径によっては膨張をしない場合があるものである．

(3)　原子吸光光度分析法は，試料を化学炎（フレーム）の中に入れて，高温・熱解離し，基底状態の原子蒸気を生成する．これに特定波長の光を照射した際に起こる原子の吸光現象を利用し，試料から溶出したシリカ量を定量的に測定するものである．（光の吸収具合：試料の原子蒸気を通る光が，どの程度弱められたかを測定）また，このフレーム法では，溶液として分析を行い，適度な濃度の標準サンプルを分析し，その検量線から，試験対象試料の定量を行う．またフレーム法では，助燃ガスと燃料ガスの組合せによって，高温のフレーム中に，試料を噴霧して原子蒸気を生成する過程で，ガスの組合せとして，この試験の場合，酸化二窒素－アセチレン（最高温度 $3\,000°C$）系を用いるのが一般的である．この酸化二窒素－アセチレンのフレームは高温が得られるため，耐火性の酸化物分析に適するものと考えられている．

(4)　吸光光度分析は，特定の波長の光を試料溶液に通して，試料による光の吸収の度合いを直接測定して溶質の濃度を決定する方法である．

2.15 骨材のアルカリシリカ反応性試験（モルタルバー法）

1. 試験の目的

(1) この試験は，「骨材のアルカリシリカ反応性試験方法（モルタルバー法）（JIS A 1146–2017）」に規定されている．[注：(1)]

(2) この試験は，モルタルバーの長さ変化を測定することによって，骨材のアルカリシリカ反応性を判定する．[関：(1)(2)]

2. 使用器具

(1) はかり（ひょう量が試料の質量以上でかつ目量が試料質量の 0.1% 以下のもの）

(2) 型枠は，40 × 40 × 160 mm の 3 連型枠（**図-1.7** 参照）で，両端に長さ変化測定用のゲージプラグを埋め込めるよう，ゲージプラグ固定用の穴をあけたもの．

(3) 長さ変化測定器具（**写真-2.8** 参照）

長さ変化の測定は，JIS A 1129-3 に規定するダイヤルゲージ方法による．[注：(2)]

(4) モルタル製作用器具一式（**図-1.6** 参照）

(5) 試験用網ふるい（公称目開き 150, 300, 600 μm および 1.18 {1.2}, 2.36 {2.5}, 4.75 {5} mm）

※ { } はふるいの呼び名であり，呼び寸法と称される．

(6) 貯蔵容器（気密なふたによって密閉ができ，湿気の損失がない構造のもの）

(7) 製砂機（ロッドミル，ジョークラッシャ，ディスク形製砂機，ロール形製砂機などを用いる）

写真-2.8 ダイヤルゲージ方法の測定器の一例

3. 実験要領 [注：(3)]

(A) 試料の準備

(1) 試験に用いる骨材は，未使用骨材またはフレッシュコンクリート中の骨材とする．フレッシュコンクリート中から採取した骨材の場合は，十分に洗浄してセメントペーストなどを取り除いておく．試料は，粗骨材および細骨材について，代表的なものを約 40 kg 採取する．なお，化学法に引き続いて実施する場合は，同時に採取した試料を使用する．

採取した骨材は，よく混合し，四分法または試料分取器によって，約 10 kg となるまで縮分する．縮分した骨材を洗浄し，絶乾状態にした後，製砂機によって 5 mm ふるいを全量通過するまで粗粉砕する．これをよく混合した後，四分法または試料分取機によって，約 5 kg となるまで縮分し代表試料とする．代表試料を製砂機によって順次粉砕し，**表-2.22** に示す粒度区分 A に調整し，表乾状態にする．ただし，対象とする骨材が細骨材で 2.5 mm ふるいにとどまる質量分率が 5% 未満の場合は**表-2.22** に示す粒度区分 B に調整する．

なお，所定量の試料を採取した残りの代表試料は，残留したふるいを全量通過するまで粉砕しなければならない．[注：(4)]

表-2.22　粒度調整した代表試料の粒度分布

ふるいの公称目開き		質量分率 (%)	
通過	残留	粒度区分 A	粒度区分 B
4.75 mm	2.36 mm	10	—
2.36 mm	1.18 mm	25	5*
1.18 mm	600 μm	25	35
600 μm	300 μm	25	40
300 μm	150 μm	15	20

＊5％採取できない場合は，粒径 1.2～0.6 mm の試料を 40％ としてもよい．

(2)　セメントは，JIS R 5210 に規定されている普通ポルトランドセメントで，全アルカリ Na_2O_{eq} が (0.50 ± 0.05)%，Na_2O（%）と K_2O（%）との比率が $1:1 \sim 1:2.5$ の範囲にあるものを用いる．[注：(5)]

(3)　水酸化ナトリウムは，JIS K 8576 に規定する試薬を水溶液として用いる．[注：(6)]

(B)　供試体（モルタルバー）の作り方

(1)　1 回の試験に用いる供試体は，1 バッチから製作し，その数は 3 本とする．

(2)　モルタルの配合は，質量比でセメント 1，水 0.5，細骨材 2.25 とする．1 回に練り混ぜるセメント，細骨材，水の量は，原則として次のとおりとする．練混ぜに用いる水は，上水道水とする．

> 水＋NaOH 水溶液　：300 ± 1 ml
> セメント　　　　　：　600 ± 1 g
> 細骨材（表乾）　　：$1\,350 \pm 1$ g

NaOH 水溶液の量は，セメントの全アルカリが Na_2Oeq で 1.2％ となるように，計算して定める．

(3)　質量で計算する材料は，4 けたまではかる．

(4)　モルタルの練混ぜは，次に示す方法による．

(a)　JIS に規定される練混ぜ機（**図-1.6** 参照）を用い，練り鉢およびパドルを混合位置に固定し，規定量のセメントと細骨材を入れる．

(b)　練混ぜ機を始動させ，パドルを回転させながら，30 秒間混合する．

(c)　練混ぜ機を停止し，規定量の水を投入する．

(d)　練混ぜ機を 30 秒間作動させた後，20 秒間休止する．

(e)　休止の間に練り鉢およびパドルに付着したモルタルをさじによってかき落とす．

(f)　練り鉢の底のモルタルをかき上げるように，2，3 回かき混ぜる．

(g)　休止が終わったら再び始動させ，120 秒間練り混ぜる．

(5)　モルタルは，ただちに型枠に 2 層に詰める．

(a)　モルタルを，型枠の 1/2 の高さまで詰める．

(b)　突き棒を用いて，その先端が 5 mm 入る程度に，供試体 1 体当たり各層につき約 15 回突く．ただし，モルタルが分離するおそれがある場合は，突き数を減らす．[注：(7)]

(c)　ゲージプラグの周囲は，スペーシング等を行い，十分にモルタルがいきわたるようにする．

(d)　モルタルを型枠の上端より約 5 mm 盛り上がるように詰め，(b) と同様に，突き棒を用いて突く．

(e)　供試体をいためないように余盛部分を注意して削り取り，上面を平滑にする．

(C)　初期養生

練混ぜから 24±2 時間までは，型枠ごと湿気箱に入れて極力乾燥しないように，モルタル表面に触れないようにぬれ布などで覆い，初期養生を行う．

(D)　脱型

初期養生完了後，脱型を行う．このとき，供試体が乾燥しないように注意しながら，供試体に番号および測定時の上下，測定時の方向を示す記号を明記する．

(E)　初期値のとり方

脱型および記号の明記後直ちに，供試体が乾燥しないように注意しながら，長さ変化測定の初期値を測定する．測定方法は (G) による．

(F)　貯蔵および測定

(1)　供試体は，密閉した容器に温度 40±2°C，湿度 95% 以上で貯蔵する．[注：(8)]

(2)　供試体が所定の材齢に達したならば，供試体を容器ごと貯蔵室または箱から取り出し，20±3°C に 16 時間以上保った後，容器を開いて，その材齢の長さ変化の測定を行う．測定の間は，供試体が乾燥しないようにする．[注：(9)]

(3)　測定後は直ちに，40±2°C，相対湿度 95% 以上に戻す．

(4)　1 つの容器に入れるすべての供試体は，同時に測定ができるように同じ日に作り，同時に容器に入れる．

(5)　供試体の測定後，前の期間とは上下逆の位置にして，容器の中に置き直す．

(G)　測定方法

(1)　長さ変化の測定は，JIS A 1129-3 のダイヤルゲージ方法による．

測定の際，供試体は常に同じ端を上にし，同じ面を手前にする．また，ゲージと供試体の位置関係が常に同一となるようにする．

(a)　測定器，標準尺および供試体は，測定時に，20±3°C に保つ．

(b)　供試体の測長に先立ち，ゲージプラグに付着している異物をきれいにぬぐいとっておく．

(c)　測長枠は，供試体を測定するときと同じ状態（鉛直または鉛直に対して一定の傾き）に置く．

(d)　標準尺の一方のゲージプラグに測長枠の接点を接触させ，ダイヤルゲージのスピンドルの先端が，ゲージプラグ間を結ぶ軸上を動くようにする．

(e)　スピンドルを徐々に出して，標準尺の他の一方のゲージプラグに接触させ，ダイヤルゲージの目盛を読む．

(f)　スピンドルを引き，再び上記の操作を繰り返し，その 2 回目以後の読みから平均値を求め，$_sX_i$ とする．

(g)　標準尺を供試体に替えて，上記の作業を行い，X_i を求める．

(2)　外観観察

長さ変化の測定時に，供試体の反りやポップアウトなどの変化状態，表面のひび割れや水ガラスのゲルなどの浸出物，汚れなどを観察する．

(H)　測定材齢

測定の材齢は，次のとおりとする．

脱型時，2 週間，4 週間，8 週間，13 週間，26 週間

(I)　膨張率の算出

膨張率は，次式によって計算し，四捨五入によって，0.001% まで計算し，この期間における供試体の膨張率として記録する．

$$\varepsilon = \frac{(X_i - {}_sX_i) - (X_{\mathrm{ini}} - {}_sX_{\mathrm{ini}})}{L} \times 100 \quad \cdots\cdots\cdots\cdots\cdots\cdots\cdots\cdots\cdots\cdots\cdots (2.32)$$

ここに，ε：膨張率（%）

X_i：材齢 i における供試体のダイヤルゲージの読み

${}_sX_i$：材齢 i における標準尺のダイヤルゲージの読み

X_{ini}：脱型時における供試体のダイヤルゲージの読み

${}_sX_{\mathrm{ini}}$：脱型時における標準尺のダイヤルゲージの読み

L：基長（ゲージプラグの内側端面間の距離）[注：(10)]

(J)　精　度

(1)　同一バッチから成形した 3 本の供試体の平均膨張率と個々の供試体の膨張率との差が ±0.010% の範囲内にあれば，精度は満たされていると考えてよい．

(2)　平均膨張率が 0.050% を超える場合は，個々の供試体の膨張率が平均膨張率の 0.8 倍から 1.2 倍の間にあれば，精度は満たされていると考えてよい．

(3)　3 本とも 0.100% 以上の膨張を示したものは，精度は問わない．

(4)　精度の条件が上記のどれにも適合しない場合には，最も伸びなかった 1 本を除いて，残りの 2 本の平均値で判定してよい．

(K)　判　定 [関：(3)]

(1)　骨材のアルカリシリカ反応性の判定は，供試体 3 本の平均膨張率が，26 週間後に 0.100% 未満の場合は「無害」とし，0.100% 以上の場合は「無害でない」とする．

(2)　材齢 13 週で 0.050% 以上の膨張を示した場合は「無害でない」としてもよい．その場合，材齢 26 週の測定を省略してもよい．材齢 13 週で 0.050% 未満のものは，その時点で「無害」と判定してはならず，材齢 26 週まで試験を続けた後に判定しなければならない．

4.　注　意　事　項

(1)　コンクリート用の人工軽量骨材には適用しない．また，硬化コンクリートから取り出した骨材に対しては，(K) の判定は適用しない．

(2)　ダイヤルゲージは，0.001 mm 目盛（精度）のものを使用するものとし，ゲージプラグは試験中にさびを生じない金属製のものとする．

(3)　モルタルの成形室および測定室は，20 ± 3°C に保たなければならない．また，貯蔵容器内の温度は 40 ± 2°C，相対湿度は 95% 以上に保たなければならない．

(4)　粒度調整した代表試料の吸水率があらかじめわかっている場合は，粒度調整した代表試料を気乾状態で準備し，含水率を測定して，練り混ぜ水の補正を行ってもよい．

(5)　JIS R 5202–2020（ポルトランドセメントの化学分析方法）によって，Na_2O と K_2O を事前に求めておく．

(6)　市販されている 1 mol/l 水酸化ナトリウム水溶液を用いてもよい．

(7) 突き棒は軟鋼製で，突き部の縦横の寸法が $35 \pm 1\,\mathrm{mm}$，質量が $1\,000 \pm 5\,\mathrm{g}$ のもので，突き部が磨き仕上げられているものとする．

(8) 湿度 95% 以上を確保するための手段として，供試体の表面を，流れない程度に水分が常に保たれている吸取紙またはぬれ布で覆うのが望ましい．吸取紙で覆う場合には，容器はプラスチック製袋でもよい．供試体の表面を吸取紙で覆わない場合には，容器底面に温度調節をした水をはり，その上に供試体を直接水が接しないよう，1 本ずつ立てて配置しなければならない．

(9) 所定の材齢とは，通常，測定材齢の 1 日前を示す．

(10) 基長は，ゲージプラグ長によって長さが異なるので注意する．

---

5. 関 連 知 識

(1) 骨材のアルカリシリカ反応性試験は，モルタルバー法のほかに，化学法（JIS A 1145–2017）およびコンクリート生産工程管理用試験方法－骨材のアルカリシリカ反応性試験方法（迅速法）（JIS A 1804–2009）がある．

(2) アルカリ骨材反応は，骨材中のある種の鉱物とコンクリートの細孔溶液中に存在する水酸化アルカリとの化学反応をいい，アルカリと反応する鉱物の種類により，アルカリシリカ反応，アルカリ炭酸塩岩反応とに大別される．世界的に見ると，アルカリ骨材反応のほとんどは，アルカリシリカ反応である．また，わが国においては，アルカリ炭酸塩岩反応の存在は確認されていない．なお，従来はアルカリシリケート反応と呼ばれていた反応は，泥質堆積岩中の隠微晶質石英の緩慢なアルカリシリカ反応であったことが判明しており，現在この名称は用いられていない．

(3) 「無害でない」と判定された骨材を使用せざるを得ない場合には，適当なアルカリ骨材反応抑制対策を施すなど，アルカリシリカ反応による悪影響が生じないような措置を講じておく必要がある．

2.16　骨材のアルカリシリカ反応性試験（迅速法）

1.　試験の目的

(1)　この試験は,「コンクリート生産工程管理用試験方法—骨材のアルカリシリカ反応性試験方法（迅速法）（JIS A 1804–2009）」に規定されている.

(2)　この試験は, モルタルバーを高温・高圧で養生し, その特性の変化を測定することによって, 骨材のアルカリシリカ反応性を迅速に判定する.

2.　使 用 器 具

(1)　はかり（ひょう量2kg以上, 目量0.1gのものまたはこれより精度のよいものとする）

(2)　試験用網ふるい（公称目開き150, 300, 600μm および 1.18, 2.36, 4.75mm）[注：(1)]

(3)　乾燥機 [注：(2)]

(4)　粉砕機 [注：(3)]

(5)　モルタル供試体作製用器具一式 [注：(4)]

(6)　反応促進装置 [注：(5)]

(7)　超音波伝播速度測定装置 [注：(6)]

(8)　一次共鳴振動数測定装置 [注：(7)]

(9)　長さ変化測定装置 [注：(8)]

3.　実 験 要 領

(A)　試料の準備

(1)　試料は, 気乾状態の骨材を粉砕し, 150～300μm, 300～600μm, 600μm～1.18mm, 1.18～2.36mm, 2.36～4.75mm にふるい分けた後, 水洗いし, 105～110°C で一定質量となるまで乾燥する.

(2)　150～300μm を 90g, 300～600μm を 150g, 600μm～1.18mm を 150g, 1.18～2.36mm を 150g, 2.36～4.75mm を 60g それぞれ採取し, 混合したものを用いる.

(B)　モルタルの練混ぜ方法

(1)　練り鉢およびパドルを練混ぜ機本体の混合位置に固定し, 試料の骨材600g, 普通ポルトランドセメント600g, 標準砂600g を入れる. [注：(9)]

(2)　練混ぜ機を始動させ, パドルを回転させながら30秒間混合し, 練混ぜ機を停止した後, NaOH水溶液300g を投入する. [注：(10)]

(3)　引き続いて, 練混ぜ機を始動させ, 30秒間練り混ぜた後, 20秒間休止する. 休止の間に, 練り鉢およびパドルに付着したモルタルをさじによってかき落とす. さらに, 練り鉢の底のモルタルをかき上げるように, 2, 3回かき混ぜる. 休止が終わったら再び練混ぜ機を始動させ, 120秒間練り混ぜる.

(C)　供試体の作製および養生

(1)　供試体の作製方法は, JIS A 1146 の 7.5（成形）による. ただし, モルタルの突き回数は各層15回とし, 供試体の表面仕上げは成形後約20分間以内に行う.

(2)　供試体は, 40mm × 40mm × 160mm の直方体（長さ変化を測定するときは, ゲージプラグを付けてもよい）3本とし, 成形後温度 20±2°C, 相対湿度95%以上の湿気箱中で24時間養生を行った後脱

型し，直ちに，温度 $20 \pm 2°\mathrm{C}$ の水中で 24 時間養生を行う．

(D)　測定方法

24 時間の水中養生を終了した供試体の表面の水をふき取り，超音波伝播速度，縦振動による一次共鳴振動数または長さ変化のうち，直ちに，いずれか 1 つの測定を行った後，反応促進装置内の約 $40°\mathrm{C}$ の水中に供試体を浸せきし，40 ± 10 分間で反応装置内のゲージ圧 $150\,\mathrm{kPa}$（温度 $127°\mathrm{C}$）に上げ，同圧力の下で 4 時間煮沸する．煮沸後水を注ぎ，30 ± 10 分間で水温を $20 \sim 40°\mathrm{C}$ とした後，次のとおり行う．

(1)　超音波伝播速度および縦振動による一次共鳴振動数測定装置の場合は，供試体を水中から取り出し，表面の水をふき取った後，直ちに，測定を行う．

(2)　長さ変化の場合は，供試体をさらに $20 \pm 2°\mathrm{C}$ の水中に 1 時間以上浸せきさせた後，水中から取り出し，表面の水をふき取ってから，直ちに，測定を行う．ただし，ゲージプラグを使用しない場合は，測定時の供試体の向きを煮沸前後で同一とする．

(E)　試験結果の整理

次のとおり行い，3 本の供試体の平均値を求める．

(1)　超音波伝播速度率

超音波伝播速度率は，次の式によって算出し，四捨五入によって，小数点以下 1 けたに丸める．

$$r_c = \frac{c'}{c} \times 100 \quad\cdots\cdots\cdots\cdots (2.33)$$

ここに，r_c：超音波伝播速度率（％）

　　　　c：煮沸前の超音波伝播速度（m/s）

　　　　c'：煮沸後の超音波伝播速度（m/s）

(2)　相対動弾性係数

相対動弾性係数は，次の式によって算出し，四捨五入によって，小数点以下 1 けたに丸める．

$$E = \frac{(\nu')^2}{(\nu)^2} \times 100 \quad\cdots\cdots\cdots\cdots (2.34)$$

ここに，E：相対動弾性係数（％）

　　　　ν：煮沸前の一次共鳴振動数（Hz）

　　　　ν'：煮沸後の一次共鳴振動数（Hz）

(3)　長さ変化率

長さ変化率は，次の式によって算出し，四捨五入によって，小数点以下 3 けたに丸める．

$$\Delta L = \frac{(X' - {}_sX') - (X - {}_sX)}{L} \times 100 \quad\cdots\cdots\cdots\cdots (2.35)$$

ここに，ΔL：長さ変化率（％）

　　　　X：煮沸前の供試体のダイヤルゲージの読み

　　　　${}_sX$：煮沸前，同時に測定した標準尺のダイヤルゲージの読み

　　　　X'：煮沸後の供試体のダイヤルゲージの読み

　　　　${}_sX'$：煮沸後，同時に測定した標準尺のダイヤルゲージの読み

　　　　L：有効ゲージ長（ゲージプラグ内側端面間の距離．ただし，ゲージプラグを使用しない場合は，供試体の長さとする．）[注：(11)]

　　　　（X，${}_sX$，X'，${}_sX'$ および L の単位は，同一とする．）

(F)　精　度

　精度は，次のとおりとする．試験結果が精度を満足しない場合は，再試験を行う．ただし，3 本の供試体すべてが，(G) 判定 (1)(2) または (3) の基準で「無害でない」となった場合には，精度を考慮しないで判定する．

　(1)　超音波伝播速度率

　　　3 本の供試体の平均超音波伝播速度率と個々の供試体の超音波伝播速度率との差は，0.5%以下とする．

　(2)　相対動弾性係数

　　　3 本の供試体の平均相対動弾性係数と個々の供試体の相対動弾性係数との差は，1.5%以下とする．

　(3)　長さ変化率

　　　3 本の供試体の平均長さ変化率と個々の供試体の長さ変化率との絶対値の差は，0.010%以下とする．

(G)　判　定

　判定は，平均値を四捨五入によって整数に丸めた超音波伝播速度率もしくは相対動弾性係数，または平均値を四捨五入によって小数点以下 2 けたに丸めた長さ変化率のうちいずれか 1 つによって行い，次の条件を満足する場合に"無害"と判定し，満足しない場合に"無害でない"と判定する．

　(1)　超音波伝播速度率 95%以上

　(2)　相対動弾性係数 85%以上

　(3)　長さ変化率 0.10%未満

4.　注意事項

　(1)　ふるいは，それぞれ JIS Z 8801-1-2019（試験用金属製網ふるい）に規定するものとする．

　(2)　乾燥機は，空気かくはん機およびベンチレータ付きの電気定温乾燥機とする．

　(3)　粉砕機は，骨材の粒度を 0.15～5 mm に調整できるものとする．

　(4)　モルタル供試体作製用器具は，JIS R 5201-2015 [セメントの物理試験方法] に規定する練混ぜ機とモルタル供試体成形用型および JIS A 1804-2009 に規定する突き棒を用いる．なお長さ変化を測定する場合，モルタル供試体成形用型は，JIS A 1146-2017 [骨材のアルカリシリカ反応性試験方法（モルタルバー法）] に規定するものでもよい．

　(5)　反応促進装置は，その内部に貯えた水を加熱装置で加熱し，ゲージ圧 150 kPa（温度 127°C）の状態を保持でき，かつ 30±10 分間で水温を 20～40°C に下げることができる密閉圧力容器とする．加熱装置はモルタルバーとそれらが完全に水没する量の水を入れた状態で約 40°C から 40±10 分間で 127°C まで加熱することができる能力をもつものとする．

　(6)　発振子は，縦波で 50 kHz の周波数が出力できるものとする．また，伝播時間の読取り精度は，0.1 μs 以上あり，有効けた数が 3 けたまで表示可能なものとする．

　(7)　一次共鳴振動数測定装置は，JIS A 1127-2010 に規定するものとする．

　(8)　長さ変化測定装置は，ダイヤルゲージを附属した測長枠を主体とし，必要によって受け台を設け，測長枠に供試体をはめ込むか，受け台で支持した供試体に，測長枠をはめ込んでダイヤルゲージの目盛を読み取る構造のもので，次の条件を備えているものとする．

　　(a)　供試体の受け台は，供試体をその長軸が水平または水平に対して一定の傾きになるように支持でき，かつ，供試体の長さをはかる場合，供試体が動かないように支持できる構造であること．

(b)　測長枠は，供試体の長さ変化を測定する場合，測長枠の接点とダイヤルゲージのスピンドルの先端とを結ぶ軸線を供試体の軸線に正しく一致させることができ，しかも測定を繰り返して行う場合に，常に一定の状態で測定することができること．

(c)　附属のダイヤルゲージは，JIS B 7503–2017 の規定に適合する目量 0.001 mm，長針の 1 回転に対するスピンドルの動きが 0.2 mm のものとする．

(d)　測長枠の接点とダイヤルゲージのスピンドル先端との距離を容易に測定できる標準尺を備えていること．

(9)　セメントは，JIS A 1146（モルタルバー法）に規定するものを用いる．標準砂は，JIS R 5201 の附属書 2 の 5.1.3（標準砂）に規定するものを用いる．

(10)　水酸化ナトリウムは，JIS K 8576 に規定するものを水酸化ナトリウム水溶液として用いる．また，市販されている 2 mol/l の水酸化ナトリウム水溶液を用いてもよい．ただし，使用する NaOH 水溶液の濃度は，モルタル中の全アルカリ量（Na_2O 換算）がセメント質量の 2.50% となるように調整したものとする．水酸化ナトリウム水溶液の濃度調整に用いる水は，JIS A 5308 の C.4（上水道水）に適合するものを用いる．

(11)　有効ゲージ長は，ゲージプラグによって長さが異なるので注意を要する．

5.　関 連 知 識

(1)　アルカリシリカ反応を起こす鉱物としては，シリカ鉱物のオパール（蛋白石），カルセドニー（玉髄）および石英質系のトリディマイト（鱗珪石），クリストバライトがある．

(2)　反応性鉱物は，粒度および形態による隠微晶質（潜晶質）石英，微晶質石英，ゆがんだ結晶構造をもつ石英などのほかに，火山ガラスがある．

(3)　反応速度は鉱物の種類によって異なり，(2) の石英質鉱物の場合の反応の進行は，(1) および火山ガラスなどの古典的反応の進行に比べて，一般に非常に緩慢である．

(4)　ガラスは，その組成がシリカ分に富むほど反応性が顕著となるのが一般的であり，高炉スラグや玄武岩に含まれるガラスは無害であるが，石英安山岩や流紋岩に含まれるガラスは「無害でない」ことが多い．

■骨材に関する練習問題■

(1)　骨材とは何か，また細骨材と粗骨材の定義を述べよ.

(2)　骨材の粒度とは何か.

(3)　骨材の粒度が適当であれば，どんな長所があるか.

(4)　骨材の試料採取の方法を述べよ.

(5)　骨材の粗粒率とは何を意味するか.

(6)　粗骨材の最大寸法の定義を述べよ.

(7)　ふるい分け曲線とは何か.

(8)　骨材の密度および吸水率試験はなぜ行うか.

(9)　骨材の表面乾燥飽水状態を説明せよ.

(10)　吸水量の多い骨材はどのような影響を受けるか.

(11)　骨材における水分の状態を図示して説明せよ.

(12)　骨材の密度は大体いくらか，また密度の大きい骨材の長所を述べよ.

(13)　骨材の表面水とは何か，また細骨材が表面水をもっているとどんな不都合が生ずるか.

(14)　骨材の吸水率と含水率の相違を述べよ.

(15)　構造用軽量骨材の表面水率の測定方法を述べよ.

(16)　骨材の単位容積質量と骨材の固体単位容積質量の相違を述べよ.

(17)　骨材の単位容積質量は何によって変化するか．また，測定方法を述べよ.

(18)　実積率とは何か.

(19)　骨材の微粒分量試験はどんな目的で行うのか.

(20)　骨材中に微細な物質が多く含まれるとどうなるか.

(21)　細骨材中に含まれる有機不純物の有害量の概略を知る基本原理を述べよ.

(22)　骨材中の粘土塊によってコンクリートはどのような影響を受けるか.

(23)　骨材の安定性試験はどんな目的で行うのか.

(24)　粗骨材のすりへり試験の目的を述べよ．また，舗装コンクリートに使用するときのすりへり減量の限度を述べよ.

(25)　アルカリシリカ反応とは何か.

第 3 章

●コンクリート●

3.1 コンクリート試験総論

1. コンクリートの位置づけ

（A） コンクリートの定義

コンクリートは，セメント，水，細骨材，粗骨材および混和材料を，適切な割合で練り混ぜたものである．現在，土木・建築構造物を造るうえで，鋼と並んで土木・建築分野を代表する最も重要なものである．

（B） コンクリートの特徴

コンクリートは，圧縮力には強いが，引張力にはきわめて弱いという，力学的特徴がある．

土木構造物の大部分の目的が，外力に抵抗するという役目を担うことからも，力学的な役割は，最も大切である．

（C） コンクリートの配合設計

コンクリートには，所定の打込みやすさと目標の強度および耐久性などが要求される．これらの要求を満足するように，材料の選定や各構成材料の容積割合を決定することが，配合設計である．

2. コンクリートの種類とデジタル化

コンクリートは引張に弱いため，各種の鋼材と組み合わせることで力学的に安定し，引張力にも十分耐えうる構造材料が実現し，鉄筋コンクリート，プレストレストコンクリート，鉄骨鉄筋コンクリートなどに分類される．また，施工や材料の立場から，マスコンクリート，高強度，高流動，水中，膨張，流動化，軽量，透水，緑化コンクリートなどにも分類される．

写真-3.1 に，明石海峡大橋の主塔基礎にも使用された水中不分離性コンクリートを示す．

コンクリートは，任意の形状を形成できる利点があり，その用途や目的に応じて，さまざまな創意工夫とともに，社会基盤を成す重要な役割を果たしている．近年，カラー化や表面デザイン仕上げが注目されている．あるいは，コンクリートレリーフや擬木などにも使用され，景観の向上にも役立っている．また，レディーミクストコンクリート（生コンクリートと一般に称されている）とは，コンクリート製造の設備を持つ工場で造ら

写真-3.1 水中不分離性コンクリート

れるまだ固まらないフレッシュコンクリートのことで，粗骨材の最大寸法，スランプ，強度（呼び強度と特別に称されている）を指定し，所要の量を注文すれば，容易に購入できる．また，生コンクリート工場での練混ぜから打込みまでの情報のデジタル化が進み，リアルタイムに一元管理できる試みが行われている．

3. コンクリート試験の意義

コンクリートの試験は，その性質の立場から，フレッシュコンクリートと硬化コンクリートとに分けて考える必要がある．

（A） フレッシュコンクリートに関する試験

品質の良いコンクリートを造るためには，目的に合った打込みやすさを有し，材料分離の少ないものでな

ければならない．

このようなコンクリートであるかどうかを判断するために，フレッシュなコンクリートに関する試験が行われる．また同時に，硬化後のコンクリートの品質や性能を考えながら，各条件が満足されるかどうかを検討する．

(B)　硬化コンクリートに関する試験

硬化後のコンクリートが所定の目標の品質を満足するものであるかどうかを判断するために，各種の硬化コンクリートの試験が行われる．

4.　本章で取り上げるコンクリート試験

本章においては，コンクリートの試験項目として，**3.(A)** の視点から，スランプ試験，空気量試験，ブリーディング試験を取り上げる．

写真-3.2 には，スランプ試験の様子を示す．コーンの中に詰められたコンクリートが，その自重により変形し，コンクリートの変形抵抗力と自重が釣り合って静止した時点のコンクリートの頂部の下がりの程度により，コンシステンシーを測定するものである．空気量試験は，空気室に加えられた圧力が，フレッシュコンクリート内の空気により開放される程度から，その容積量を換算するものである．ただし，骨材粒の内部にも空気が存在するので，骨材修正係数を用いて，一般的には連行気泡の空気量を把握する．

また，**3.(B)** の視点から，圧縮・割裂引張・曲げの各強度試験，静弾性係数試験を取り上げる．**写真-3.3** に，曲げ強度試験の様子を示す．

硬化コンクリートの品質としては，強度が重要な意味を持つが，その推定にはさまざまな角度からの検討が可能である．近年，表層部におけるサーモグラフィーの利用，あるいは超音波伝播特性や供試体の固有振動数により判断する非破壊試験の研究が，盛んに行われている．

写真-3.2　フレッシュコンクリートの試験

写真-3.3　コンクリートの曲げ強度試験

そのような品質判定の立場から，本章においては，強度と変形の関係に着目した静弾性係数試験，第7章においては，非破壊試験の各測定方法を取り上げる．

さらに，所要の強度，耐久性，水密性および適切なワーカビリティーを持つコンクリートを合理的に得る目的で，配合設計の計算例についても示す．配合設計においては，所要のワーカビリティー，設計基準強度劣化に対する抵抗性，ならびに物質の透過に対する抵抗性を満足するように，粗骨材の最大寸法，スランプ，空気量，水セメント比，細骨材率等の配合条件を明確に設定した上で，使用材料の各単位量を定める．

3.2 コンクリートのスランプ試験

1. 試験の目的

(1) この試験は，「コンクリートのスランプ試験方法（JIS A 1101–2020）」に規定されている.

(2) スランプ試験は，フレッシュコンクリートのコンシステンシー（変形あるいは流動に対する抵抗性）を測定する一つの方法である.［関：(1)］

(3) コンクリートのワーカビリティーを判断する一つの手段として，広く用いられている. コンクリートのワーカビリティーに影響するフレッシュコンクリートの特性としては，スランプの値と併せて，タッピング（タンピング）時の変形性状，その他のフレッシュコンクリートの試験結果を総合的に判断する必要がある.

2. 使 用 器 具

(1) スランプコーン（**図-3.1** 参照）（適切な位置に押さえと取っ手をつける：高さの約 2/3 の所）

(2) 突き棒（直径 16 mm，長さ 500〜600 mm の鋼または金属製丸棒で，先端を半球状としたもの）

(3) スランプ測定器

(4) 平板（十分な水密性および剛性をもつ鋼製のものとし，スランプフローを測定するときは，その大きさが 0.8 m × 0.8 m 以上で表面が平滑なものとする）

(5) 小スコップ   (6) こて

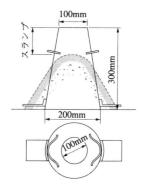

図-3.1 スランプコーン（厚さ 5 mm 以上の金属製）

3. 実 験 要 領

(1) 試料は，練混ぜが終了したコンクリートから，ただちに採取する.［注：(1)(2)(3)］

(2) スランプコーンおよび平板は，コンクリートと接触する面に，汚れ，傷，変形（凹凸）がないことを確認する. スランプコーンは，内面を湿布でふいて，水平に設置し，湿布でふいた平板上に置き，動かないように押さえる. 平板の水平の確認は，水準器を用いて行うのが望ましい.

(3) 試料をほぼ等しい量の 3 層に分けて詰め，その各層は，突き棒でならした後，25 回偏りがないように一様に突く. 各層を突く際，突き棒の突き入れ深さは，その前層にほぼ達する程度とする.［注：(4)(5)(6)］

(4) スランプコーンに詰めたコンクリートの上面を，スランプコーンの上端に合わせて，こてにより平らに仕上げる.

(5) ただちに，スランプコーンを静かに鉛直に引き上げて取り去り，コンクリートの中央部において，下がりをスランプ測定器で 0.5 cm 単位で測定し，これをスランプとする. スランプコーンを引き上げる時間は，高さ 30 cm で 2〜3 秒とする.［注：(7)，関：(2)(3)］

4. 注 意 事 項

(1) ミキサ，ホッパ，コンクリートの運搬装置，打ち込んだ箇所などからフレッシュコンクリートの試料を採取する方法は，JIS A 1115–2020（フレッシュコンクリートの試料採取方法）による.

(2)　各種試験を行うためのコンクリート試料の試験室における作り方は，JIS A 1138-2018（試験室におけるコンクリートの作り方）による．すなわち，

(a)　セメントは，品質が変化しないように保管しておく．

(b)　粗・細骨材は，それぞれ表面乾燥飽水状態又はこれに近い一様な含水状態に調整して準備しておく．

(c)　各材料は，質量で別々に 1 回計量分の 0.5% まで正確に計量する．ただし，水および液状の混和剤は，容積で計量してもよい．

(d)　コンクリートの 1 回の練混ぜ量は，試験に必要な量より 5 l 以上多くし，ミキサによって練り混ぜる場合は，ミキサの公称容量の 1/2 以上で，かつ公称容量を超えない量とする．

(e)　ミキサを用いて練り混ぜる場合は，練り混ぜるコンクリートと等しい配合の少量のコンクリートをあらかじめ練り混ぜ，ミキサ内部にモルタル分が付着した状態としておく．練り混ぜたコンクリートは練り板に受け，こてまたはコンクリート用ショベルで，均一となるまで練り直す．練混ぜ時間は，一般に可傾式ミキサの場合 3 分以上，強制練りミキサの場合は 1.5 分以上として，均一となるまで練り混ぜる．

(f)　手練りの場合は，練り板の上でセメントと細骨材とを一様になるまで練り混ぜ，次に，練混ぜに用いる水の一部を加えて，プラスチックになるまで練り混ぜ，さらに，粗骨材および残りの水を加えて，一様となるまで練り混ぜる．

(g)　練り板は，水密性のものとし，あらかじめ練り混ぜるコンクリートと等しい配合のコンクリートのモルタル分が付いた状態としておくか，または湿布でふいてぬらしておく．

(3)　粗骨材の最大寸法が 40 mm を超えるときは，40 mm を超える粗骨材をふるいで除去したものを，試料とする．

(4)　コンクリートを詰める場合，スランプコーンの周りに沿って，まんべんなく入れ，詰め始めてからスランプコーンの引上げを終了するまでの時間は，3 分以内とする．

(5)　第一層のコンクリートを突くとき，平板を突いてはならない．

(6)　コンクリートのスランプが大きくて，スランプ試験において材料が分離するおそれのある場合には，分離を生じない程度に，突き数を減らす．この場合，必要に応じて報告する．

(7)　コンクリートがスランプコーンの中心軸に対して片寄ったり，崩れたりして形が不均等になった場合は，別の試料によって，新たに再試験をする．[関:(5)]

(8)　スランプの測定終了後，突き棒でコンクリートの側面を軽くたたくとき，コンクリートが崩れないで変形する場合は，そのコンクリートはプラスチックな状態であり，良好なワーカビリティーを有するものと判断される．

5.　関 連 知 識

(1)　舗装用コンクリートのコンシステンシーを測定するには，振動台式コンシステンシー試験方法（JSCE-F 501-1999）が用いられ，振動時間を秒で測定し，これを沈下度何秒として表示する．装置として，振動台式ビービーコンシストメーターを用いる．その回転数は通常 1 500 rpm であるが，ダムコンクリートには 3 000 rpm（小型 VC (Vibrating Compaction) 試験機）を用いる場合がある．

(2)　打込み時のスランプの大体の標準は，**表-3.1** のようである．施工で用いるコンクリートのスランプは，施工者が自らの責任において設定することを原則とする．

(3)　レディーミクストコンクリート（JIS A 5308-2019）は，普通コンクリート，軽量コンクリート，舗

表-3.1 スランプの標準値

種 類		スランプ (cm) 通常のコンクリート	スランプ (cm) 高性能 AE 減水剤を用いたコンクリート
鉄筋コンクリート	一般の場合	5～12	12～18
	断面の大きい場合	3～10	8～15
無筋コンクリート	一般の場合	5～12	—
	断面の大きい場合	3～ 8	—

表-3.2 レディーミクストコンクリートの種類および区分

コンクリートの種類	粗骨材の最大寸法 (mm)	スランプまたはスランプフロー注 (cm)	18	21	24	27	30	33	36	40	42	45	50	55	60	曲げ 4.5
普通コンクリート	20, 25	8, 10, 12, 15, 18	○	○	○	○	○	○	○	○	○	○	—	—	—	—
		21	—	○	○	○	○	○	○	○	○	○	—	—	—	—
		45	—	—	—	○	○	○	○	○	○	○	—	—	—	—
		50	—	—	—	—	○	○	○	○	○	○	—	—	—	—
		55	—	—	—	—	—	○	○	○	○	○	—	—	—	—
		60	—	—	—	—	—	—	○	○	○	○	—	—	—	—
	40	5, 8, 10, 12, 15	○	○	○	○	○	○	○	—	—	—	—	—	—	—
軽量コンクリート	15	8, 12, 15, 18, 21	○	○	○	○	○	○	○	○	—	—	—	—	—	—
舗装コンクリート	20, 25, 40	2.5, 6.5	—	—	—	—	—	—	—	—	—	—	—	—	—	○
高強度コンクリート	20, 25	12, 15, 18, 21	—	—	—	—	—	—	—	—	—	—	○	—	—	—
		45, 50, 55, 60	—	—	—	—	—	—	—	—	—	—	○	○	○	—

注：荷卸し地点の値であり，45 cm, 50 cm, 55 cm および 60 cm がスランプフローの値である．

表-3.3 (a) 荷卸し地点でのスランプの許容差

スランプ (cm)	スランプの許容差 (cm)
2.5	±1
5 および 6.5	±1.5
8 以上 18 以下	±2.5
21	±1.5*

* 呼び強度 27 以上で高性能 AE 減水剤を使用する場合は，±2 とする．

表-3.3 (b) 荷卸し地点での空気量およびその許容差

コンクリートの種類	空気量 (%)	空気量の許容差 (%)
普通コンクリート	4.5	±1.5
軽量コンクリート	5.0	
舗装コンクリート	4.5	
高強度コンクリート	4.5	

装コンクリートおよび高強度コンクリートに区分し，粗骨材の最大寸法，スランプおよび呼び強度を組み合わせた**表-3.2** に示す○印のものとする．その表記は，例えば，普通 21-18-20 などとなり，材齢 28 日呼び強度値 (N/mm^2)，スランプ，粗骨材最大寸法を示す．

また，スランプおよび空気量の許容差は，**表-3.3 (a), (b)** のとおりとする．

(4) 高流動コンクリートや水中不分離性コンクリートなどにおけるコンクリートのスランプフロー試験方法は，JIS A 1150–2014 に規定されている．近年，鉄筋の高密度配置により，締固めにより充填できる高流動コンクリートの事例が増えている．また，このときの粗骨材の最大寸法は 40 mm 以下である．また，50 cm フロー到達時間やフロー流動停止時間を必要に応じて報告する．

(5) スランプの偏り，くずれによる再試験については，スランプの最高・最低の差が 3 cm 以上の場合や，広がりの中央部とコーン中心部との距離が 5 cm 以上の場合に，再試験をするのが望ましい．

上面の傾きがゆるやかな場合には底面形状の中心鉛直直線上で測定する．表面に凹凸がある場合には，平均的面で測定する．粗骨材の突起は除いて測定する．上面が外輪山のような形状の場合，中央の高さを測定する．軽量コンクリートの場合，このような形状を示すことがある．

(6) コンクリートのスランプは，配筋詳細に応じて設定する．

(7) コンクリートの充填性，圧送性，凝結特性は，ワーカビリティーの一部である．

(8) 対応する国際規格として，ISO 1920-2 がある．

(9) 生コンクリート工場のスランプ管理は，オペレータがモニタにて練混ぜ時のコンクリートの動き，ミキサ電力負荷値などを目視で確認し，出荷を行っている．さらに AI 技術により，ミキサ内のコンクリートの練混ぜ動画から，高精度でスランプ予測できる技術開発がある．

3.3　フレッシュコンクリートの空気量の圧力による試験（空気室圧力方法）

1.　試験の目的

(1)　この試験は，「フレッシュコンクリートの空気量の圧力による試験方法（空気室圧力方法）（JIS A 1128–2020)」に規定されている.

(2)　フレッシュコンクリートの空気は，ワーカビリティーの改善や耐凍害性の向上のために用いられる.

(3)　フレッシュコンクリートの空気量を，ボイルの法則の基づく原理より，圧力の減少によって測定する方法である. [注:(1), 関 (1)(2)]

(4)　AE コンクリートにおいて，空気量は，コンクリートのワーカビリティーに大きな影響を及ぼし，また，耐久性，強度などにも大きな影響を与えるので，空気量の管理は大切である. [関:(3)]

(5)　AE コンクリートとは，エントレインドエアを含んでいるコンクリートをいう．エントレインドエアは，AE 剤，AE 減水剤等によって，コンクリート中に連行された空気をいう. [関:(4)]

(6)　エントラップトエアとは，混和剤を用いなくても，コンクリート中に自然に含まれる空気をいう.

2.　使 用 器 具

(1)　ワシントン型エアメータ（約 7l）および付属品一式（**図-3.2** 参照）[注:(2), 関:(5)]

(2)　突き棒（先端を半球状にした直径 16 mm，長さ約 500 mm〜600 mm の鋼又は金属製の棒）

(3)　木づち，小スコップ，ならし定規

(4)　エアメータ用の水平台

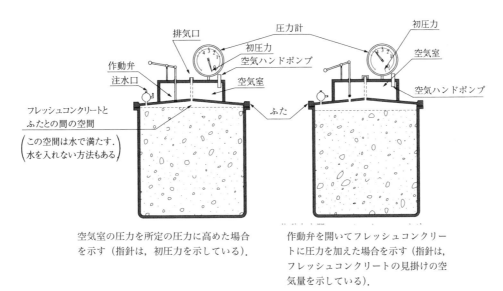

排気口　　圧力計　　初圧力

初圧力　　空気室

空気ハンドポンプ

作動弁　　空気室　　空気ハンドポンプ

注水口

フレッシュコンクリートとふたとの間の空間

（この空間は水で満たす. 水を入れない方法もある）

ふた

空気室の圧力を所定の圧力に高めた場合を示す（指針は，初圧力を示している).

作動弁を開いてフレッシュコンクリートに圧力を加えた場合を示す（指針は，フレッシュコンクリートの見掛けの空気量を示している).

図-3.2　空気室圧力方法

3.　実 験 要 領

(A)　空気量の測定

(1)　試料を，容器の約 1/3 まで入れ，ならしたのち，突き棒で 25 回均等に突く. [注:(3)(4)]

(2)　突き穴がなくなるよう，容器の外側を 10〜15 回木づちでたたく．流動性の高いコンクリートは，十分な締固めが得られる範囲で突き数および／またはたたく回数を減らしても良い.

(3)　次の試料を，容器の約 2/3 まで入れ，前回と同様な操作を繰り返す.

(4) 最後に，容器から少しあふれる程度の試料を入れ，同様な操作を行う．突き棒の突き入れ深さは，ほぼ各層の厚さとする．

(5) ならし定規で，余分な試料をかきとって平坦にならす．

(6) 容器とふたとの接する部分から空気が漏れないように，容器のフランジ上面とふたのフランジ下面を完全にぬぐった後，ふたを容器に取り付け，空気が漏れないように締め付ける．このとき，ふたの注水口と排気口とを開いておく．

(7) コンクリートとふたとの間の空間を満たすため，注水口から注水して，完全に空気を追い出し，排気口から水があふれるようになったら，すべての弁を閉じる．

(8) 次に，空気ハンドポンプで空気室の圧力を所定の初圧力よりわずかに大きくする．約5秒後に調節弁を徐々に開いて，圧力計の針を安定させるために圧力計を軽くたたき，圧力計の指針を初圧力の目盛に正しく一致させる．約5秒たったら作動弁を十分に開いて，容器の側面を木づちでたたく．

(9) 再び作動弁を十分に開いて，圧力計の指針が安定してから，圧力計の空気量の目盛を小数点以下1けたで読む．その読みを，コンクリートの見掛けの空気量 A_1（％）とする．

(B)　骨材修正係数の決定

(1) 空気量を求めようとする容積 V_c のコンクリート試料中の細骨材の質量 m_f および粗骨材の質量 m_c を，次の式で計算する．

$$m_f = \frac{V_c}{V_B} \times m'_f \quad \cdots\cdots\cdots\cdots\cdots\cdots\cdots\cdots\cdots\cdots\cdots\cdots\cdots\cdots\cdots\cdots\cdots\cdots\cdots \quad (3.1)$$

$$m_c = \frac{V_c}{V_B} \times m'_c \quad \cdots\cdots\cdots\cdots\cdots\cdots\cdots\cdots\cdots\cdots\cdots\cdots\cdots\cdots\cdots\cdots\cdots\cdots\cdots \quad (3.2)$$

ここに，V_c：コンクリート試料の容積（容器の容積に等しい）（l），V_B：1バッチのコンクリートの出来上り容積（l），m'_f：1バッチに用いる細骨材の質量（kg），m'_c：1バッチに用いる粗骨材の質量（kg）

(2) 細骨材および粗骨材の代表的試料をそれぞれ m_f および m_c だけ採取し，別々に約5分間水に浸す．

(3) 約 1/3 まで水を満たした容器の中に骨材を入れる．細骨材と粗骨材は，混合して少しずつ容器に入れ，すべての骨材が水に浸されるようにする．

(4) 骨材を入れるときには，できるだけ空気が入らないようにし，出てきた泡を手早く取り去る．

(5) 空気を追い出すために，容器の側面を木づちでたたき，また細骨材を加えるごとに約25 mm の深さに達するまで突き棒で約10回突く．

(6) 全部の骨材を入れた後，水面の泡をすべて取り去り，ふたを容器に締め付ける．

(7) 空気量の測定の場合と同様の操作を行って，圧力計の空気量の目盛を読み，これを骨材修正係数 G（％）とする．

(8) コンクリートの空気量 A は，次の式で求める．[注：(6)]

$$A = A_1 - G \quad \cdots\cdots\cdots\cdots\cdots\cdots\cdots\cdots\cdots\cdots\cdots\cdots\cdots\cdots\cdots\cdots\cdots\cdots\cdots\cdots \quad (3.3)$$

ここに，A：コンクリートの空気量（％），A_1：コンクリートの見掛けの空気量（％），G：骨材修正係数（％）

4.　注 意 事 項

(1) この試験方法は，最大寸法 40 mm 以下の普通骨材を用いたコンクリートに対して適用される．

骨材修正係数とは，骨材粒の内部に含まれる空気が試験の結果に及ぼす影響を考慮するための係数で

あって，骨材によって変わる．これは，骨材粒の吸水量とは直接関係がなく，試験によってだけ決定できるものであるから，これを省略してはならない．

　　骨材修正係数が 0.1% 未満の場合は，省略してよい．

(2)　エアメータは，定期的に圧力計の目盛について，キャリブレーションを行わなくてはならない．

(3)　コンクリートの試料採取方法は，JIS A 1115–2020（フレッシュコンクリートの試料採取方法）または JIS A 1138–2018（試験室におけるコンクリートの作り方）の規定による．

(4)　コンクリートの締固めには，振動機を用いる方法もある．(JIS A 1116–2019, 建設用機械コンクリート内部振動機 (JIS A 8610–2004))

5.　関 連 知 識

(1)　空気量の測定方法としては，質量方法（JIS A 1116–2019），容積方法（JIS A 1118–2017），空気室圧力方法（JIS A 1128–2020）などがある．測定圧力により，骨材が吸水し，空気量が正確に測定できない多孔質な骨材を用いたコンクリートなどに，JIS A 1118–2017 や JIS A 1116–2019 を適用することがある．

(2)　この測定方法は，ボイルの法則を利用したものである．

　　この法則では，$PV = $ 一定

　　初圧力を加えたとき，V は空気室の容積，P は加えた初圧力，作動弁を開いたとき，V は空気室の容積とコンクリートとふたとの間の空間の容積，P はこのときの気圧を示す．

　　エアメータの目盛にコンクリートの空気量をもってすれば，目盛によって空気量を知ることができる．

　　エアメータの目盛は，容器に水を満たしたときを 0 とする．

(3)　空気量に影響を及ぼす要素は，次のようなものである．

(a)　AE 剤……AE 剤の種類によって空気量が変わり，また使用量が増せば空気量が増加する．

(b)　セメント……粉末度が高いほど，また単位セメント量が大きいほど，空気量は減少する．またポゾランを混入する場合は，その種類によって異なり，その粉末度が高いほど，使用量が多いほど，空気量は減少する．

(c)　細骨材……細骨材において 0.3〜0.15 mm の粒の多いものの方が，空気量は増加する．

(d)　練混ぜ……機械練りの場合，最初の 1〜2 分で空気量が急に増加し，3〜5 分で最大になるのが普通である．

(e)　コンクリートの温度……コンクリートの温度が高いほど，空気量は減少する．

(f)　配合……富配合になるほど，空気量は減る．

(4)　AE コンクリートの適当な空気量としては，粗骨材の最大寸法，その他に応じて，練上がり時において，コンクリート容積の 4〜7% を標準とする．

(5)　特に，スランプの大きなコンクリートや高流動コンクリートのようにフローするコンクリートの場合，試験時のエアメータの水平設置が重要となる．このような場合は，エアメータ用の水平台を用いると良い．

(6)　近年のエアメータでは，圧力計がデジタル表示のものも市販されている．

3.4　コンクリートのブリーディング試験

1.　試験の目的

(1)　この試験は，「コンクリートのブリーディング試験方法（JIS A 1123–2012）」に規定されている．

(2)　フレッシュコンクリートの材料分離の程度を知るための試験で，粗骨材の最大寸法が40 mm以下のコンクリートのブリーディング試験に適用する．

(3)　AE剤，減水剤およびAE減水剤などの混和剤の品質を試験する方法の一つである．

(4)　ブリーディングとは，フレッシュコンクリートまたはフレッシュモルタルにおいて，混合水がセメント粒子や骨材と分離し，また，骨材等の沈降によって，分離した水分が上方に集まる現象をいう．

[関：(1)(2)(3)]

2.　使 用 器 具

(1)　容器（内径250 mm，内高285 mmの金属製の円筒状のものとし，水密で十分強固なものとする．取扱いの便利のため，取っ手をつけておくのがよい）[注：(1)]

(2)　こて

(3)　ふた（ガラス，鉄板等）

(4)　メスシリンダ（容量10 m*l*，50 m*l*または100 m*l*）

(5)　はかり（感量10 g）

(6)　ピペットまたはスポイト（ブリーディングによってコンクリート上面に浸み出した水を吸い取る）

(7)　突き棒（直径16 mm，長さ50〜60 cmの金属製丸棒とし，その先端を半球状としたもの）

3.　実 験 要 領

(1)　試料は，JIS A 1138–2018（試験室におけるコンクリートの作り方）によって作り，2回分の試料を採取する．ただし，コンクリートの温度は20±2°Cとする．

(2)　練り終わったコンクリートを，容器に3層に分けて詰める．各層を25回均等に突いたのち，突き穴がなくなり，コンクリート表面に大きな泡が見えなくなるまで容器の外側を10〜15回木づちでたたく．

[注：(1)(2)]

(3)　詰めた試料の表面が容器のふちから30±3 mm低くなるように，こてでならす．その直後の時刻を記録する．[注：(3)]

このとき，こてでならしすぎると水が浸み出してきて，試験結果のばらつきが大きくなる．

(4)　次に，試料と容器を振動しないように水平な台または床の上に置き，ふたをする．水を吸い取るときを除き，常にふたをしておく．

(5)　記録した最初の時間から60分の間，10分ごとに，コンクリート上面に浸み出した水をピペットまたはスポイトで吸い取る．その後は，ブリーディングが認められなくなるまで，30分ごとに，水を吸い取る．[注：(4)]

(6)　吸い取った水はメスシリンダに移し，そのときまでにたまった水量の累計を，1 m*l*まで記録する．[注：(5)(6)]

(7)　ブリーディングが認められなくなったら，ただちに容器と試料の質量をはかる．試料の質量として，

吸い取ったブリーディングによる水量を加算しなければならない.

(8) ブリーディング量 (ブリーディングによる水量の累計されたものの, 単位面積当たりの量) は, 次の式で計算し, 四捨五入によって, 小数点以下 2 けたに丸める.

$$B_q = \frac{V}{A} \quad \cdots\cdots\cdots\cdots\cdots\cdots\cdots\cdots\cdots\cdots\cdots\cdots\cdots\cdots\cdots\cdots\cdots\cdots \quad (3.4)$$

ここに, B_q:ブリーディング量 ($\mathrm{cm}^3/\mathrm{cm}^2$)

V:最終時まで累計したブリーディングによる水の容積 (cm^3)

A:コンクリート上面の面積 (cm^2)

(9) ブリーディング率 (ブリーディングによる水量の試料の全水量に対する百分率) は, 次の式で計算し, 四捨五入によって, 小数点以下 2 けたに丸める. [注:(7)(8)]

$$B_r = \frac{B}{W_s} \times 100 \quad \cdots\cdots\cdots\cdots\cdots\cdots\cdots\cdots\cdots\cdots\cdots\cdots\cdots\cdots\cdots\cdots \quad (3.5)$$

ただし,

$$W_s = \frac{W}{C} \times S$$

ここに, B_r:ブリーディング率 (%)

B:最終時まで累計したブリーディングによる水の質量 (kg) ($B = V \times \rho_w$)

W_s:試料中の水の質量 (kg)

C:コンクリートの単位容積質量 ($\mathrm{kg/m}^3$)

W:コンクリートの単位水量 ($\mathrm{kg/m}^3$)

S:試料の質量 (kg)

ρ_w:試験温度における水の密度 ($\mathrm{g/cm}^3$) [注:(9)]

(10) 2 回の試験の平均値を, ブリーディング量およびブリーディング率の値とする.

---

4. 注 意 事 項

(1) JIS A 1104–2019 (骨材の単位容積質量及び実積率試験方法) および JIS A 1116–2019 (フレッシュコンクリートの単位容積質量試験方法及び空気量の質量による試験方法 (質量方法)) の容器 (内径 24 cm, 内高 22 cm) を, 用いてもよい.

(2) コンクリートは, JIS A 1138–2018 (試験室におけるコンクリートの作り方) によって造る. コンクリートの試料採取は, JIS A 1115–2020 (フレッシュコンクリートの試料採取方法) による.

(3) 試料の表面をこてでならすとき, あまりなですぎると水が浸み出てきて, 試験結果のばらつきが大きくなる.

(4) ブリーディングによる水をとるのを容易にするために, 水を吸い取る 2 分前に厚さ約 5 cm のブロックを容器の底部片側の下に挟んで, 容器を注意深く傾けておく. 水を吸い取ったのちには, これを静かに水平に戻す.

(5) ブリーディングは, 大体 2〜4 時間で終わる.

(6) ブリーディングは, コンクリートと型枠との接触面でも起こる.

(7) 骨材は, 表面乾燥飽水状態であるとして計算する.

(8) 経過時間とそのときまでに累計したブリーディングによる水量との間の関係を示す図を描く．

(9) 水の密度は，20°C で 0.9982 g/cm^3 である．

(10) 試験室の温度は，20 ± 3°C とする．

---

5. 関 連 知 識

(1) ブリーディングは，セメントの粉末度が高いほど小さく，細骨材の 0.15 mm より細かい細粒部分が 少ないほど大きい．ブリーディングが大きいと，レイタンスも多い．レイタンスとは，ブリーディング によって浮上した微粒物で，コンクリート表面に薄層をなして沈積する．また，コンクリートの打継ぎ の際は，このレイタンスを必ず除去する．このため必要ならば，適当な混和材料を用いるのがよい．一 般に単位水量を減らし，AE 剤，減水剤および AE 減水剤などを用いると，ブリーディングは減少する．

(2) ブリーディングの継続時間は，コンクリートのリフトの高さや温度によって異なり，高さが小さいと き，温度が高いときは，早く終わる．コンクリートがある程度固まるとき，すなわち 2〜4 時間で，ブ リーディングはほとんど全部が終わる．

(3) ブリーディングによって，粗骨材の下面や水平な鉄筋の下側に水セメント比の大きいセメントペース トの膜ができて，また脆弱層となる．鉄筋とコンクリートとの付着強度が弱くなり，コンクリートの水 密性が悪くなる．ブリーディングが著しいと，上部のコンクリートが多孔質となり，強度，水密性，耐 久性等が減ずる．

(4) ブリーディングに伴う沈下が鉄筋などによって拘束されると，その上面にひび割れが生ずる．これを 沈みひび割れと呼び，ブリーディング量が多いほど発生しやすい．

3.5　コンクリートの圧縮強度試験

1.　試験の目的

(1)　この試験は,「コンクリートの圧縮強度試験方法（JIS A 1108–2018）」および「コンクリートの強度試験用供試体の作り方（JIS A 1132–2020）」に規定されている.

(2)　コンクリート供試体に圧縮荷重を加え，破壊させて求める圧縮強度は，コンクリートの品質を表す基準として広く用いられている．圧縮強度試験を行う目的は，次のようである．[関：(1)(2)]

(a)　任意の配合のコンクリート強度を知り，かつ所要の強度のコンクリートを得るのに適した配合を選定する.

(b)　材料が使用に適するかどうかを調べ，所要の諸性質を持つコンクリートを最も経済的に造りうる材料を選定する.

(c)　圧縮強度を知って，他の諸性質の概略を推定する.

(d)　コンクリートの品質を管理する.

(e)　実際の構造物に施工されたコンクリートの品質を知り，設計に仮定した圧縮強度，その他の性質を有するかどうかを調べる．また，型枠の取り外しの時期を決定する.

(3)　圧縮強度試験に用いる供試体は，直径の 2 倍の高さをもつ円柱形とし，その直径（標準：100 mm，125 mm，150 mm）は，粗骨材の最大寸法の 3 倍以上，かつ，100 mm 以上とする．材齢 28 日における強度を，基準とすることが多い．[注：(1)(2)]

2.　使 用 器 具

(1)　供試体製造用型枠 [注：(3)]

型枠は次の性能を有するものとする.

(a)　非吸水性でセメントに侵されない材料で造られたもの

(b)　供試体を作るときに漏水のないもの

(c)　所定の供試体の精度が得られるもの

(2)　突き棒（先端を半球状とした直径 16 mm，長さ約 500〜600 mm の丸鋼）または内部振動機（振動機の棒径が供試体の最小寸法の 1/4 以下で，JIS A 8610–2004 に規定するもの）[注：(4)][関：(3)]

(3)　キャッピング用押し板（厚さ 6 mm 以上の磨き板ガラスとし，大きさは型枠の直径より 25 mm 以上大きいもの）

(4)　こて，木づち，小スコップ

(5)　コンクリート練混ぜ装置一式

(6)　ノギス

(7)　圧縮試験装置

装置は，次のとおりとする.

(a)　圧縮試験機は，JIS B 7721–2018 に規定する 1 等級以上のものとする．また，試験時の最大荷重が指示範囲の 20〜100％となる範囲で使用する．同一試験機で指示範囲を変えることができる場合は，それぞれの指示範囲を別個の指示範囲とみなす．[注：(5)]

(b)　上下の加圧板の大きさは，供試体の直径以上とし，厚さは 25 mm 以上とする．加圧板の圧縮面は，

磨き仕上げとし，その平面度は 100 mm において 0.01 mm 以内で，そのショア硬さは，55 HRC 以上であることが望ましい．[注：(6)]

(c)　上加圧板は，球面座をもつものとする．球面座は，加圧板表面上にその中心をもち，かつ，加圧板の回転角が 3° 以上得られるものとする．

3.　実　験　要　領

(A)　供試体の準備 [注：(7)(8)]

(1)　幾つかの部品から成る型枠の場合，その継目には，油土，硬いグリースなどを薄く付けて組み立てる．型枠の内面には，コンクリートを打ち込む前に，鉱物性の油または非反応性のはく離材を薄く塗るものとする．

(2)　コンクリートは，2 層以上のほぼ等しい層に分けて詰める．各層の厚さは 160 mm を超えてはならない．

(3)　突き棒を用いる場合，各層は少なくとも 1 000 mm^2 に 1 回の割合で突くものとし，すぐ下の層まで突き棒が届くようにする．この割合で突いて材料の分離を生じるおそれのあるときは，分離を生じない程度に突き数を減らす．[注：(9)]

(4)　内部振動機を用いる場合，内部振動機はコンクリート中に鉛直に挿入する．最下層を締め固める場合は，型枠底面から約 20 mm 上方までの深さまで突き入れる．最下層以外を締め固める場合は，すぐ下の層に 20 mm 程度差し込むようにする．

　振動機締固めは，大きな気泡が出なくなり，大きな骨材の表面をモルタル層が薄く覆うまで続ける．その後，穴を残さないようにゆっくりと引き抜く．[注：(10)]

(5)　振動台式振動機を用いる場合，型枠は振動台に取り付けるか，強固に押し当てる．振動締固めは，大きな気泡が出なくなり，大きな骨材の表面をモルタル層が薄く覆うまで続ける．振動のかけすぎは避けなければならない．

(6)　締固めが終わったならば，型枠側面を木づちで軽くたたいて，突き棒や内部振動機によって出来た穴がなくなるようにする．最上層は，硬練りコンクリートの場合には型枠の頂面からわずかに下まで詰め，軟練りコンクリートの場合には型枠頂面まで詰め，型枠の上端より上方のコンクリートは取り除き，表面を注意深くならす．キャッピングを行う場合には，コンクリート上面が型枠頂面からわずかに下になるようにする．

(7)　供試体の上面仕上げは，以下の 3 通りがある．

(a)　キャッピングによる場合 [注：(11)(12)]

1)　キャッピング用の材料は，コンクリートによく付着し，コンクリートに影響を与えるものであってはならない．

2)　キャッピング層の圧縮強度は，コンクリートの予想される強度より小さくてはならない．

3)　キャッピング層の厚さは，供試体直径の 2％ を超えてはならない．

(b)　研磨によって上面を仕上げる場合は，コンクリートに影響を与えないように行う．

(c)　アンボンドキャッピングによる場合は，供試体打込み時に硬化後の平面度が 2 mm 以内になるように仕上げなければならない．この供試体を強度試験に適用する場合には，JIS A 1108–2018 の附属書による．[注：(6)]

(8)　供試体の形状寸法の許容差は次による．ただし，精度が検定された型枠を用いて供試体を作る場合には，(a)，(b) および (c) に示した各項目の測定は省略してもよい．

(a)　供試体の寸法の許容差は，直径で 0.5% 以内，高さで 5% 以内とする．

(b)　供試体の載荷面の平面度は，直径の 0.05% 以内とする．ただし，JIS A 1108–2018 の附属書による場合の上面は除く．

(c)　載荷面と母線との間の角度は，90 ± 0.5° とする．

(9)　コンクリートを詰め終わった後，その硬化を待って型枠を取り外す．型枠の取り外し時期は，詰め終わってから 16 時間以上 3 日間以内とする．この間，衝撃，振動および水分の蒸発を防がなければならない．

(10)　供試体の養生は，20 ± 2°C とする．供試体は，型枠を取り外した後，強度試験を行うまで湿潤状態で養生を行わなければならない．供試体を湿潤状態に保つには，水中または湿潤な環境（相対湿度 95% 以上）に置くとよい．

(11)　供試体の材齢は，標準として 1 週，4 週および 13 週またはそのいずれかとし，試験の直前に，水槽から取り出す．[注：(13)(14)]

(B)　試験方法

(1)　直径および高さを，それぞれ 0.1 mm および 1 mm まで測定する．直径は，供試体の高さの中央で，互いに直交する 2 方向について測定し，供試体の直径 d を，次の式で計算し，小数点 1 けたに四捨五入する．

$$d = \frac{d_1 + d_2}{2} \quad \cdots\cdots\cdots\cdots\cdots\cdots\cdots\cdots\cdots\cdots\cdots\cdots\cdots\cdots\cdots\cdots\cdots\cdots\cdots\cdots\cdots\cdots\cdots\cdots\cdots\cdots\cdots\cdots (3.6)$$

ここに，d：供試体の直径（mm）

d_1, d_2：2 方向の直径（mm）

(2)　損傷または欠陥があり，試験結果に影響すると考えられるときは，試験を行わないか，またはその内容を記録する．

(3)　質量を，質量の 0.25% 以下の目量をもつはかりで測定する．質量は，供試体の余剰水をすべてふき取った後に測定する．

(4)　供試体は，所定の養生が終わった直後の状態で試験が行えるようにする．

(5)　試験機を，点検し調整する．圧縮試験機は，指示範囲の 20〜100% となる範囲で使用する．同一試験機で指示範囲を変えることができる場合は，それぞれの指示範囲を別個の指示範囲とみなす．

(6)　供試体の上下端面および上下の加圧板の圧縮面を清掃する．

(7)　供試体を，供試体直径の 1% 以内の誤差で，その中心軸が加圧板の中心と一致するように置く．

(8)　試験機の加圧板と供試体の端面とは，直接密着させ，その間にクッション材を入れてはならない．ただし，アンボンドキャッピングによる場合を除く．

(9)　供試体に衝撃を与えないように，一様な速度で荷重を加える．[注：(15)]

(10)　供試体が急激な変形を始めた後は，荷重を加える速度の調整を中止して，荷重を加え続ける．

(11)　供試体が破壊するまでに試験機が示す最大荷重を，有効数字 3 けたまで読み，圧縮強度 f'_c を，次の式で計算し，有効数字 3 けたに四捨五入する．

$$f'_c = \frac{P}{\pi(d/2)^2} \quad \cdots\cdots\cdots\cdots\cdots\cdots\cdots\cdots\cdots\cdots\cdots\cdots\cdots\cdots\cdots\cdots\cdots\cdots\cdots\cdots\cdots\cdots\cdots\cdots\cdots\cdots\cdots (3.7)$$

ここに，f'_c：圧縮強度（N/mm^2）

         P：(B) (11) で求めた最大荷重（N）

         d：(B) (1) で求めた供試体の直径（mm）

(12) 見掛け密度は，次の式によって算出し，有効数字 3 けたに四捨五入する．

$$\rho = \frac{m}{h \times \pi(d/2)^2} \quad \cdots\cdots\cdots\cdots\cdots\cdots\cdots\cdots\cdots\cdots\cdots\cdots\cdots\cdots\cdots\cdots \quad (3.8)$$

ここに，ρ：見掛け密度（kg/m^3）

         m：(B) (3) で求めた供試体の質量（kg）

         h：(B) (1) で求めた供試体の高さ（m）

         d：(B) (1) で求めた供試体の直径（m）

---

4. 注 意 事 項

(1) コンクリートの圧縮強度は，各供試体（普通 3 個以上）の強度の平均値で示す．

(2) 粗骨材の最大寸法が 40 mm を超える場合には，40 mm の網ふるいでふるって，40 mm を超える粒を除去した試料を使用し，直径 150 mm の供試体を用いることがある．

(3) 型枠として，剛性のある金属製円筒が一般に用いられるが，ブリキ，紙またはプラスチックで作られた，軽量型枠も用いられている．

(4) φ100 mm の供試体の場合，棒径 28 mm を用いてもよい．

(5) 試験時の最大荷重が指示範囲の 90% を超える場合は，供試体の急激な破壊に対して，試験機の剛性などが試験に耐えうる性能であることを確認する．

(6) 平面度は，平面部分の最も高いところと最も低いところを通る二つの平面を考え，この平面間の距離をもって表す．

(7) 試料採取方法は，JIS A 1115–2020（フレッシュコンクリートの試料採取方法）または JIS A 1138–2018（実験室におけるコンクリートの作り方）の規定による．

(8) 供試体の作り方は，JIS A 1132–2020（コンクリートの強度試験用供試体の作り方）による．

(9) 直径 150 mm，高さ 300 mm の供試体の場合は，3 層に分けて詰め，各層を突き棒で 25 回突く．直径 150 mm 以外の供試体については，各層の厚さを 100〜150 mm として上面積 700 mm^2 について 1 回の割合で突く．

(10) 各層ごとに，型枠の軸にほぼ対称になるようにコンクリートを入れ，振動機を用いて締め固める．振動機は，1 層につき上面積が約 6 000 mm^2 について 1 回の割合で差し込む．

(11) 型枠を取り外す前にキャッピングを行う場合は，コンクリートを詰め終わってから適当な時期（硬練りコンクリートでは 2〜6 時間以後，軟練りコンクリートでは 6〜24 時間以後）に，上面を水で洗ってレイタンスを取り去り，水をふき取った後にセメントペーストを置き，押し板で型枠の頂面まで一様に押しつける．これを，キャッピングという．キャッピングに用いるセメントペースト（水セメント比 27〜30%）は，用いるほぼ 2 時間前に練り混ぜておき，水を加えずに練り返して用いる．[関：(4)(5)(6)]

(12) 押し板がセメントペーストに固着するのを防ぐために，押し板の下面に油を塗るか，丈夫な薄紙を挟むとよい．

(13) 供試体の強度試験によって構造物におけるコンクリートの強度を判定する場合には，供試体は，できるだけその構造物と同じ状態で養生する．

(14)　湿砂中または湿布で覆って養生する場合，その中の温度が，水分の蒸発によって周囲の気温より常に低くなることに，注意する必要がある．水中で養生する場合は，絶えず新鮮な水で洗われる状態にしてはならない．

(15)　荷重を加える速度は，圧縮応力度の増加が毎秒 $0.6 \pm 0.4 \, \mathrm{N/mm^2}$ になるようにする．

5.　関 連 知 識

(1)　コンクリートについては，コンクリートの品質管理やコンクリート用材料の品質の確認などの目的で圧縮強度試験を行うため，前述のように，次のような JIS が制定されている．

・JIS A 1138–2018　試験室におけるコンクリートの作り方

・JIS A 1132–2020　コンクリートの強度試験用供試体の作り方

　　附属書 JA（参考）供試体のキャッピング方法

・JIS A 1108–2018　コンクリートの圧縮強度試験方法

　　附属書 1（規定）アンボンドキャッピング

同様に，モルタルやセメントペーストについても，圧縮強度試験を行うため，次のような土木学会規準が制定されている．

・JSCE-F 505–2018　試験室におけるモルタルの作り方（案）

・JSCE-F 506–2018　モルタルまたはセメントペーストの圧縮強度試験用円柱供試体の作り方

・JSCE-G 505–2018　円柱供試体を用いたモルタルまたはセメントペーストの圧縮強度試験方法（案）

　　土木学会規準においては，直径が 50 mm，高さが 100 mm の円柱供試体が用いられている．これらの規準は，練混ぜ水，混和材料，プレパックドコンクリートの注入モルタル，PC グラウト，充てんモルタルなどの品質を確認する試験方法として使用されている．

(2)　コンクリートの圧縮強度に影響を及ぼす要因のうち，主なものは，次のようである．

(a)　水セメント比

強硬で清浄な骨材を用いたプラスチックなコンクリートの施工上のある条件のもとにおける強度，水密性，耐久性その他の性質は，単位水量と単位セメント量との比によって決まる．これが水セメント比の法則である．

水セメント比の法則が適用されるコンクリートの水セメント比 W/C と圧縮強度 f_c' との関係は，次のように表される．

$$f_c' = A + B\frac{C}{W} \quad \cdots\cdots\cdots\cdots\cdots\cdots\cdots\cdots\cdots\cdots\cdots\cdots\cdots\cdots\cdots\cdots\cdots\cdots\cdots\cdots \quad (3.9)$$

ここに，A，B：定数

　　　　　C/W：セメント水比

（セメント水比と圧縮強度との関係については，**図-3.10** 参照）

(b)　材　齢

コンクリートの圧縮強度は，材齢とともに増大するが，強度の増進率は，硬化の初期において著しく，長期にわたるに従い緩慢となる．

(c)　養　生

コンクリートは，湿潤状態にして養生すれば，長期にわたって強度が増す．もし，大気中に放置すれば，乾燥してその後における強度の増進はきわめて少ない（**図-3.3** 参照）．また，養生温度によっても

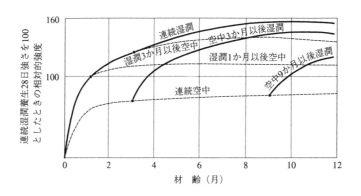

図-3.3　養生方法と圧縮強度との関係

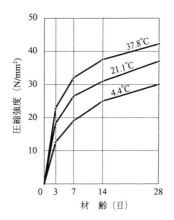

図-3.4　養生温度と圧縮強度との関係

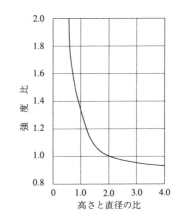

**図-3.5　円柱供試体の高さと直径の比と圧縮
　　　　強度との関係**

著しい影響を受ける（**図-3.4** 参照）.

(d)　供試体の形状寸法

　　供試体の形状寸法は，コンクリート強度に著しい影響を及ぼす．特に，供試体の高さと直径の比の影響は著しく，一般に，この比が小さいほど，強度は大きくなる.

　　図-3.5 は，高さが直径の 2 倍の円柱供試体強度を 1 としたときの，圧縮強度比と高さと直径の比との関係を示す一例である．ヨーロッパ各国では，立方体供試体を用いて，コンクリートの圧縮強度試験を行っている.

(3)　振動台式振動機またはその他の方法によって締め固める場合，対象となるコンクリート試料を十分締め固めることのできる性能のものとする.

(4)　アルミ粉末を混入したセメントペーストを使用してキャッピングを行う場合には，圧縮強度に悪影響がないことを確認するとともに，押し板が浮き上がらないように重しを載せる.

(5)　レイタンスとは，ブリーディングに伴い，コンクリートまたはモルタルの表面に浮かび出て沈殿した物質をいう.

(6)　型枠を取り外した状態でキャッピングを行う場合は，硫黄と鉱物質粉末との混合物または硬質せっこうもしくは硬質せっこうとポルトランドセメントとの混合物を用いる．この場合，供試体の軸とキャッピング面ができるだけ垂直になるような適切な装置を用いる．なお，キャッピングに使用した材料が硬化するまでの間，供試体を湿布で覆って乾燥を防ぐ.

3.6　コンクリートの割裂引張強度試験

1.　試験の目的

(1)　この試験は，「コンクリートの割裂引張強度試験方法（JIS A 1113–2018）」および「コンクリートの強度試験用供試体の作り方（JIS A 1132–2020）」に規定されている．

(2)　この試験は，コンクリートの円柱供試体を横に据え，その直径の両端に集中荷重を加えて供試体を割裂破壊させ，弾性理論による引張応力の分布をもとに引張強度を求める方法である．この試験は，引張強度が圧縮強度より 1 けた小さいコンクリートの特性を利用したものであり，赤沢常雄により 1943 年に提案された．

(3)　引張強度は，直接曲げを受けるコンクリートの道路床版，水槽などにおいては，きわめて重要である．

[関：(1)]

2.　使 用 器 具

(1)　供試体製造用型枠（3.5　コンクリートの圧縮強度試験の 2 (1) と同等の性能を有するもの）[注：(1)(2)]

(2)　突き棒または内部振動機（3.5　コンクリートの圧縮強度試験の 2 (2) と同等のもの）

(3)　板ガラス

(4)　こて，木づち，小スコップ

(5)　コンクリート練混ぜ装置一式

(6)　ノギス

(7)　圧縮試験機（3.5　コンクリートの圧縮強度試験の 2 (7) と同等のもの）

3.　実 験 要 領

(A)　供試体の準備 [注：(3)(4)]

(1)　型枠の準備およびコンクリートの打込みに関しては，3.5　コンクリートの圧縮強度試験の 3 (A)(1)〜(6) と同じ方法で行う．

(2)　コンクリートの上面をこてで軽くならして平らにし，板ガラスなどで覆い，水分の蒸発を防ぐ．

(3)　供試体の形状寸法の許容差は次による．

(a)　供試体の寸法の許容差は，直径で 0.5%以内とする．

(b)　母線の直線度は，直径の 0.1%以内とする．[注：(5)]

(4)　型枠の取外しおよび養生に関しては，3.5　コンクリートの圧縮強度試験の 3 (A)(9), (10) と同じ方法で行う．

(B)　試験方法

(1)　供試体は，所定の養生を終わった直後の状態で試験できるように準備する．

(2)　供試体の荷重を加える方向における直径を，2 か所以上で 0.1 mm まで測り，その平均値を供試体の直径とし，四捨五入によって有効数字 4 けたに丸める．

(3)　試験機を，点検し調整する．試験機は，試験時の最大荷重が指示範囲の 20%〜100%となる範囲で使用する．同一試験機で指示範囲を変えることができる場合は，それぞれの指示範囲を個別の指示範囲とみなす．[注：(6)]

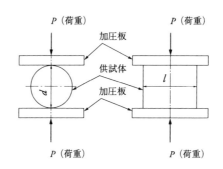

図-3.6　割裂引張強度試験

(4)　供試体の側面および上下の加圧板の圧縮面を清掃する．

(5)　供試体を，試験機の加圧板の上に偏心しないように，横に据える（**図-3.6** 参照）[注：(7)]．この場合，加圧板と供試体との接触線のどこにもすき間が認められないようにする．上下の加圧板は，荷重を加えている間，平行を保てるようにする．[注：(8)][関：(2)]

(6)　荷重は，衝撃を与えないように一様な速度で加える．[注：(9)]

(7)　供試体が破壊するまでに試験機が示す最大荷重を，有効数字 3 けたまで読む．

(8)　供試体の割れた面における長さを，2 か所以上で，0.1 mm まで測定し，その平均値を供試体の長さとし，四捨五入して有効数字 4 けたに丸める．

(9)　引張強度 f_t を，次の式で計算し，四捨五入して有効数字 3 けたに丸める．

$$f_t = \frac{2P}{\pi dl} \quad\cdots\cdots\cdots\cdots\cdots\cdots\cdots\cdots\cdots\cdots\cdots\cdots\cdots\cdots\cdots\cdots\cdots\cdots\cdots (3.10)$$

ここに，f_t：引張強度（N/mm^2）

　　　　P：**(B) (7)** で求めた最大荷重（N）

　　　　d：**(B) (2)** で求めた供試体の直径（mm）

　　　　l：**(B) (8)** で求めた供試体の長さ（mm）

4.　注 意 事 項

(1)　コンクリートの引張強度は，各供試体（普通 3 個以上）の強度の平均値で示す．

(2)　供試体は円柱形で，直径は粗骨材の最大寸法の 4 倍以上，かつ 100 mm 以上とする．供試体の長さは，その直径以上とし，直径の 2 倍以下とする．一般に，直径 150 mm の場合，その長さは 200 mm が適当である．

(3)　試料採取方法は，JIS A 1115–2020（フレッシュコンクリートの試料採取方法）または JIS A 1138–2018（試験室におけるコンクリートの作り方）の規定による．

(4)　供試体の作り方は，JIS A 1132–2020（コンクリートの強度試験用供試体の作り方）による．

(5)　直線度とは，母線部分の最も高い所と最も低い所を通る二つの平行な直線を考え，この直線間の距離をもって表す．

(6)　試験時の最大荷重が指示範囲の上限に近くなると予想される場合には，指示範囲を変更する．

(7)　試験に先立ち，すき間ができないような接触線を選び，上下の接触線を結ぶ線を供試体側面に表示し，また，上下の加圧板の中心にも接触線を表示して，表示した両者の接触線が正しく一致するように供試体を据える．また，適切な治具を用いて供試体を据えることができる．さらに，円柱の軸線方向に

も偏心しないようにする.

(8)　5.00 kN 以内の荷重を加えた状態で荷重の増加を一時止め, 上下加圧板の距離を 2 か所以上測って上下の加圧板の平行を確認する. 平行でない場合は, 球面座をもつ側の加圧板を木づちで軽くたたいて調整する.

(9)　荷重を加える速度は, 引張応力度の増加率が毎秒 $0.06 \pm 0.04\,\mathrm{N/mm^2}$ となるようにし, 最大荷重に至るまでその増加率を保つようにする.

5.　関連知識

(1)　コンクリートの引張強度は, その圧縮強度に比し, 一般にきわめて小さく, 圧縮強度の 1/10〜1/13 ぐらいである.

(2)　供試体の一部分と加圧板との間にすき間があると, 荷重が均等にかからず, 供試体が局部的に破壊する場合がある. 供試体の型枠継目部が, 加圧板に接するようにすると, すき間を生じることが多い.

3.7 コンクリートの曲げ強度試験

1. 試験の目的

(1) この試験は，「コンクリートの曲げ強度試験方法（JIS A 1106–2018）」および「コンクリートの強度試験用供試体の作り方（JIS A 1132–2020）」に規定されている．

(2) この試験は，コンクリートはり供試体に 3 等分点荷重を加えて曲げ破壊し，コンクリートを弾性体と仮定して供試体の引張側に生じる曲げ引張応力の最大値を計算する方法であり，コンクリートの引張強度を求めるための間接試験である．［関：(1)(2)(3)]

(3) 曲げ強度は，道路や滑走路の舗装版などの設計や品質管理に用いられる．［関：(1)(2)(3)]

(4) コンクリートの曲げひび割れ強度は，この試験で求められる曲げ強度ではないので注意を要する．［関：(4)]

2. 使用器具

(1) 供試体製造用型枠（3.5　コンクリートの圧縮強度試験の 2 (1) と同等の性能を有するもの）［注：(1)(2)]

(2) 突き棒または内部振動機（3.5　コンクリートの圧縮強度試験の 2 (2) と同等のもの）

(3) こて，木づち，小スコップ

(4) コンクリート練混ぜ装置一式

(5) ノギス

(6) 圧縮試験機（3.5　コンクリートの圧縮強度試験の 2 (7) と同等のもの）

(7) 3 等分点載荷装置（3 等分点荷重を鉛直に，かつ，偏心しないように加えることができ，また，供試体を設置したときに安定がよく，しかも，十分な剛性をもつもの）［注：(3)]

3. 実験要領

(A) 試料の準備 ［注：(4)(5)]

(1) 型枠の準備およびコンクリートの打込みに関しては，3.5　コンクリートの圧縮強度試験 3 (A)(1)〜(6) と同じ方法で行う．ただし，突き棒を用いる場合は，2 層以上のほぼ等しい層に分けて詰める．振動機を用いる場合は，1 層または 2 層以上のほぼ等しい層に分けて詰める．

(2) 供試体の形状寸法の許容差は次による．

    (a) 供試体の寸法の許容差は，断面の幅で 0.5%以内，断面の高さで 2%以内，長さで 5%以内とする．

    (b) 供試体の載荷面の平面度は，断面の一辺の長さの 0.05%以内とする．

    (c) 側面と底面の間の角度は，90 ± 0.5° とする．

(3) 型枠の取外しおよび養生に関しては，3.5　コンクリートの圧縮強度試験の 3 (A)(9)，(10) と同じ方法で行う．［注：(6)(7)]

(B) 試験方法

(1) 供試体は，所定の養生が終わった直後の状態で試験できるように準備する．［注：(8)]

(2) 供試体は，コンクリートを型枠に詰めたときの側面を上下の面とし，支承の幅の中央に置き，供試体の高さの 3 倍のスパンで支える（**図-3.7** 参照）．［注：(9)]

(3) スパンの 3 等分点に，上部加圧装置を接触させる．この場合，載荷装置の接触面と供試体の面との間

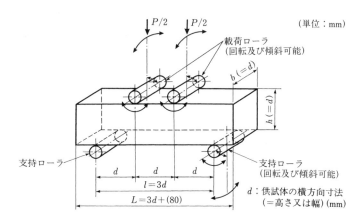

図-3.7　3 等分点載荷装置の一例

のどこにもすき間が認められないようにする．[注：(10)]

(4)　荷重は，衝撃を与えないように，一様な速度で加える．試験機は，試験時の最大荷重が力指示計の指示範囲の 20〜100％の範囲で使用する．同一試験機で指示範囲を変えることができる場合は，それぞれの指示範囲を個別の指示範囲とみなす．[注：(11)]

(5)　供試体が破壊するまでに試験機が示す最大荷重を，有効数字 3 けたまで読む．

(6)　破壊断面の幅は 3 か所において 0.1 mm まで測定し，その平均値を四捨五入によって有効数字 4 けたに丸める．

(7)　破壊断面の高さを，2 か所において 0.1 mm まで測定し，その平均値を四捨五入によって有効数字 4 けたに丸める．

(8)　曲げ強度を，次の式で計算し，四捨五入して有効数字 3 けたに丸める．

(a)　供試体が，引張り側表面のスパン方向の中心線の 3 等分点の間で破壊したとき

$$f_b = \frac{Pl}{bh^2}$$ ·· (3.11)

ここに，f_b：曲げ強度（N/mm^2）

　　　　P：**(B) (6)** で求めた試験機の示す最大荷重（N）

　　　　l：**(B) (2)** で求めたスパン（mm）

　　　　b：**(B) (7)** で求めた破壊断面の幅（mm）

　　　　h：**(B) (13)** の注 (9) で求めた破壊断面の高さ（mm）

(b)　供試体が，引張り側表面のスパン方向の中心線の 3 等分点の外側で破壊した場合は，その試験結果を無効とする．

4．注 意 事 項

(1)　コンクリートの曲げ強度は，各供試体（普通 3 個以上）の強度の平均値で示す．

(2)　供試体は，断面が正方形の角柱体とし，その一辺の長さは，粗骨材の最大寸法の 4 倍以上，かつ 100 mm 以上とし，供試体の長さは，断面の一辺の長さの 3 倍よりも 80 mm 以上長いものとする．粗骨材の最大寸法が 40 mm の場合，一辺の長さを 150 mm としてもよい．供試体の標準断面寸法は，100 × 100 mm または 150 × 150 mm である．粗骨材の最大寸法が 40 mm を超える場合には，40 mm の網ふるいでふるって，40 mm を超える粒を除去した試料を使用し，150 × 150 mm の供試体とすることがある．

(3) **図-3.7** は，試験装置の一例を示したもので，2 個の支持ローラと 2 個の載荷ローラとからなり，供試体の軸方向の自由変位が可能なものとする．ローラはすべて鋼製で直径 20〜40 mm の円形断面をもち，供試体の幅より少なくとも 10 mm 以上長いものとする．また，1 個を除き，すべてのローラはその軸を中心に回転でき，かつ，供試体軸に対して基準面が傾斜できるものとする．実際の載荷装置は，例えば，上部加圧装置を試験機のクロスヘッドにつり下げるピンなどが必要である．ローラの代わりに船底形接点を使用してもよい．

(4) 試料採取方法は，JIS A 1115–2020（フレッシュコンクリートの試料採取方法）または JIS A 1138–2018（試験室におけるコンクリートの作り方）の規定による．

(5) 供試体の作り方は，JIS A 1132–2020（コンクリートの強度試験用供試体の作り方）による．

(6) 供試体の強度試験によって構造物におけるコンクリートの強度を判定する場合には，供試体は，できるだけその構造物と同じ状態で養生する．

(7) 湿砂中または湿布で覆って養生する場合，その中の温度が，水分の蒸発によって周囲の気温より常に低くなることに，注意する必要がある．

(8) 供試体に損傷または欠陥があり，試験結果に影響を及ぼすと考えられるときは，試験を行わないか，またはその内容を記録する．

(9) 載荷スパンの設定に用いる供試体の高さは，公称の値を用いる．

(10) 載荷装置の設置面と供試体の面との間にすき間ができる場合は，接触部の供試体表面を平らに磨いてよく接触できるようにする．

(11) 荷重を加える速度は，ふち（縁）応力度の増加が毎秒 $0.06 \pm 0.04 \, \text{N/mm}^2$ になるように調整し，最大荷重に至るまでその増加率を保つようにする．

5. 関連知識

(1) 舗装コンクリートの強度は，材齢 28 日における曲げ強度を基準とし，一般に設計基準曲げ強度は $4.5 \, \text{N/mm}^2$ を標準とする．

(2) 圧縮強度と曲げ強度との比は，W/C の増大とともに減少する．また，圧縮強度を 1 としたときの曲げ強度は，材齢 28 日で約 1/6，91 日で約 1/7 である．

(3) 曲げ強度は，引張強度の約 1.6〜2 倍である．はり供試体内部の実際の応力分布が線形分布（弾性応力分布）とはならないことが，曲げ強度が引張強度よりも大きくなることの主な理由であり，また供試体寸法が大きくなると曲げ強度が小さくなることの主な理由の一つである．

(4) 2017 年制定コンクリート標準示方書［設計編］では，コンクリートの強度として曲げひび割れ強度は，本試験で得られる曲げ強度に基づいて定められていない．**3.6**「コンクリートの割裂引張強度試験」に基づいて定められた引張強度または，**3.5**「コンクリートの圧縮強度試験」に基づいて定められた圧縮強度から計算した引張強度と，コンクリートの引張軟化特性と寸法効果を考慮した算定式で求めることになっている．

3.8　コンクリートの静弾性係数試験

1.　試験の目的

(1)　この試験の一部（単調増加載荷の場合）は,「コンクリートの静弾性係数試験方法（JIS A 1149–2017)」に規定されている.

(2)　コンクリートの静弾性係数（ヤング係数）は, ひずみから応力を推定したり, 逆に応力からひずみを推定する場合に用いられ, コンクリート部材のたわみなどの変形を算定したり, コンクリート部材の力学挙動について数値解析を行う場合に必要である.

(3)　一般に, 静弾性係数は, コンクリートの圧縮強度試験時に計測した圧縮荷重と縦ひずみ（あるいは変形）との関係から求められる.

(4)　この試験から求まる静弾性係数は, 圧縮応力–ひずみ曲線において, 最大応力の 1/3 の応力を示す点とひずみが 50×10^{-6} の点とを結ぶ線分の勾配で表される割線静弾性係数である.

(5)　コンクリートの静弾性係数試験には, ①単調増加載荷により求める方法と, ②繰返し載荷により求める方法とがある. 前者は初載荷を受ける部材の静弾性係数の推定に用いられ, 後者はすでに載荷が繰り返されている部材の静弾性係数の推定に用いられる.

2.　使 用 器 具

(1)　圧縮強度試験用器具一式（3.5　コンクリートの圧縮強度試験の 2.(1)〜(7) の使用器具)

(2)　ひずみ測定器具（コンプレッソメータまたは抵抗線型ひずみ測定器などの供試体の縦ひずみを検出するための測定器）[注：(1)(2)]

(3)　荷重検出器とデータ収録装置 [注：(3)]

3.　実 験 要 領

(A)　試験の準備

(1)　供試体の作製養生ならびに試験材齢については, 圧縮強度試験の場合と同じである（3.5　コンクリートの圧縮強度試験の 3.(A)(1)〜(10) の内容). [注：(4)]

(2)　供試体は所定の養生を終わった直後の含水状態で試験ができるようにしなければならない. 水中養生または湿潤養生を行った供試体は, ひずみゲージをはり付けるため, 供試体の表面を自然乾燥させてもよい.

(3)　ひずみ測定器具は, 供試体の軸に平行, かつ対称な 2 つの線上で, 供試体の高さの 1/2 の位置を中心に取り付ける. [注：(5)]

(B)　載荷の準備

(1)　試験は, 温度および湿度の変化の少ない室内で行う.

(2)　供試体は, 供試体直径の 1% 以内の誤差で, その中心軸が加圧板の中心と一致するように置く.

(C)　単調増加載荷により静弾性係数を求める場合の載荷試験方法

(1)　供試体直径の測定ならびに試験機の点検と調整については, 圧縮強度試験の場合と同じである（3.5　コンクリートの圧縮強度試験の 3.(B)(1)(2) の内容).

(2)　載荷は, 供試体に衝撃を与えないように一様な速度で行う. 荷重を加える速度は, 圧縮応力差の増加

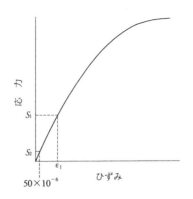

図-3.8　単調増加載荷時の応力–ひずみ曲線

が毎秒 $0.6 \pm 0.4 \,\mathrm{N/mm^2}$ とする．[注：(6)]

(3)　ひずみは，原則として最大荷重の 1/2 まで測定し，その荷重間隔は，等間隔で少なくとも 10 点記録
できるように選定する．[注：(7)]

(4)　供試体が急激な変形を始めた後は，荷重を加える速度の調整を中止して，荷重を加え続ける．

(5)　供試体が破壊するまでに試験機が示す最大荷重を，有効数字 3 けたまで読む．

(6)　各供試体ごとに応力–ひずみ曲線（**図-3.8** 参照）を作製し，静弾性係数を，次式で計算し，四捨五入
して有効数字 3 けたに丸める．

$$E_1 = \frac{S_1 - S_2}{\varepsilon_1 - 50 \times 10^{-6}} \times 10^{-3} \quad \cdots\cdots\cdots\cdots\cdots\cdots\cdots\cdots\cdots\cdots\cdots\cdots\cdots\cdots\cdots\cdots (3.12)$$

ここに，E_1：単調増加載荷により求めた静弾性係数（$\mathrm{kN/mm^2}$）

$\quad\quad\quad S_1$：最大荷重の 1/3 に相当する応力（$\mathrm{N/mm^2}$）

$\quad\quad\quad S_2$：供試体の縦ひずみ 50×10^{-6} のときの応力（$\mathrm{N/mm^2}$）

$\quad\quad\quad \varepsilon_1$：応力 S_1 によって生じるひずみ

(D)　繰返し載荷により静弾性係数を求める場合の載荷試験方法

(1)　供試体直径の測定ならびに試験機の点検と調整については，圧縮強度試験の場合と同じである（3.5
コンクリートの圧縮強度試験の **3.(B)**(1)(2) の内容）．

(2)　載荷は，中断することなく行う．荷重を加える速度は，圧縮応力度の増加が毎秒 $0.6 \pm 0.4 \,\mathrm{N/mm^2}$
とし，除荷する速度は，その 2 倍を超えないものとする．

(3)　最大荷重のほぼ 1/3 の上限荷重まで初回の載荷を行い，ひずみを記録した後に，除荷する．[注：(7)]

(4)　第 2 回目以降は，ひずみが 50×10^{-6} に相当するときの荷重と上限荷重時のひずみを記録した後に
除荷する．上限荷重時のひずみが，その前の回の載荷の上限荷重時のひずみに比べ，20×10^{-6} 以上大
きい場合には，この載荷・除荷の操作と計測を繰り返す．この計測が何回目のものであるかを，同時に
記録する．[注：(8)]

(5)　静弾性係数を，次式で計算し，四捨五入して有効数字 3 けたに丸める．

$$E_2 = \frac{S_3 - S_4}{\varepsilon_2 - 50 \times 10^{-6}} \times 10^{-3} \quad \cdots\cdots\cdots\cdots\cdots\cdots\cdots\cdots\cdots\cdots\cdots\cdots\cdots\cdots\cdots (3.13)$$

ここに，E_2：繰返し載荷により求めた静弾性係数（$\mathrm{kN/mm^2}$）

$\quad\quad\quad S_3$：繰返しの上限荷重に相当する応力（$\mathrm{N/mm^2}$）

$\quad\quad\quad S_4$：最終載荷において，供試体の縦ひずみ 50×10^{-6} のときの応力（$\mathrm{N/mm^2}$）

$\quad\quad\quad \varepsilon_2$：最終載荷において，応力 S_3 によって生じるひずみ

4. 注意事項

(1)　ひずみ測定器具は，10×10^{-6} より良い精度で測定できるものでなければならない．通常，市販の抵抗線型ひずみ測定器（ゲージ）を用いて，市販のひずみ計で測定すれば，上記の精度は得られる．

(2)　ひずみ測定器具の検長（供試体のひずみを検出する領域の長さ）は，コンクリートに用いた粗骨材の最大寸法の 3 倍以上，かつ供試体の高さの 1/2 以下とする．

(3)　荷重とひずみ（あるいは変形）との関係を連続して記録する場合には，データ収録装置を用いるとよい．試験機に荷重の電気的出力装置が付いていない場合には，供試体と試験機の加圧板との間に荷重検出器（ロードセル）を設置する．

(4)　供試体の数は，同一の条件（配合，供試体寸法，養生方法，試験材齢など）の試験に対して，3 個以上とする．

(5)　抵抗線型ひずみ測定器を用いる場合には，一般に，供試体表面の相対する位置に接着剤を用いて接着する．接着箇所には，型枠の継目がなく，気泡が少ない位置を選ぶ．接着箇所は，乾燥させ，サンドペーパで目粗しを行う．

(6)　クロスヘッドを急激に降下させて供試体に過大な荷重を加えると，初期ひずみが測定できないため注意する必要がある．

(7)　最大荷重が不明な場合は，同一条件の別の供試体を用いてあらかじめ圧縮強度試験を行っておく．

(8)　繰返し載荷回数は，最も少ない場合には 2 回であり，通常は 3 回で十分である．

3.9 コンクリートの配合設計

1. 試験の目的

(1) 配合設計は，2017 年制定コンクリート標準示方書［施工編］に規定されている．現在の示方書では，性能照査型として新しい設計法が採用されている．本配合設計は，コンクリートに求められる性能の標準的レベルを満足する配合設計として，［施工編：施工標準］の pp.84〜88 の「4.6 単位量の決定」に準拠している．したがって，コンクリートに要求される性能をすべて照査する場合の配合設計を行う場合は，［施工編：本編］の pp.19〜26「3 章　施工計画」を参照するとよい．

(2) コンクリートの配合は，所要の強度,耐久性,水密性,ひび割れ抵抗性,鋼材を保護する性質および作業に適するワーカビリティーが得られる範囲内で，単位水量をできるだけ少なくするように定める．[注：(1)]

(3) 上記の方針に従って試験配合を定め，次に試し練りを行い，配合条件を満足するように配合を修正する．

(4) 配合に関する用語は，次のようである．

(a) 配合とは，コンクリートまたはモルタルを造るときの各材料の割合または使用量をいう．

(b) 計画配合とは，示方書または責任技術者によって指示される配合で，骨材は表面乾燥飽水状態であり，細骨材は 5 mm ふるいを全部通るもの，粗骨材は 5 mm ふるいに全部とどまるものを用いた場合の配合をいう．

(c) 現場配合とは，計画配合のコンクリートとなるように，現場における材料の状態および計量方法に応じて定めた配合をいう．

(d) 設計基準強度（記号：f'_{ck}）とは，設計において基準とする強度で，コンクリートの強度の特性値をいう．一般に，材齢 28 日における圧縮強度を基準とする．

(e) 配合強度（記号：f'_{cr}）とは，コンクリートの配合を定める場合に目標とする強度をいう．一般に，材齢 28 日における圧縮強度を基準とする．

(f) 割増し係数とは，配合強度を定める際に，品質のばらつきを考慮し，設計基準強度に乗じる係数をいう．

(g) 水セメント比（記号：W/C）とは，練上り直後のコンクリートまたはモルタルにおいて，骨材が表面乾燥飽水状態であるとしたときのセメントペースト部分における水とセメントとの質量比をいう．

(h) 単位量とは，コンクリートまたはモルタル $1\,\mathrm{m}^3$ を造るときに用いる材料の質量をいう．

(i) 細骨材率（記号：s/a）とは，骨材のうち，5 mm ふるいを通るものを細骨材，5 mm ふるいにとどまるものを粗骨材として算出し，細骨材量と骨材全量との絶対容積比を，百分率で表したものをいう．

(j) 単位粗骨材容積とは，コンクリート $1\,\mathrm{m}^3$ を造るときに用いる粗骨材のかさ容積で，単位粗骨材量をその粗骨材の単位容積質量で除した値をいう．

(k) 混和材料とは，セメント，水，骨材以外の材料で，打込みを行う前までに必要に応じて，セメントペースト，モルタルまたはコンクリートに加える材料をいう．

(l) 混和材とは，混和材料のうち，使用量が比較的多くて，それ自体の容積がコンクリートの配合の計算に考慮されるものをいう．

(m) 混和剤とは，混和材料のうち，使用量が比較的少なくて，それ自体の容積がコンクリートの配合の計算において無視されるものをいう．

2.　使 用 器 具

(1)　ミキサ（容量が 50～100 l 程度の重力式ミキサまたは強制練りミキサ）

(2)　はかり，材料容器，スコップ，練り板

(3)　スランプ試験用器具一式，空気量試験用器具一式

(4)　供試体製造用型枠，養生装置，強度試験装置

3.　実 験 要 領

(A)　材料の準備

(1)　粗骨材は 5 mm ふるい上で水洗いし，十分に吸水させたものを乾いた布でぬぐい，表面乾燥飽水状態にする．各粒径別に区分しておき，使用にあたって所定の割合に再混合し，粒度の変動を避けるのがよい．

(2)　細骨材は 5 mm ふるいにとどまるものを除去し，表面乾燥飽水状態にする．

(3)　セメントの密度，骨材の密度，吸水率，単位容積質量，ふるい分けなどの試験を行う．

(4)　AE 剤および減水剤は，一般に水溶液にして使用する．

(B)　試験配合の計算

(1)　コンクリートの配合強度を定める．

コンクリートの配合強度は，設計基準強度および現場におけるコンクリートの品質の変動を考えて定める．この配合強度は，一般の場合，現場におけるコンクリートの圧縮強度の試験値が，設計基準強度 f'_{ck} を下回る確率が 5% 以下となるように定める．[注：(2)]

(2)　水セメント比を選定する．

水セメント比は，コンクリートの所要の強度および耐久性を考えて定める．水密であることを必要とする構造物では，さらにコンクリートの水密性についても考える．

(a)　コンクリートの圧縮強度をもととして定める場合

①　圧縮強度 f'_c と水セメント比 W/C との関係を試験によって求める．すなわち，適当と思われる範囲内で 3 種以上の異なったセメント水比 C/W を用いたコンクリートについて試験し，C/W–f'_c 線を作る．試験の材齢は，28 日を標準とする．[注：(3)]

②　配合に用いる水セメント比は，C/W–f'_c 線において，配合強度 f'_{cr} に対応する C/W の逆数とする．この f'_{cr} は，設計基準強度 f'_{ck} に適当な割増し係数を乗じたものとする．この割増し係数は，現場において予想されるコンクリートの圧縮強度の変動係数に応じて，(1) に述べた条件に適合するように定めるものとして，一般に，**図-3.9** の曲線より求めた値による．[注：(3)]

(b)　コンクリートの凍結融解抵抗性をもととして定める場合

水セメント比は，**表-3.4** の値以下とする．[注：(4)]

海洋コンクリートでは，耐久性から定まる水セメント比の最大値は，**表-3.5** の値を標準とする．

(c)　コンクリートの化学作用に対する耐久性をもととして定める場合

SO_4^{2-} として 0.2% 以上の硫酸塩を含む土や水に接するコンクリート

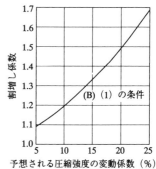

図-3.9　一般の場合の割増し係数

表-3.4　コンクリートの凍結融解抵抗性をもととして水セメント比を定める場合における，AE コンクリート
の最大の水セメント比 (%)

構造物の露出状態 / 断面 / 気象条件	気象作用が激しい場合または凍結融解がしばしば繰り返される場合		気象作用が激しくない場合，氷点下の気温となることがまれな場合	
	薄い場合 2)	一般の場合	薄い場合 2)	一般の場合
(1) 連続してあるいはしばしば水で飽和される場合 1)	55	60	55	65
(2) 普通の露出状態にあり，(1) に属さない場合	60	65	60	65

1) 水路，水槽，橋台，橋脚，擁壁，トンネル覆工等で水面に近く水で飽和される部分および，これらの構造物のほか，桁，床版等で水面から離れてはいるが融雪，流水，水しぶき等のため，水で飽和される部分など.

2) 断面厚さが 20 cm 程度以下の構造物の部分など.

表-3.5　海洋コンクリートを対象とした場合の耐久性から定まる AE コンクリートの
最大の水セメント比 (%)

環境区分 / 施工条件	一般の現場施工の場合	工場製品の場合，または材料の選定および施工において，工場製品と同等以上の品質が保証される場合
(a) 海上大気中	45	50
(b) 飛沫帯	45	45
(c) 海　中	50	50

注：1) 実績，研究成果等により確かめられたものについては，耐久性から定まる最大の水セメント比を，表-3.5 の値に 5〜10 を加えた値としてよい.

　　2) AE コンクリートとした無筋コンクリートの場合は，表-3.5 の値に 10 程度加えた値としてよい.

に対しては，表-3.5 の (c) に示す値以下とする.

(d) コンクリートの水密性をもととして定める場合

　水セメント比は，55%以下を標準とする. 海洋構造物に用いる鉄筋コンクリートの場合は，表-3.5 による.

(3) 粗骨材の最大寸法を選定する.

　粗骨材の最大寸法は，表-2.5 の値を標準とする.

(4) スランプを選定する.

　コンクリートのスランプは，運搬，打込み，締固め等の作業に適する範囲内で，できるだけ小さい値のものとし，表-3.1 の値を標準とする.

(5) 単位水量および細骨材率を選定する.

　単位水量は，作業ができる範囲内で，できるだけ少なくなるよう，試験によって定める. 表-3.6 が参考になる. 単位セメント量は，単位水量と水セメント比とから定める.

　細骨材率は，所要のワーカビリティーが得られる範囲内で，単位水量が最小となるよう，試験によって定める. 表-3.6 が参考となる.

(6) 空気量を選定する.

　AE コンクリートの適当な空気量は，表-3.6 の値にとるとよい. [関：(1)(2)]

表-3.6　コンクリートの単位粗骨材かさ容積，細骨材率および単位水量の概略値

粗骨材の最大寸法 (mm)	単位粗骨材かさ容積 (m³/m³)	AE コンクリート				
		空気量 (%)	AE 剤を用いる場合		AE 減水剤を用いる場合	
			細骨材率 s/a (%)	単位水量 W (kg)	細骨材率 s/a (%)	単位水量 W (kg)
15	0.58	7.0	47	180	48	170
20	0.62	6.0	44	175	45	165
25	0.67	5.0	42	170	43	160
40	0.72	4.5	39	165	40	155

(1)　この表に示す値は，骨材として普通の粒度の砂（粗粒率 2.80 程度）および砕石を用い，水セメント比 0.55 程度，スランプ約 8 cm のコンクリートに対するものである．

(2)　使用材料またはコンクリートの品質が (1) の条件と相違する場合には，上記の表の値を下記により補正する．

区　　分	s/a の補正 (%)	W の補正
砂の粗粒率が 0.1 だけ大きい（小さい）ごとに	0.5 だけ大きく（小さく）する	補正しない
スランプが 1 cm だけ大きい（小さい）ごとに	補正しない	1.2%だけ大きく（小さく）する
空気量が 1%だけ大きい（小さい）ごとに	0.5〜1 だけ小さく（大きく）する	3%だけ小さく（大きく）する
水セメント比が 0.05 大きい（小さい）ごとに	1 だけ大きく（小さく）する	補正しない
s/a が 1%大きい（小さい）ごとに	—	1.5 kg だけ大きく（小さく）する
川砂利を用いる場合	3〜5 だけ小さくする	9〜15 kg だけ小さくする

なお，単位粗骨材かさ容積による場合は，砂の粗粒率が 0.1 だけ大きい（小さい）ごとに単位粗骨材かさ容積を 1%だけ小さく（大きく）する．

(7)　単位量を計算する．

単位細骨材量および単位粗骨材量は，次のようにして求める．

単位骨材量の絶対容積（m³）

$$= 1 - \left\{ \frac{\text{単位水量 (kg/m}^3)}{1\,000} + \frac{\text{単位セメント量 (kg/m}^3)}{\text{セメントの密度} \times 1\,000} + \frac{\text{空気量（%）}}{100} \right\} \quad \cdots\cdots\cdots\cdots \quad (3.14)$$

単位細骨材量 S (kg/m³) = 細骨材の密度 × { 式 (3.14) の値 } × s/a × 1 000 $\cdots\cdots\cdots\cdots$ (3.15)

単位粗骨材量 G (kg/m³) = 粗骨材の密度 × { 式 (3.14) の値 } × $(1 - s/a)$ × 1 000 $\cdots$ (3.16)

(C)　試し練り

(1)　1 バッチに用いる各材料を計量する．

(2)　試し練りを行い，スランプおよび空気量を測定し，ワーカビリティーを調べる．

　　(a)　測定したスランプが所定の値と異なる場合には，スランプ 1 cm の増減に対し，単位水量を ±1.2% 修正する．

　　(b)　空気量の相違に対しては，空気量 1%の増減に対し，s/a を ∓0.5〜1%，単位水量を ∓3% 修正する．

　　(c)　細骨材率は，ワーカビリティーについて調べた結果に応じて修正する．s/a を 1%修正するごとに，単位水量を 1.5 kg 増減させる．

(3)　所要の水セメント比，ワーカビリティー，空気量をもつもので，単位水量が最小となるような配合が得られるまで，これらの作業を繰り返して行う．

(D)　配合の決定

(1)　C/W–f'_c 線を求めるため，供試体の作製と圧縮強度試験を行う．

(2)　C/W–f'_c 線を求め，W/C を決定する．

(3)　各材料の単位量を求め，決定した計画配合を，**表-3.7** のように表す．

表-3.7　配合の表し方（数値は一例を示す）

粗骨材の最大寸法 (mm)	スランプ (cm)	水セメント比 W/C (%)	空気量 (%)	細骨材率 s/a (%)	単位量 (kg/m³)						
					水 W	セメント C	混和材 F	細骨材 S	粗骨材G		混和剤 (g/m³)
									5 mm〜20 mm	mm〜mm	
20	10	50	4.5	36.4	153	306	—	676	1 184	—	100

注：1）ポゾラン反応や潜在水硬性を有する混和材を使用するとき，水セメント比は水結合材比となる.
　　2）混和材の使用で同種類の材料を複数種類用いる場合は，それぞれの欄を分けて表す.
　　3）混和剤の使用量は，ml/m³ または g/m³ で表し，薄めたり溶かしたりしないものを示すものとする.

4.　注　意　事　項

(1)　練混ぜ時にコンクリート中に含まれる塩化物イオンの総量は，原則として 0.30 kg/m³ 以下とする. 塩化物は，塩化物イオンを組成成分とする NaCl，KCl，$CaCl_2$，$MgCl_2$ などの化合物の総称である. 塩化物がコンクリート中にある限度以上存在すると，コンクリート中の鋼材の腐食が促進され，構造物が早期に劣化する原因となる. 塩化物は，外部環境からコンクリートに侵入する場合のほかに，セメント，骨材，混和剤あるいは練混ぜ水などの各材料からコンクリートに供給される場合もある. 練混ぜ時におけるコンクリート中の塩化物イオンの総量とは，各使用材料からコンクリートに供給されると考えられる塩化物イオン量の総和を，現場配合に基づいて計算した値をいう.

(2)　現場におけるコンクリートの圧縮強度の試験値とは，現場で採取した 3 個のコンクリート供試体を標準養生して求めた圧縮強度の平均値のことである.

(3)　各 C/W に対する f'_c の値は，配合試験における誤差を小さくするため，2 バッチ以上のコンクリートから造った供試体における平均値をとるのが望ましい. また，AE コンクリートの場合は，所要の空気量のコンクリートで供試体を作る.

(4)　コンクリートの耐凍害性をもととして水セメント比を定める場合には，一般に，**表-3.4** の値より 2〜3％程度小さい値を目標とするのがよい.

5.　関　連　知　識

(1)　コンクリート用化学混和剤として用いる AE 剤，減水剤，AE 減水剤，高性能 AE 減水剤および流動化剤は，JIS A 6204–2011 に適合したものを標準とする.

(2)　一般のコンクリートに混和材料として用いる，鉄筋コンクリート用防せい剤については JIS A 6205–2013 に，コンクリート用膨張材については JIS A 6202–2017 による. またコンクリート用フライアッシュについては JIS A 6201–2015，高炉スラグ微粉末については JIS A 6206–2013，コンクリート用シリカフュームについては JIS A 6207–2016 に，それぞれよる.

6.　コンクリートの配合設計例

(1)　設計条件

　　与えられた材料を用いて，配合設計をしてみよう. 設計基準強度は材齢 28 日で圧縮強度 24 N/mm² とし，スランプ 10 ± 1.5 cm，空気量 4.5 ± 0.5％ で，粗骨材には砕石を用い，最大寸法は 40 mm とする.

(2)　材料の試験

　　与えられた材料を試験した結果，次のような値が得られた.

セメント密度：$3.15\,\mathrm{g/cm^3}$（普通ポルトランドセメント）

細骨材表乾密度：$2.59\,\mathrm{kg}/l$

粗骨材表乾密度：$2.63\,\mathrm{kg}/l$

A　　E　　剤：標準使用量はセメント質量の 0.03%

骨材のふるい分け試験結果は，**表-3.8** のようである．

表-3.8　骨材のふるい分け試験結果

細骨材			粗骨材		
ふるいの呼び寸法 (mm)	ふるいにとどまる量 (%)	ふるいを通る量 (%)	ふるいの呼び寸法 (mm)	ふるいにとどまる量 (%)	ふるいを通る量 (%)
9.5 {10}	0	100	37.5 {40}	0	100
4.75 {5}	3	97	31.5 {30}	17	83
2.36 {2.5}	15	85	26.5 {25}	29	71
1.18 {1.2}	37	63	19 {20}	44	56
0.6	67	33	16 {15}	62	38
0.3	89	11	9.5 {10}	84	16
0.15	96	4	4.75 {5}	98	2
粗粒率 3.07			粗粒率 7.26		
			最大寸法	40 mm	

※　{ 　} は従来の呼び寸法．

示方配合を決めるには，細骨材から 5 mm ふるいにとどまるものと，粗骨材から 5 mm ふるいを通るものを取り去ったものを用いると，便利である．紙上計算した骨材の粒度は，**表-3.9** のようになる．

表-3.9　5 mm ふるいで分離した骨材の粒度

細骨材			粗骨材		
ふるいの呼び寸法 (mm)	ふるいにとどまる量 (%)	ふるいを通る量 (%)	ふるいの呼び寸法 (mm)	ふるいにとどまる量 (%)	ふるいを通る量 (%)
9.5 {10}	0		37.5 {40}	0	100
4.75 {5}	0	100	31.5 {30}	17	83
2.36 {2.5}	12	88	26.5 {25}	30	70
1.18 {1.2}	35	65	19 {20}	45	55
0.6	66	34	16 {15}	63	37
0.3	89	11	9.5 {10}	86	14
0.15	96	4	4.75 {5}	100	0
粗粒率 2.98			粗粒率 7.31		

※　{ 　} は従来の呼び寸法．

[**表-3.9** の計算方法]

(1)　細骨材のふるいを通る量（%）は，次のようにして求める．5 mm ふるいにとどまる粒度のものを取り去ったので 100% となり，3% を各ふるいに比例配分する．2.5 mm ふるいでは $85/97 \times 100 = 88\%$（**表-3.8** 参照），1.2 mm ふるいでは $63/97 \times 100 = 65\%$，以下同様にする．

(2)　細骨材のふるいにとどまる量（%）は，（100%）－（ふるいを通る量%）で求められる．

(3)　粗骨材のふるいにとどまる量（%）は，次のようにして求められる．5 mm ふるいを通る粒度を取り去ったので 100% となり，2% を各ふるいに比例配分する．10 mm ふるいでは $84/98 \times 100 = 86\%$（**表-3.8** 参照），15 mm ふるいでは $62/98 \times 100 = 63\%$，以下同様にする．

(4)　細骨材のふるいを通る量（%）は，（100%）－（ふるいにとどまる量%）で求められる．

(3)　設計基準強度の割増し

　構造物の設計において考慮した安全度を確保するためには，コンクリートの品質が変動した場合にも，圧縮強度の条件を満足するようにしなければならない．そのために，配合強度 f'_{cr} は，設計基準強度 f'_{ck} を変動の大きさに応じて割増したものとする必要がある．

　いま，予想される変動係数を 10％とすると，**図-3.9** から，割増し係数 $\alpha = 1.20$ となる．

　したがって，配合強度は

$$f'_{cr} = \alpha f'_{ck} = 1.20 \times 24 = 28.8\,\text{N/mm}^2$$

(4)　水セメント比の推定

　これまでの実験で，材齢 28 日におけるセメント水比 C/W と圧縮強度 f'_c との関係が，次のように得られているとした場合，これを参考にして W/C の値を推定する．

$$f'_c = -13.8 + 21.5\,C/W$$

$$28.8 = -13.8 + 21.5\,C/W$$

　上式から，$C/W = 1.98$，したがって，$W/C = 0.505$，安全を見て，$W/C = 0.50$ とする．

　コンクリートの耐凍害性をもととする最大水セメント比は，**表-3.4** から，気象作用が激しく，断面寸法が一般の場合，しばしば水で飽和される部分であるとして，60％となるので，圧縮強度から定まる水セメント比 $W/C = 50\%$ を用いる．

(5)　細骨材率および単位水量の仮定

　粗骨材の最大寸法 40 mm に対して，**表-3.6** を参考にして，単位水量ならびに細骨材率を求める．なお，使用材料とコンクリートの品質が表中 (1) の条件と相違するので，補正を行う．

表-3.10　s/a および W の補正

補正項目	参考条件	配合条件	$s/a = 39\%$	$W = 165$ kg
			s/a の補正量	W の補正量
砂の粗粒率	2.8	2.98	$\dfrac{2.98 - 2.8}{0.1} \times 0.5 = 0.9\%$	—
スランプ	8	10	—	$(10 - 8) \times 1.2 = 2.4\%$
水セメント比	0.55	0.5	$\dfrac{0.5 - 0.55}{0.05} \times 1 = -1.0\%$	—
空気量	4.5	4.5	—	—
合計			-0.1%	
補正した設計値			$s/a = 39 - 0.1 = 38.9\%$	$W = (165 \times 1.024) = 169$ kg

(6)　単位量の計算

　単位セメント量 $C = \dfrac{169}{0.5} = 338\,\text{kg}$

　セメント絶対容積 $= \dfrac{338}{3.15} = 107\,l$

　空気量 $4.5\% = 1\,000 \times 0.045 = 45\,l$

　骨材の絶対容積 $a = 1\,000 - (107 + 169 + 45) = 679\,l$

　細骨材絶対容積 $s = 679 \times 0.389 = 264\,l$

　単位細骨材量 $S = 264 \times 2.59 = 684\,\text{kg}$

　粗骨材絶対容積 $= 679 - 264 = 415\,l$

　単位粗骨材量 $G = 415 \times 2.63 = 1\,091\,\text{kg}$

　単位 AE 剤量 $= C \times 0.0003 = 338 \times 0.0003 = 0.1014\,\text{kg}$

(7)　試し練り

(a)　第 1 バッチ

上記で計算した単位量と 1 バッチ 30l としたときの値を，**表-3.11** にまとめる．30l のコンクリートの材料の量の計算は，単位量に 30/1 000 を乗ずればよい．

表-3.11　単位量および 1 バッチ量

| | 粗骨材の最大寸法 (mm) | スランプ (cm) | 水セメント比 W/C (%) | 空気量 (%) | 細骨材率 s/a (%) | 単位量 (kg/m³) | | | | 粗骨材G | | 混和剤 (g/m³) |
						水 W	セメント C	混和材 F	細骨材 S	5 mm～40 mm	mm～mm	
単位量	40	10±1.5	50	4.5±0.5	38.9	169	338	—	684	1 091	—	101.4
1 バッチ 30l	40	10±1.5	50	4.5±0.5	38.9	5.07	10.14	—	20.52	32.73	—	3.042

試し練りは，すべて細骨材は 5 mm を通るもの，粗骨材は 5 mm にとどまり，含水状態は表面乾燥飽水状態に調整し貯蔵しておけば，計量の補正を行わなくてすむ．

試し練りの結果，スランプは 12 cm，空気量は 5.5％であった．

(b)　第 2 バッチ

スランプ 10 cm にするためには，2 cm の差に対して補正を行う．スランプ 1 cm に対して 1.2％の増減であるため，1.2 × 2 = 2.4％ だけ水量を減らさなければならない．

また，空気量を 4.5％にするには，AE 剤量を比例調整すると，単位セメント量に対して $0.03\% \times \dfrac{4.5}{5.5} = 0.025\%$ となる．空気量 1％の増減に対して 3％の増減であるため，$\dfrac{5.5 - 4.5}{1} \times 3 = 3\%$ の水量を増加する．

したがって，単位水量を 3 − 2.4 = 0.6％増加させると，次のようになる．

$$169 \times (1 + 0.006) = 170 \, \text{kg}$$

単位量の計算は，$W = 170 \, \text{kg}$，$W/C = 50\%$，$s/a = 38.9\%$ をもととする．

$$単位セメント量 \, C = \frac{170}{0.5} = 340 \, \text{kg}$$

$$セメント絶対容積 = \frac{340}{3.15} = 108 \, l$$

$$空気量 \, 4.5\% = 45 \, l$$

$$骨材の絶対容積 \, a = 1\,000 - (108 + 170 + 45) = 677 \, l$$

$$細骨材絶対容積 \, s = 677 \times 0.389 = 263 \, l$$

$$単位細骨材量 \, S = 263 \times 2.59 = 681 \, \text{kg}$$

$$粗骨材絶対容積 = 677 - 263 = 414 \, l$$

$$単位粗骨材量 \, G = 414 \times 2.63 = 1\,089 \, \text{kg}$$

$$単位 \, \text{AE} \, 剤量 = 340 \times 0.00025 = 0.085 \, \text{kg}$$

単位量と 1 バッチ 30l の量を表にまとめると，**表-3.12** のようである．

表-3.12　単位量と 1 バッチ量

	W/C (%)	s/a (%)	W (kg)	C (kg)	S (kg)	G (kg)	AE 剤 (g)
単位量	50	38.9	170	340	681	1 089	85
1 バッチ 30l	50	38.9	5.19	10.20	20.43	32.67	2.55

試し練りを行った結果，設計どおりスランプは 10 cm，空気量は 4.5％となった．ここで，ワーカビリティーに影響するフレッシュコンクリートの特性の簡易的な観察による考察を行う．スランプ試験時

にタッピング（タンピング）してみるとか，木ごてで表面仕上げの難易を試すとかする．このことで，外力が作用した時の変形性状や仕上げのしやすさを簡易的に観察することができる．この場合は，多少コンクリートが荒々しく感じられたので，作業に適するワーカビリティーにするためには，細骨材率 s/a を 2%程度増した方がよいように思われた．

(c)　第 3 バッチ

s/a を 2%増して，40.9%とするが，s/a を 1%増減することにより，水量については 1.5 kg の増減を行う．ゆえに，s/a を 2%増で，水量 3 kg 増しとなり，単位水量は次のようになる．

$$170 + 3 = 173 \, \text{kg}$$

単位量の計算は，$W = 173 \, \text{kg}$, $W/C = 50\%$, $s/a = 40.9\%$ をもととする．

$$\text{単位セメント量} \, C = \frac{173}{0.5} = 346 \, \text{kg}$$

$$\text{セメント絶対容積} = \frac{346}{3.15} = 110 \, l$$

$$\text{空気量} \, 4.5\% = 45 \, l$$

$$\text{骨材の絶対容積} \, a = 1\,000 - (110 + 173 + 45) = 672 \, l$$

$$\text{細骨材絶対容積} \, s = 672 \times 0.409 = 275 \, l$$

$$\text{単位細骨材量} \, S = 275 \times 2.59 = 712 \, \text{kg}$$

$$\text{粗骨材絶対容積} = 672 - 275 = 397 \, l$$

$$\text{単位粗骨材量} \, G = 397 \times 2.63 = 1\,044 \, \text{kg}$$

$$\text{単位 AE 剤量} = 346 \times 0.00025 = 0.0865 \, \text{kg}$$

単位量と 1 バッチ 30 l の量を表にまとめると，**表-3.13** のようである．

表-3.13　単位量と 1 バッチ量

	W/C (%)	s/a (%)	W (kg)	C (kg)	S (kg)	G (kg)	AE 剤 (g)
単位量	50	40.9	173	346	712	1 044	86.5
1 バッチ 30 l	50	40.9	5.19	10.38	21.36	31.32	2.60

試し練りを行った結果，スランプは 10 cm，空気量は 4.5%であり，ワーカビリティーも適当であった．

試し練りにおいて，指定のスランプや空気量にならなかったり，適当なワーカビリティーが得られない場合は，第 1 バッチから第 3 バッチまで，繰り返し実験しなければならない．

(8)　C/W-f'_c 線を求めるための供試体の作製

C/W-f'_c 線を求めるには，適当と思われる範囲内で 3 種以上の異なったセメント水比 C/W を用いたコンクリートについて，試験をすることになっている．そこで，供試体の作製にあたっての W/C は，50%と，その前後の 45%と 55%の 3 種とする．

(a)　$W/C = 50\%$ の場合の単位量の計算

$W = 173 \, \text{kg}$, $s/a = 40.9\%$ で計算するが，これは，試し練りのときに計算済みであるので，**表-3.13** の値を用いる．

(b)　$W/C = 45\%$ の場合の単位量の計算

s/a は，W/C が 0.05 の増減に対して，1%の増減をしなければならない．W/C が 50%から 45%に変化すると，s/a は次のようになる．

$$\frac{0.45 - 0.5}{0.05} \times 1 = 1\% \, \text{減ずることになり，ゆえに，} \, s/a = 40.9 - 1 = 39.9\% \, \text{となる．}$$

$W = 173 \, \text{kg}$ で計算する．

$$単位セメント量 C = \frac{173}{0.45} = 384\,\text{kg}$$

$$セメント絶対容積 = \frac{384}{3.15} = 122\,l$$

$$空気量 4.5\% = 45\,l$$

$$骨材の絶対容積 a = 1\,000 - (122 + 173 + 45) = 660\,l$$

$$細骨材絶対容積 s = 660 \times 0.399 = 263\,l$$

$$単位細骨材量 S = 263 \times 2.59 = 681\,\text{kg}$$

$$粗骨材絶対容積 = 660 - 263 = 397\,l$$

$$単位粗骨材量 G = 397 \times 2.63 = 1\,044\,\text{kg}$$

$$単位 AE 剤量 = 384 \times 0.00025 = 0.096\,\text{kg}$$

(c)　$W/C = 55\%$ の場合の単位量の計算

s/a は，W/C が 0.05 の増減に対して，1%の増減をしなければならない．W/C が 50%から 55%に変化すると，s/a は次のようになる．

$$\frac{0.55 - 0.50}{0.05} \times 1 = 1\%\ 増すことになり，s/a = 40.9 + 1 = 41.9\%\ となる．$$

$W = 173\,\text{kg}$ で計算する．

$$単位セメント量 C = \frac{173}{0.55} = 315\,\text{kg}$$

$$セメント絶対容積 = \frac{315}{3.15} = 100\,l$$

$$空気量 4.5\% = 4.5\,l$$

$$骨材の絶対容積 a = 1\,000 - (100 + 173 + 45) = 682\,l$$

$$細骨材絶対容積 s = 682 \times 0.419 = 286\,l$$

$$単位細骨材量 S = 286 \times 2.59 = 741\,\text{kg}$$

$$粗骨材絶対容積 = 682 - 286 = 396\,l$$

$$単位粗骨材量 G = 396 \times 2.63 = 1\,041\,\text{kg}$$

$$単位 AE 剤量 = 315 \times 0.00025 = 0.0788\,\text{kg}$$

上記の配合計算を表にまとめると，**表-3.14** のようである．

表-3.14　単位量と 1 バッチ量

W/C (%)	s/a (%)	W (kg)	C (kg)	S (kg)	G (kg)	AE 剤 (g)
45	39.9	173 (5.19)	384 (11.52)	681 (20.43)	1 044 (31.32)	96.0 (2.88)
50	40.9	173 (5.19)	346 (10.38)	712 (21.36)	1 044 (31.32)	86.5 (2.60)
55	41.9	173 (5.19)	315 (9.45)	741 (22.23)	1 041 (31.23)	78.8 (2.36)

注：( ) は 1 バッチ 30 l の質量を示したものである．

以上の計算に基づいて，C/W に対する f_c' の値は，配合試験における誤差を小さくするため，2 バッチ以上のコンクリートから作った供試体における平均値をとるのが望ましい．

材齢 28 日のコンクリートの圧縮試験を行い，その平均値を**表-3.15** に示す．

表-3.15　C/W と f_c' の平均値

W/C (%)	C/W	スランプ (cm)	空気量 (%)	f_c' の平均値 (N/mm^2)
45	2.22	10	4.5	33.9
50	2.0	10	4.5	29.2
55	1.82	10	4.5	25.6

(9)　$C/W\text{–}f'_c$ 線

表-3.15 の C/W と f'_c の平均値より，$C/W\text{–}f'_c$ 線を求める．C/W を x，f'_c の平均値を y として，最小自乗法によると，次の式で求められる．

$$[x \cdot x]a + [x]b = [x \cdot y]$$

$$[x]a + nb = [y]$$

ここに，$[x \cdot x]：x \cdot x$ の値の合計

$\quad\quad [x]：x$ の値の合計

$\quad\quad [x \cdot y]：x \cdot y$ の値の合計

$\quad\quad [y]：y$ の値の合計

$\quad\quad n：$ 異なった C/W の試験回数

$\quad\quad a,\ b：$ 求める係数

上式の連立式を解いて，$a,\ b$ を求める．計算を容易にするため，**表-3.16** に示すような表を用いる．

表-3.16　計算用の表

x	y	$x \cdot x$	$x \cdot y$
2.22	33.9	4.928	75.258
2.0	29.2	4.000	58.400
1.82	25.6	3.312	46.592
[6.04]	[88.7]	[12.240]	[180.250]

$$12.24a + 6.04b = 180.25$$

$$6.04a + 3b = 88.7$$

$$\therefore \quad a = 21.0,\ b = -12.7$$

$$f'_c = -12.7 + 21.0\,C/W$$

この関係式をグラフに表してみると，**図-3.10** のようである．

配合強度 $f'_{cr} = 28.8\,\mathrm{N/mm^2}$ に対する C/W の値は，次のようである．

$$28.8 = -12.7 + 21.0\,C/W$$

$$\therefore \quad C/W = 1.9n8,\ W/C = 51.0\%$$

となり，示方配合の W/C が決定される．

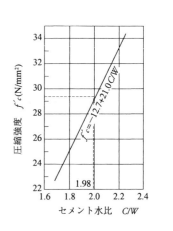

図-3.10　圧縮強度とセメント水比

(10)　計画配合

コンクリート $1\,\mathrm{m^3}$ に用いる単位水量 W は $173\,\mathrm{kg}$ であり，水セメント比 W/C は 51%である．

細骨材率 s/a は，$W/C = 50\%$ の場合，40.9%であった．W/C が 0.05 増減すれば s/a は 1%増減するから，$\dfrac{0.51 - 0.50}{0.05} \times 1 = 0.2\%$ だけ増せばよいことになる．したがって，

$$s/a = 40.9 + 0.2 = 41.1\% \quad となる．$$

単位量の計算

単位セメント量 $C = \dfrac{173}{0.51} = 339\,\mathrm{kg}$

セメント絶対容積 $= \dfrac{339}{3.15} = 108\,l$

空気量 $4.5\% = 45\,l$

骨材の絶対容積 $a = 1\,000 - (108 + 173 + 45) = 674\,l$

細骨材絶対容積 $s = 674 \times 0.411 = 277\,l$

単位細骨材量 $S = 277 \times 2.59 = 717\,\mathrm{kg}$

粗骨材絶対容積 $= 674 - 277 = 397\,l$

単位粗骨材量 $G = 397 \times 2.63 = 1\,044\,\mathrm{kg}$

単位 AE 剤量 $= 339 \times 0.00025 = 0.0848\,\mathrm{kg}$

上記単位量を計画配合表に示すと，**表-3.17** のようである．

表-3.17　計画配合表

粗骨材の最大寸法 (mm)	スランプ (cm)	水セメント比 W/C (%)	空気量 (%)	細骨材率 s/a (%)	単位量 (kg/m³)						
					水 W	セメント C	混和材 F	細骨材 S	粗骨材G 5 mm〜40 mm	mm〜mm	混和剤 (g/m³)
40	10 ± 1.5	51	4.5 ± 0.5	41.1	173	339	—	717	1 044	—	84.8

(11)　現場配合

現場の細骨材は 5 mm ふるいにとどまるものを 3%含み，粗骨材は 5 mm ふるいを通るものを 2%含んでいるので，粒度の修正を行う必要がある．骨材は表面乾燥飽水状態とするとき，細骨材量を x（kg），粗骨材量を y（kg）とすれば，次の量を用いればよい．

$$x + y = 1\,761$$

$$0.03x + 0.98y = 1\,044$$

$$\therefore\quad x = 718\ (\mathrm{kg}),\ y = 1\,043\ (\mathrm{kg})$$

また，骨材の表面水量を測定した結果，細骨材 2.3%，粗骨材 0.5%とすれば，表面水の質量は，次のようである．

細骨材　$718 \times 0.023 = 16.5\,\mathrm{kg}$

粗骨材　$1\,043 \times 0.005 = 5.2\,\mathrm{kg}$

したがって，コンクリート $1\,\mathrm{m}^3$ を造るために計量する材料は，次のようになる．

単位セメント量 $C = 339\,\mathrm{kg}$

単位水量 $W = 173 - 16.5 - 5.2 = 151\,\mathrm{kg}$

単位細骨材量 $S = 718 + 16.5 = 735\,\mathrm{kg}$

単位粗骨材量 $G = 1\,043 + 5.2 = 1\,048\,\mathrm{kg}$

3.10　コンクリートの水分浸透速度係数試験

1.　試験の目的

(1)　この試験は，「短期の水掛かりを受けるコンクリート中の水分浸透速度係数試験方法（案）（JSCE-G 582-2018）」に規定されている.

(2)　この試験は，土木学会 2017 年制定コンクリート標準示方書 [設計編] で，コンクリート構造物中の鋼材の腐食深さに対する照査に用いる水分浸透速度係数 (q_k) を実験により求める場合に用いられる.　[関：(1)]

(3)　この試験は，日本国内における降雨状況を考慮して，降雨や一時的な水の作用によりコンクリートに浸透する水分の浸透速度係数を得るためのものである.

2.　使 用 器 具

(1)　コンクリートの円柱供試体切断用カッタ（湿式または乾式）

(2)　シール材（エポキシ樹脂，ポリウレタン樹脂，アルミニウム箔テープ，ビニルテープなどの遮水性のもの.）

(3)　スペーサ（高さ 5 mm 以上のもの.　水に沈む材質で，供試体の浸漬面との接触面積が供試体断面積の 10%未満となるもの.）

(4)　浸漬用容器（ステンレス製バットのような非吸水性のもの，供試体に作用する水頭の調整のため，浅型の容器を用いて作業するほうが容易である.）

(5)　ノギスまたは金属製直尺（JIS B 7507，JIS B 7516）

(6)　現像剤（水分によって発色する現像剤（NDIS 3423）

(7)　時計

(8)　圧縮試験機（コンクリート供試体の割裂が可能なもの.）

3.　実 験 概 要

(A)　供試体の準備

(1)　供試体は，JIS A 1132–2020（コンクリートの強度試験用供試体の作り方）の圧縮強度試験用供試体に従って作製する.　すなわち，供試体の寸法は，用いる粗骨材の最大寸法によって異なり，粗骨材の最大寸法が 20 mm または 25 mm の場合は直径 100 mm ×高さ 200 mm，粗骨材最大寸法が 40 mm（粗骨材最大寸法が 40 mm 超のコンクリートをウェットスクリーニングして 40 mm としたものも含む）の場合は直径 150 mm ×高さ 300 mm となる.

(2)　供試体の数は 1 回の浸漬時間に対する測定ごとに 3 本を標準とする.　これに測定回数を乗じて供試体の総数を決定する.

(3)　供試体の脱型後，実構造物を想定した養生，あるいは試験の目的により定めた養生を実施する.

(4)　養生終了後に，打込み時の底面側から約 25 mm を切断除去する.

(5)　底面側を切断した残りの供試体は，温度 20 ± 2°C で相対湿度（60 ± 5）%の環境で 91 日間乾燥させ，24 時間の質量変化が 0.1%以下であることを確認する.　[関：(2)]

(6)　乾燥が終了した供試体は，水に浸漬する面およびその対面以外の面をシールする.

(B)　試験方法

(1)　シールした供試体の切断面を下に，打込み面を上にして水に浸漬する．浸漬中は常に，供試体の下部が 10 ± 1 mm 水に浸かるようにする．浸漬に使用する水は 20 ± 2°C の上水道水を使用する．上水道水は，温度 20 ± 2°C の環境下に 24 時間以上静置した後に使用する．水を入れた浸漬用容器の底面と供試体の間にスペーサを設置し，容器底面と供試体の距離が 5 mm 以上となるようにする．スペーサと供試体との接触面積は，供試体断面積の 10%未満とする（**図-3.11** 参照）．

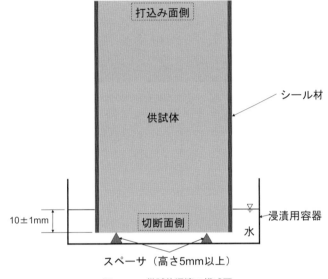

図-3.11　供試体浸漬の模式図

(2)　水分浸透深さの測定を，浸漬開始から 5 時間後，24 時間後および 48 時間後に行う．測定時期は分単位で記録する．

(3)　浸漬を終了した供試体は，**図-3.12** のように，浸漬時の鉛直方向に割裂する．

(4)　割裂後のいずれかの面を対象に，現像剤を噴霧して変色している部分の浸漬面からの深さを，その浸漬時間の水分浸透深さとして，ノギスまたは金属製直尺を用いて 0.5 mm 単位で測定する．水分浸透深さの測定箇所は，**図-3.12** のように，供試体の幅に対して 5～6 箇所で行い，シール面からの距離は 20 mm 以上とする．同図のように，測定箇所に粗骨材が存在する，または，存在していた場合は，粗骨材または粗骨材が抜けた後の窪みの両端の変色境界を結ぶ直線上で測定する．実際に試験した時の現像剤による発色の例を，**写真-3.4** に示す．なお，変色領域の境界がわかりにくい場合は，**図-3.13** に示

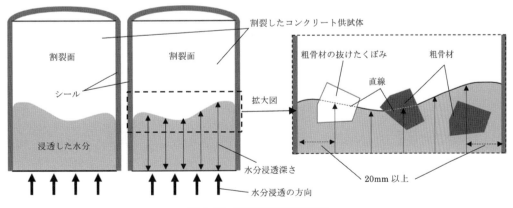

図-3.12　供試体割裂面の模式図

写真-3.4　実際の割裂面の例

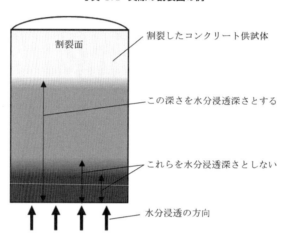

割裂面

割裂したコンクリート供試体

この深さを水分浸透深さとする

これらを水分浸透深さとしない

水分浸透の方向

図-3.13　割裂面の水分浸透の境界が不明瞭な場合

すとおり，変色領域のうち浸漬面からもっとも遠い境界部から浸漬面までの深さを測定する．

(5)　水分浸透速度係数 A は，浸漬時間 5 時間から 48 時間までに得られた水分浸透深さと浸漬時間の平方根を用いて，次の式で計算する．浸漬深さ L_i は，平均値ではなく個々の測定値である．

$$A = \frac{\sum_{n-1}^{n} \left(\sqrt{t_i} - \overline{\sqrt{t}}\right) \cdot \left(L_i - \overline{L}\right)}{\sum_{n-1}^{n} \left(\sqrt{t_i} - \overline{\sqrt{t}}\right)^2} \quad \dots\dots\dots\dots\dots\dots\dots\dots\dots\dots\dots\dots\dots\dots\dots\dots \text{(3.17)}$$

ここに，A：水分浸透速度係数（$\mathrm{mm}/\sqrt{\mathrm{hr}}$）

　　　　n：データ数

　　　　$\sqrt{t_i}$：i 番目のデータの浸せき時間の平方根（$\sqrt{\mathrm{hr}}$）

　　　　$\overline{\sqrt{t}}$：浸せき時間の平方根の平均値（$\sqrt{\mathrm{hr}}$）

　　　　L_i：i 番目のデータの浸透深さ（mm）

　　　　$\overline{L}$：浸透深さの平均値（mm）

　　　　B：定数

　　水分浸透速度係数 A は，縦軸を水分浸透深さ，横軸を浸漬時間の平方根として作図した場合に，最小二乗法により求められる近似直線の傾きに相当する．近似直線の切片となる定数 B は次の式で計算する．

$$B = \overline{L} - A \cdot \overline{\sqrt{t}} \quad \dots\dots\dots\dots\dots\dots\dots\dots\dots\dots\dots\dots\dots\dots\dots\dots\dots\dots\dots\dots\dots\dots \text{(3.18)}$$

ここに，B：定数

4.　関 連 知 識

(1)　土木学会 2017 年制定コンクリート標準示方書 [設計編] の中性化と水の浸透に伴う鋼材腐食に対する照査では，式 (3.17) に示すとおり，鋼材腐食深さの限界値（S_{lim}），1 年あたりの鋼材腐食深さの設計値（S_{dy}）に耐用年数（t）を乗じた鋼材腐食の設計値（S_d），S_d のばらつきを考慮した安全係数（γ_w），構造物係数（γ_i）を用いて照査を行うことを原則としている．

$$\gamma_i \cdot S_d / S_{\mathrm{lim}} \leqq 1.0 \ \cdots\cdots\cdots\cdots\cdots\cdots\cdots\cdots\cdots\cdots\cdots\cdots\cdots\cdots\cdots\cdots\cdots\cdots \ (3.19)$$

ここに，γ_i：構造物係数（一般に，1.0〜1.1 としてよい）．

$\quad\quad\quad\quad$ S_{lim}：鋼材腐食深さの限界値 (mm)．

$\quad\quad\quad\quad$ S_d：鋼材腐食深さの設計値 (mm)．（一般に，次の式で計算してよい．）

$\quad\quad\quad\quad\quad$ $S_d = \gamma_w \cdot S_{dy} \cdot t$

ここに，γ_w：鋼材腐食深さの設計値（S_d）のばらつきを考慮した安全係数．

$\quad\quad\quad\quad$ S_{dy}：1 年あたりの鋼材腐食深さの設計値 (mm ／年)．

$\quad\quad\quad\quad$ t：鋼材腐食に対する耐用年数 (年)．（一般に，100 年を上限）

S_{dy} は，かぶり（c），かぶりの施工誤差（Δc_e），コンクリートの水分浸透速度係数の設計値（q_d）から得られ，q_d は，コンクリートの水分浸透速度係数の特性値（q_k）にコンクリートの材料係数（γ_c）を乗じて得られる．すなわち，鋼材腐食深さの設計値（S_d）に，本試験で得られるコンクリートの水分浸透速度係数の特性値（q_k）が含まれていることとなる．

(2)　コンクリートへの水分浸透速度は，乾燥が進むほど大きくなるが，日本国内では 91 日間降雨がないことは非常にまれであることから，91 日間の乾燥期間は安全側の設定となっている．また，乾燥期間の短縮のため，乾燥条件を，温度 40 ± 2°C で相対湿度（30 ± 5）％の環境で 28 日間とし，24 時間の質量変化が 0.1％以下となっていることを確認する条件も認められる．この場合，供試体温度を室温に戻すため，乾燥終了から浸漬開始まで，密封容器中において室温で静置する．

■コンクリートに関する練習問題■

(1)　スランプ試験の意義を述べよ．

(2)　スランプコーンの寸法について説明せよ．

(3)　スランプコーンにコンクリートを詰めるとき，注意すべき事項を述べよ．

(4)　スランプ測定器で，下がりを 0.5 cm 単位で測定しスランプとする．つまり，0.5 cm きざみでスランプを表示する．この理由を述べよ．

(5)　AE コンクリートの空気量は，普通何％ぐらいが適当か．

(6)　エントレインドエアとエントラップトエアとの相違を述べよ．

(7)　ブリーディングは，どんな場合に大きくなるか．

(8)　供試体を作るときの注意事項を述べよ．

(9)　コンクリートの圧縮試験用供試体のキャッピングをするには，どんな方法があるか調べよ．

(10)　コンクリートの圧縮強度は，材齢 7 日と材齢 28 日でどんな関係があるか調べよ．

(11)　圧縮強度試験の供試体の加圧面には，何 mm 以上の凹凸があってはならないか．

(12)　コンクリート圧縮試験の加圧速度はいくらか．また加圧速度を一定にする理由を述べよ．

(13)　コンクリートの圧縮試験および曲げ試験を行う目的を述べよ．

(14)　コンクリートの割裂引張強度試験の意義を述べよ．

(15)　コンクリートの曲げ強度が問題になるような構造物にはどんなものがあるか．

(16)　コンクリート構造物の設計で用いる曲げひび割れ強度は，曲げ強度試験によって求めないようになっている．この理由について述べよ．

(17)　コンクリートの静弾性係数試験は大きく 2 種類の載荷方法がある．それぞれ用いる目的を述べよ．

(18)　性能照査型の配合設計において，従来の配合設計はコンクリートに求められる性能の標準的レベルを満足する配合設計として位置づけられている．この標準的レベルとは何を意味するのか調べよ．

(19)　計画配合と現場配合との相違を述べよ．

(20)　水セメント比がコンクリートの品質に及ぼす影響を述べよ．

(21)　スランプを 5 cm 大きくしようとするときは，一般に水量を何％大きくすればよいか．

第 **4** 章

●鉄 　　　　筋●

4.1　鉄筋試験総論

1.　鉄筋の位置づけ

（A）　鉄筋の定義とその製造

　鉄筋とは，コンクリートに埋め込んでコンクリートを補強するために使用される棒鋼である．

　鉄筋の製造方法には，鉄鉱石，コークス，石灰石を原料として，溶鉱炉（高炉）（**写真-4.1** 参照）で造られた銑鉄を，さらに転炉で精錬して鉄筋に加工するものと，銑鉄や市中に発生するくず鉄（スクラップ）を原料に，電気炉で溶解後に鉄筋に加工するものとがある．

（B）　鉄筋に要求される性質

　コンクリートを補強する目的から，鉄筋には，付着強度が大きいこと，延性（破断までの変形）が大きいこと，降伏点や引張強さなどの力学的な性質に優れていることが求められる．**図-4.1** に，鉄筋コンクリート用棒鋼をはじめとする普通鋼材の応力–ひずみ曲線を示す．

（C）　鉄筋とコンクリートの関係

　鉄筋には，引張に弱いコンクリートを補強する機能や，部材としてのじん性を向上させる機能，組立を補助する機能などがある．鉄筋がコンクリートと共存できる理由としては，付着が良いことのほかに，熱膨張係数がほぼ同程度であること，コンクリート中に埋め込まれた鉄筋は，さびにくいことなどが挙げられる．**図-4.2** に，コンクリートと鉄筋の協力関係を示す．

　コンクリート内に配筋される鉄筋には，切断や曲げ加工，ガス圧接などが行われるので，それらに適した品質を持たなければならない．

写真-4.1　溶鉱炉（高炉）

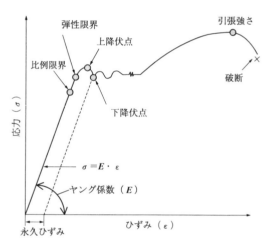

図-4.1　鉄筋の応力–ひずみ曲線

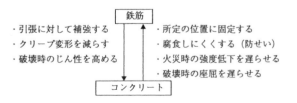

図-4.2　鉄筋とコンクリートの協力関係

2.　鉄筋の種類

　鉄筋には，表面に突起（リブや節）を付けて，コンクリートとの付着を良くした異形鉄筋 (Steel Deformed bar，記号 SD) と，突起のない普通丸鋼 (Steel Round bar，記号 SR) とがあるが，主に異形鉄筋が使われている．

　異形鉄筋を用いたコンクリート部材では，節の効果によって，コンクリートのひび割れが分散し（数が増え），ひび割れ幅が小さくなる．

異形鉄筋の JIS（JIS G 3112–2020）には，呼び名が D4（直径約 4 mm）から D51（直径約 51 mm）までの鉄筋が規定されており，さらに太い D57 と D64 が，土木学会規準（JSCE-E 121–2013）に規定されている．異形鉄筋はアメリカで発達したため，鉄筋径は 1/8 インチ（約 3.2 mm）刻みとなっており，呼び名（Diameter より記号 D を使用する）は，鉄筋径をミリメートルに直し，小数点以下一桁目を四捨五入した整数で表されている．

耐食性を向上させたエポキシ樹脂塗装鉄筋，高強度鉄筋，低磁性鉄筋なども開発されている．専用のカプラーやナットによって接合が容易となるねじ節鉄筋もある．

3. 鉄筋試験の意義

一般に，鉄筋試験は，鉄筋の品質が所要のものであることを確認するために行われる．

鉄筋の品質は，所要の形状寸法や適切な力学的性質を持つだけでなく，曲げ加工（**写真-4.2** 参照）などによって害されることなく，品質のばらつきが少ないものでなければならない．たとえば，降伏強度が必要以上に大きい場合には，鉄筋コンクリート部材の破壊性状が，曲げ破壊からせん断破壊へとじん性のない破壊形式へ変化する場合もあるので，降伏強度には下限のほかに上限も設けられている．

写真-4.2 鉄筋の曲げ加工機（左：手動型，右：自動型）

写真-4.3 は，鉄筋のガス圧接部の超音波探傷試験の様子を示している．JIS（JIS Z 3062–2014）や(社)日本圧接協会により，試験方法が規定されている．

コンクリート中の鉄筋については，鉄筋が所定の位置にあることを確認するための電磁誘導法などによる鉄筋探査試験や，鉄筋の腐食の程度をモニタリングする試験などがある．

写真-4.3 ガス圧接部の超音波探傷試験

4. 本章で取り上げる鉄筋試験

本章においては，鉄筋試験の項目として，上記の視点から，引張試験と曲げ試験とを取り上げる．引張試験は，主として鉄筋の力学的性質を把握する試験であり，曲げ試験は，曲げ加工によってその品質が害されることがないことを確認する試験である．

4.2 鉄筋の引張試験

1. 試験の目的

(1) この試験は，「金属材料引張試験方法（JIS Z 2241–2022）」に規定されている．また鉄筋の品質は，「鉄筋コンクリート用棒鋼（JIS G 3112–2020）」に規定されている．

(2) 鉄筋として用いる鋼材は，JIS に適合する引張強さ，降伏点などを持たなければならないので，試験によって検査する必要がある．

(3) 引張試験とは，試験機を用いて試験片を徐々に引張り，降伏点，耐力，引張強さ，破断伸び，絞りのすべて，またはその一部を測定することをいう．[関：(1)(2)(3)]

(4) 降伏点とは，引張試験時に試験片平行部が試験力の増加がなく延伸を始める以前の最大荷重（N）を，平行部の原断面積（mm^2）で除した値（N/mm^2）をいう．降伏点は，上降伏点と下降伏点に区別する．ただし，まぎらわしくないときには，上降伏点を単に降伏点と呼ぶ．

(5) 引張強さとは，最大試験力（N）を平行部の原断面積（mm^2）で除した値（N/mm^2）をいう．

(6) 破断伸び（以下，単に伸びと呼ぶ）とは，引張試験において，試験片の破断後における最終標点距離と元の原標点距離との差の，原標点距離に対する百分率をいう．

2. 使用器具

(1) けがき針，定規

(2) ノギス（マイクロメータ），ポンチ，ハンマ，V ブロック

(3) 引張試験機（JIS B 7721–2018）

3. 実験要領

(1) 試験片を V ブロックの上に載せ，試験片の軸に平行に，けがきをする．

(2) 試験片の呼び径（または対辺距離）に応じて，原標点距離 L_0（mm）を規定寸法の $\pm 1\%$ の正確さでけがき線上にポンチで記し，原標点距離を少なくとも 0.1 mm の単位まで測定する．その後，標点間を適当な長さ（5〜10 mm）に等分して，目盛をつける．[注：(1)(2)，関：(3)]

(3) 試験片の断面積を定めるための直径は，互いに直交する 2 方向について，規定寸法の少なくとも 0.5% の数値まで測定し，その平均値をとる．[注：(3)]

(4) 試験片平行部の原断面積は，標点間の両端部および中央部の 3 か所の断面積の平均値 S_0（mm^2）とする．

(5) 異形棒鋼については，公称直径と公称断面積を用いる．

(6) 引張試験機を調整する．

(7) 試験片上部を，上部のつかみ装置に取り付ける．[注：(4)]

(8) 試験機をわずかに動かし，指針を 0 に合わせる．

(9) 試験片下部を，下部のつかみ装置に取り付ける．

(10) 試験機を動かし，荷重と変形との測定が正確に行われるような速度で，荷重を加える．

(11) 試験の経過中，試験力が最初に減少する直前の最大試験力（上降伏点試験力）F_{eH}（N）を読み取る．[注：(5)]

(12)　試験時に試験片が耐えた最大試験力を F_m (N) とする.

(13)　破断された試験片を，試験機から取り外す.

(14)　試験片を V ブロックの上に載せ，破断した 2 つの試験片を試験片の軸が直線上になるように注意深く突き合わせて，破断後の最終標点距離 L_u (mm) を，標点距離の ±0.5% に相当する精度で測定する.

　　　[注：(6)]

(15)　降伏点 R_{eH} および引張強さ R_m は，次の式によって計算し，数値を JIS Z 8401–2019 によって整数に丸める.

$$\text{降伏点 } R_{eH}(\mathrm{N/mm^2}) = \frac{F_{eH}}{S_0} \quad \cdots\cdots\cdots\cdots\cdots\cdots\cdots\cdots\cdots\cdots\cdots\cdots (4.1)$$

$$\text{引張強さ } R_\mathrm{m}(\mathrm{N/mm^2}) = \frac{F_\mathrm{m}}{S_0} \quad \cdots\cdots\cdots\cdots\cdots\cdots\cdots\cdots\cdots\cdots\cdots\cdots (4.2)$$

(16)　破断伸び A は，次の式によって計算し，数値を JIS Z 8401–2019 によって整数に丸める.

$$\text{破断伸び } A\ (\%) = \frac{L_\mathrm{u} - L_0}{L_0} \times 100 \quad \cdots\cdots\cdots\cdots\cdots\cdots\cdots\cdots\cdots (4.3)$$

(17)　破断伸びの測定結果は，破断点と破断が近い方の標点との距離が原標点距離 L_0 の 1/4 以上離れている場合だけ有効である．しかし，破断伸び (%) が規定値以上の場合には，破断位置に関係なく，試験は有効であるとみなしても良い.

　　　注記 1　ISO 6892-1–2019 では，有効な破断位置は，標点から，原標点距離の 1/3 以上離れている場合としている.

　　　注記 2　必要な場合，試験片の破断位置によって，次の記号を付記して区分する.

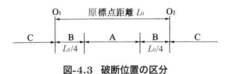

図-4.3　破断位置の区分

　　　A：破断が近い方の標点から原標点距離 (L_0) の 1/4 以上離れて（図の A 部）破断した場合

　　　B：破断が近い方の標点から原標点距離 (L_0) の 1/4 より近くで（図の B 部）破断した場合

　　　C：標点外（図の C 部）で破断した場合

4.　注 意 事 項

(1)　試験片に，けがき線を入れる場合には，あらかじめ，けがき塗料を塗布するとよい.

(2)　標点を記す場合には，鋼材の表面の黒皮より深くしておく.

(3)　試験片の直径を測るときは，その測定位置で最大径をマイクロメータで探し求めて測定し，またこれに直角方向の直径を測る.

(4)　試験片の形状に適したつかみ装置を用い，試験中試験片には軸方向の荷重だけが加わるようにしなければならない.

(5)　高張力鋼では，一般に明瞭な降伏点は現れない．このような場合には，永久伸びが 0.2% になるような耐力を，降伏点の代わりに用いる.

(6)　試験片の破断面を突き合わせたとき，幅の中央部にすき間 (CP) がある場合（**図-4.4** 参照）にも，この CP の寸法を差し引かずに，標点 $\mathrm{O_1 O_2}$ の長さをもって，破断伸びを算出する.

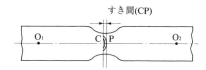

図-4.4　伸びの算出

5.　関 連 知 識

(1)　鉄筋コンクリート用棒鋼には，熱間圧延によって作られた丸鋼および異形棒鋼がある．

(a)　丸鋼（SR 235, SR 295, SR 785）とは，リブまたは節などの表面突起を有しない棒鋼である（**図-4.5** 参照）．

(b)　異形棒鋼（SD 295, SD 345, SD 390, SD 490, SD 590 A, SD 590 B, SD 685 A, SD 685 B, SD 685 R, SD 785 R）とは，表面に突起を付けたもので，表面突起のうち，軸方向の突起をリブと呼び，その他を節と呼ぶ（**図-4.6** 参照）．

(c)　JIS G 3112–2020 では，**表-4.1** のように定めている．

表-4.1　鉄筋の機械的性質（JIS G 3112–2020）

種類の記号		降伏点または耐力 (N/mm²)	引張強さ (N/mm²)	降伏比 (%)	引張試験片	伸び*(%)
丸鋼	SR 235	235 以上	380〜520	—	2 号	20 以上
					14A 号	22 以上
	SR 295	295 以上	440〜600	—	2 号	18 以上
					14A 号	19 以上
	SR 785	785 以上	924 以上	—	2 号に準じるもの 14A 号に準じるもの	8 以上
異形棒鋼	SD 295	295 以上	440〜600		2 号に準じるもの	16 以上
					14A 号に準じるもの	17 以上
	SD 345	345〜440	490 以上	80 以下	2 号に準じるもの	18 以上
					14A 号に準じるもの	19 以上
	SD 390	390〜510	560 以上	80 以下	2 号に準じるもの	16 以上
					14A 号に準じるもの	17 以上
	SD 490	490〜625	620 以上	80 以下	2 号に準じるもの	12 以上
					14A 号に準じるもの	13 以上
	SD 590 A	590〜679**	695 以上	85 以下	2 号に準じるもの 14A 号に準じるもの	10 以上
	SD 590 B	590〜650**	738 以上	80 以下	2 号に準じるもの 14A 号に準じるもの	10 以上
	SD 685 A	685〜785**	806 以上	85 以下	2 号に準じるもの 14A 号に準じるもの	10 以上
	SD 685 B	685〜755**	857 以上	80 以下	2 号に準じるもの 14A 号に準じるもの	10 以上
	SD 685 R	685〜890	806 以上	—	2 号に準じるもの 14A 号に準じるもの	8 以上
	SD 785 R	785 以上	924 以上	—	2 号に準じるもの 14A 号に準じるもの	8 以上

注記　1 N/mm²＝1 MPa

注*　異形棒鋼で，寸法が呼び名 D32 を超えるものについては，呼び名 3 を増すごとにこの表の伸びの値からそれぞれ 2 を減じる．
　　ただし，減じる限度は 4 とする．　　　**　降伏棚のひずみ度は，1.4%以上とする．

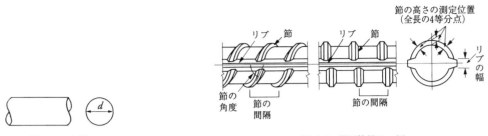

図-4.5　丸鋼　　　　　　　　図-4.6　異形棒鋼の一例

(2)　用語の意味

(a)　引張試験片の平行部とは，試験片の中央部における同一の断面を有する部分をいう．

(b)　試験片の原標点距離とは，平行部に付けた 2 標点間の距離で，伸び測定の基準となる長さをいう．

(3)　試験片については，1 号から 14 号試験片に区分する．棒鋼に対しては，2 号試験片と 14A 号試験片を用いる．

(a)　2 号試験片

材料の呼び径（または対辺距離）が 25 mm 以下の棒鋼の引張試験に用いる（**図-4.7** 参照）．

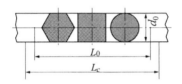

単位：mm

径または対辺距離	試験片の原標点距離 L_0	平行部長さ L_c
材料の元の径又は対辺距離のまま	$8 d_0$	$L_0 + 2 d_0$ 以上

備考 1. 平行部の長さ L_c は，$L_0 + d_0/2$ 以上でなければならない．

図-4.7　2 号試験片

(b)　14A 号試験片

材料の呼び径（または対辺距離）が 25 mm を超える棒鋼の引張試験に用いる（**図-4.8** 参照）．

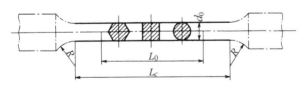

単位：mm

試験片の原標点距離 L_0	平行部長さ L_c	肩部の半径 R
$5.65\sqrt{S_0}$	$5.5 d_0 \sim 7 d_0$	15 以上

S_0：平行部の原断面積

備考 1. 平行部が角形断面の場合は $L_c = 5.65 d_0$，六角断面の場合は $L_c = 5.26 d_0$ としてよい．

2. 平行部の長さは，できる限り $L_c = 7 d_0$ とする．

3. 14A 号試験片のつかみ部の径は，平行部の径と同一寸法としてもよい．この場合，つかみの間隔は $L_c \geqq 8 d_0$ とする．

図-4.8　14A 号試験片

(c)　試験片は製品のままとし，機械仕上げを行ってはならない．供試材 1 本より，引張試験片，曲げ試験片おのおの 1 個をとる．

(4) 異形棒鋼の標準寸法および単位質量は，**表-4.2** による（**図-4.6** 参照）．

表-4.2 寸法，質量および節の許容限度（JIS G 3112–2020）

呼び名	公称直径 d (mm)	公称周長 l (mm)	公称断面積 S (mm²)	単位質量 (kg/m)	節の平均間隔の最大値 (mm)	節の高さ		節の隙間の合計の最大値 (mm)	節と軸線との角度の最小値
						最小値 (mm)	最大値 (mm)		
D4	4.23	13.3	14.05	0.110	3.0	0.2	0.4	3.3	
D5	5.29	16.6	21.98	0.173	3.7	0.2	0.4	4.3	
D6	6.35	20.0	31.67	0.249	4.4	0.3	0.6	5.0	
D8	7.94	24.9	49.51	0.389	5.6	0.3	0.6	6.3	
D10	9.53	29.9	71.33	0.560	6.7	0.4	0.8	7.5	
D13	12.7	39.9	126.7	0.995	8.9	0.5	1.0	10.0	
D16	15.9	50.0	198.6	1.56	11.1	0.7	1.4	12.5	
D19	19.1	60.0	286.5	2.25	13.4	1.0	2.0	15.0	45 度以上
D22	22.2	69.8	387.1	3.04	15.5	1.1	2.2	17.5	
D25	25.4	79.8	506.7	3.98	17.8	1.3	2.6	20.0	
D29	28.6	89.9	642.4	5.04	20.0	1.4	2.8	22.5	
D32	31.8	99.9	794.2	6.23	22.3	1.6	3.2	25.0	
D35	34.9	109.7	956.6	7.51	24.4	1.7	3.4	27.5	
D38	38.1	119.7	1 140	8.95	26.7	1.9	3.8	30.0	
D41	41.3	129.8	1 340	10.5	28.9	2.1	4.2	32.5	
D51	50.8	159.6	2 027	15.9	35.6	2.5	5.0	40.0	

備考 1. 公称断面積，公称周長及び単位質量は，公称直径 (d) から，次の式で求めた値である．
なお，公称断面積 (S) は有効数字 4 桁に丸め，公称周長 (l) は小数点以下 1 桁に丸め，基本質量は，1 cm³ の鋼を 7.85 g とし，有効数字 3 桁に丸めた値である．
　公称周長 (l)：$l = 3.142 \times d$
　公称断面積 (S)：$S = 0.7854 \times d^2$
　単位質量 (w)：$7.85 \times 10^{-3} \times S$
2. 節の平均間隔の最大値は，その公称直径 (d) の 70％とし，算出した値を小数点以下 1 桁に丸めた値である．
3. 節の高さは，算出値を小数点以下 1 桁に丸めた値である．
4. 節の隙間の周方向の合計の最大値は，ミリメートルで表した公称周長 (l) の 25％とし，算出した値を小数点以下 1 桁に丸めた値である．ここで節の隙間は，リブと節とが離れている場合及びリブが無い場合には節の欠損部の幅とし，また，節とリブとが接続している場合にはリブの幅としている．

4.3　鉄筋の曲げ試験

1.　試験の目的

(1)　この試験は,「金属材料曲げ試験方法（JIS Z 2248–2022）」に規定されている.

(2)　鉄筋として用いる鋼材は,曲げられたときにその外側に裂け傷を生じてはならないので,これを検査する必要がある.

(3)　曲げ試験とは,試験片を規定の内側半径で規定の角度になるまで曲げ,湾曲部の外側の裂け傷その他の欠点の有無を調べることをいう.

(4)　曲げ試験には,次の方法がある.

(a)　押曲げ法

(b)　巻付け法

(c)　V ブロック法

2.　使 用 器 具

(1)　ノギス

(2)　押金具

(3)　支点間ゲージ板

(4)　曲げ試験機

3.　実 験 要 領

試験は,押曲げ法,巻付け法および V ブロック法のいずれによってもよい. [注：(1), 関：(1)]

(A)　押曲げ法

図-4.9 のように,試験片を 2 個の支えに載せ,その中央部に押金具を当て,徐々に試験力を加えて,規定の形に曲げる方法をいう.

(1)　試験機本体の上部に,所定の押金具を固定する. [注：(2)]

(2)　上昇テーブルに,支えを確実にボルトその他の装置で固定する.このとき,支えと押金具の軸とは,互いに平行である.また,押金具および支えの試験片に接する面には潤滑油（油など）を塗布してもよい. [注：(3)]

(3)　支え上に,試験片をその中心部が押金具に一致するように置く.

(4)　試験機を動かし,徐々に試験力を加える.

(5)　**図-4.9** の方法で曲げる角度は,およそ 170 度までとする.曲げ角度が 180 度の場合には,前項の方法でおよそ 170 度に曲げたのち,**図-4.10** のように規定の内側半径の 2 倍の厚さをもつ挟み物を用い,試験片の両端を押し合う.なお,**図-4.9** において,支え間の距離を $L = 2r + 2t$ とし,試験片が支えを通り抜けるまで押し込み,これを 180 度曲げとしてもよい. [関：(2)(3)]

(6)　曲げ角度が 180° で内側半径が特に小さいか,または密着曲げの場合には,**図-4.9** の方法などによって適切な内側半径でおおよそ 170° まで曲げた後,**図-4.10** または**図-4.11** の方法によって規定の内側半径になるまで,または密着するまで試験片の両端を互いに押し合う.

(7)　試験機より,試験片を取り外す.

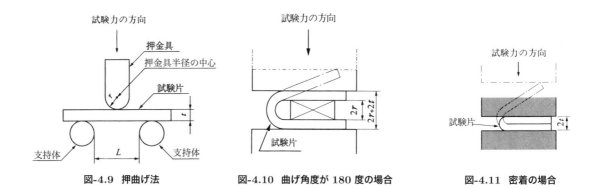

図-4.9　押曲げ法　　　　　　図-4.10　曲げ角度が 180 度の場合　　　　　図-4.11　密着の場合

(8)　試験片について，湾曲部の外側に裂け傷その他の欠点の有無を観察する．[注：(4)]

(9)　傷を認められたものは，不合格とする．

(B)　巻付け法

図-4.12 または**図-4.13** のように，試験片が規定の形になるように徐々に試験力を加えて，試験片を軸または型に巻き付ける方法をいう．

(1)　試験片のほぼ中央部分が規定の形になるように，試験片の一方の側を押さえ，他の側を軸または型のまわりに規定の角度だけ巻き付ける．なお試験力を加える位置は，**図-4.12** および**図-4.13** による．

(2)　曲げ角度が 180 度で，内側半径が特に小さいか，または密着曲げの場合には，巻付けなどによって適切な内側半径で 180 度まで曲げた後，**図-4.10** または**図-4.11** の方法によって，規定の内側半径になるまで，または密着するまで試験片の両端を互いに押し合う．

図-4.12　軸への巻付け

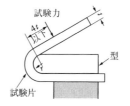

図-4.13　型への巻付け

(C)　V ブロック法

図-4.14 のように，試験片を V ブロック上に載せ，その中央部に押金具を当て，徐々に試験力を加えて，規定の形に曲げる方法をいう．

(1)　この方法の使用は，日本産業規格のそれぞれの材料規格の指示によって指定された場合に行う．

(2)　この場合の V ブロックおよび押金具の形状，寸法は，材料規格による．

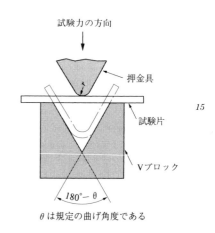

θ は規定の曲げ角度である

図-4.14　V ブロック法

4. 注意事項

(1) 試験温度は，10〜35°C の範囲内とし，特に温度管理が必要な場合は，23±5°C とする．ただし，それぞれの日本産業規格の材料規格に規定がある場合には，それによる．

(2) 押金具の先端部は，規定の内側半径に等しい半径の円筒面を持ち，円筒面の長さは，試験片の幅より大きくする．

(3) 押曲げ法の支えの試験片に接する部分は，円筒面とし，その半径は 10 mm 以上とする．また，支持体間の距離 L は，t が 10 mm を超える場合，式 (4.4) による．t が 10 mm 以下の場合には，式 (4.5) による．

$$t > 10\,\text{mm の場合} \quad L = (2r + 3t) \pm t/2 \quad \cdots\cdots\cdots\cdots\cdots\cdots\cdots\cdots\cdots\cdots\cdots\cdots\cdots (4.4)$$

$$t < 10\,\text{mm の場合} \quad L = (2r + 3t) \pm 5 \quad \cdots\cdots\cdots\cdots\cdots\cdots\cdots\cdots\cdots\cdots\cdots\cdots\cdots (4.5)$$

ここに，L：2 個の支え間の距離（mm）

r：内側半径（mm）

t：試験片の厚さ，直径または内接円直径（mm）

(4) 曲げ試験後の内側の傷は，考慮しない．

5. 関連知識

(1) JIS G 3112–2020 では，曲げ角度と内側直径を，**表-4.3** のように規定している．

表-4.3 鉄筋の曲げ性（JIS G 3112–2020）

種類の記号		曲げ性		
		曲げ角度	内側半径	
丸鋼	SR 235	180°		公称直径の 1.5 倍
	SR 295	180°	径 16 mm 以下	公称直径の 1.5 倍
			径 16 mm 超え	公称直径の 2 倍
	SR 785	90°*		公称直径の 1.5 倍*
異形棒鋼	SD 295	180°	呼び名 D16 以下	公称直径の 1.5 倍
			呼び名 D16 超え	公称直径の 2 倍
	SD 345	180°	呼び名 D16 以下	公称直径の 1.5 倍
			呼び名 D16 超え　呼び名 D41 以下	公称直径の 2 倍
			呼び名 D51	公称直径の 2.5 倍
	SD 390	180°		公称直径の 2.5 倍
	SD 490	90°		公称直径の 2 倍
	SD 590A	90°		公称直径の 2 倍
	SD 590B	90°		公称直径の 2 倍
	SD 685A	90°		公称直径の 2 倍
	SD 685B	90°		公称直径の 2 倍
	SD 685R	90°*		公称直径の 1.5 倍*
	SD 785R	90°*		公称直径の 1.5 倍*

注* 受渡当事者間の協定によって，曲げ角度・内側半径を他の値に変更してもよい．

(2) 内側半径とは，曲げられた試験片の内側が，曲げモーメントを受けた状態で湾曲している曲面の曲率半径をいうが，試験に用いた押金具，軸または型の先端の曲率半径をもって，内側半径とする（**図-4.14** の r）．

(3)　曲げ角度とは，試験片の内側が曲げモーメントを受けた状態で，両端の直線部分のなす角度が 180 度から変化した大きさをいう．

(4)　鉄筋の曲げ方は，2017 年制定コンクリート標準示方書［設計編：標準］7 編 2 章 2.4「鉄筋の曲げ形状」参照．

■鉄筋に関する練習問題■

(1)　鉄筋の引張試験および曲げ試験の目的を述べよ．

(2)　降伏点と引張強さの定義を述べよ．

(3)　SD 345 の降伏点と引張強さの規格値について述べよ．

(4)　伸びの定義を説明せよ．

(5)　棒鋼の直径は，何を用いてどのように測るか．

(6)　棒鋼試験片の原標点距離は，直径の何倍か．

(7)　棒鋼引張試験片の平行部とは何か．

(8)　鋼の応力‒ひずみ曲線を図示して説明せよ．

(9)　異形棒鋼とは何か．

第 5 章

●アスファルト・アスファルト混合物●

5.1 アスファルト・アスファルト混合物試験総論

1. アスファルトの位置づけ

(A) アスファルトの定義

アスファルトは，瀝青（れきせい）材料の一種で，二硫化炭素に可溶な炭化水素を中心とした混合物である．その用途は，道路や空港などの舗装材料や防水工材料，目地材などである．

(B) アスファルトの製造

アスファルトには，天然からそのまま産出される天然アスファルトと，原油の精製の残さとして得られる石油アスファルトがある．石油アスファルトは，原油を加熱し，常圧蒸留装置にて低沸点留分（LPG，ナフサ，ガソリン，灯油，軽油）を，さらに重油について減圧蒸留装置にて高沸点留分（潤滑油）を分離した後，**写真-5.1** に示す蒸留塔の底部から得られる残さ油が基本材料となる．

写真-5.1 アスファルトプラント蒸留塔

(C) アスファルトの成分と性質

アスファルトは，炭化水素の集合体で，分子量や炭素と水素の比（C/H）で組成分が異なり，固体状のアスファルテン，半固体状のレジン，液体状のオイルから構成される．**図-5.1** にその構成を示すが，アスファルテンにレジンが吸着され，その周囲にオイルが存在し，コロイド構造となっている．アスファルテンの構造や溶媒としてのマルテン（レジンとオイルを合わせたもの）も，その力学的性質に大きな影響を与える．温度が上昇すると，マルテンの溶解力は増加し，粘度が小さくなって，ゾル化する．また，アスファルテン濃度が増加すると，ゲル的挙動を示し，軟らかさが温度の変化に鈍感な傾向を示す．

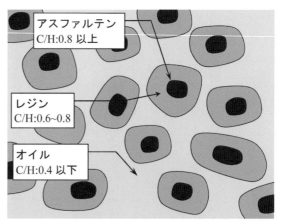

図-5.1 アスファルトの組成分

2. アスファルトの種類

アスファルトの基本材料である石油蒸留過程の残留物は，そのまま，あるいはカットバックアスファルトやアスファルト乳剤として用いられるストレートアスファルトと，その性質をさらに改善するために高温空気を吹き込んで，脱水素酸化重縮合反応させた硬質のブローンアスファルト（アスファルテン分子が結合し，レジン分の少ない三次元網目構造により，高粘度，高弾性を示す）がある．

ストレートアスファルト，カットバックアスファルトおよびアスファルト乳剤は道路舗装用に，ブローンアスファルトは防水用に，それぞれ主として利用される．道路舗装に使用されるアスファルトには，このほかポリマー改質アスファルトがある．これは，ストレートアスファルトにポリマーを加えて性状を改善させたもので，アスファルト混合物の耐流動性，耐摩耗性，耐はく離性など，各種の性状を向上させるために使用

する．アスファルトの硬さは温度に敏感なので，舗装を施工するときには温度管理が重要である．アスファルト舗装の工程の流れと各工程の施工温度を**図-5.2**に示す．

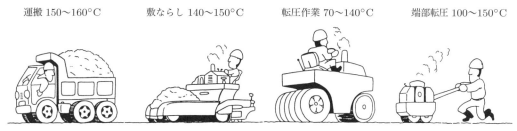

運搬 150〜160°C　　敷ならし 140〜150°C　　転圧作業 70〜140°C　　端部転圧 100〜150°C

図-5.2　アスファルト舗装の工程の流れと施工温度

3.　アスファルト混合物

アスファルト混合物は，砕石などの粗骨材，砂などの細骨材，フィラーおよびアスファルトを所定の割合で混合した材料である．道路ではアスファルト舗装の表層あるいは基層などに用いられる．**写真-5.2**に，道路舗装工事の様子を示す．

写真-5.2　舗装工事の様子

4.　アスファルト・アスファルト混合物試験の意義

アスファルトの試験は，それ自体の性質を検討するものと，骨材ならびにフィラーとの混合物としての性質を検討するものに大別できる．

(A)　アスファルトに関する試験

アスファルトの品質として，適度なコンシステンシー（温度調整による所要の硬さ）を持つこと，適度な粘着性を持つこと，加熱混合する際に引火しないこと，屋外の温度の変化に対して硬さがあまり変化しないことなどが必要である．これらのことを確認するために，各種の試験が行われる．

(B)　アスファルト混合物に関する試験

アスファルト混合物に要求される性質として，外力に対する変形抵抗性，地盤変形に追従するたわみ性，老化やすりへり摩耗などの耐久性などがある．

5.　本章で取り上げるアスファルト・アスファルト混合物試験

本章においては，アスファルトの試験項目として，**4.(A)** の視点から，針入度試験，軟化点試験，伸度試験，引火点試験を取り上げる．アスファルト混合物の試験項目として，**4.(B)** の視点から，マーシャル安定度試験を取り上げる．マーシャル安定度試験では，供試体の破壊強度と変形量を求めることにより，舗装の外力に対する変形抵抗性を調べる．これらの結果と空げき率や飽和度などを組み合わせて配合設計が行われ，最適なアスファルト量が決定される．アスファルト混合物の配合設計においては，アスファルト量は非常に重要で，少なすぎるとたわみ性が失われ，ひび割れを生ずる．逆に多すぎると変形抵抗性が小さくなり，わだち掘れができやすくなる．

5.2　アスファルトの針入度試験

1.　試験の目的

(1)　この試験は，「アスファルトの針入度試験方法（JIS K 2207–1996）」に規定されている．

(2)　この試験は，アスファルトが散布または混合されるときに，その使用目的に適した硬さを有するかどうかを確かめるために行う．

(3)　針入度は，アスファルトの硬さを表すもので，規定条件のもとで規定の針が試料中に垂直に進入した長さで表し，その単位は 0.1 mm を 1 とする．

2.　使 用 器 具 [注：(1)]

(1)　針入度試験器一式（針入度計・針・試料容器・ガラス皿・三脚型金属台）（**図-5.3** 参照）

(2)　温度計

(3)　ストップウォッチ

(4)　恒温水槽

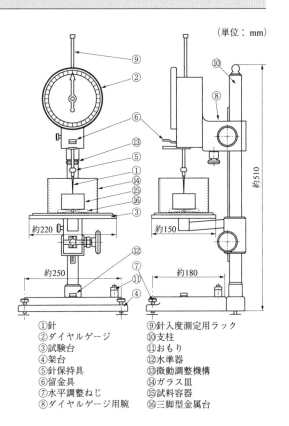

（単位：mm）

①針
②ダイヤルゲージ
③試験台
④架台
⑤針保持具
⑥留金具
⑦水平調整ねじ
⑧ダイヤルゲージ用腕
⑨針入度測定用ラック
⑩支柱
⑪おもり
⑫水準器
⑬微動調整機構
⑭ガラス皿
⑮試料容器
⑯三脚型金属台

図-5.3　針入度試験器の一例

3.　実 験 要 領

(A)　試料の準備 [注：(2)]

(1)　試料を，なるべく低温で，しかも十分な流動性を持たせることのできる温度で，加熱する．この際，部分的過熱を防ぐため，時々かき混ぜる．[注：(3)]

(2)　試料が十分に流動性を持ち，均質になったら，試料容器に試料を取る．[注：(3)]

(3)　試料容器にごみが入らないように，ゆるくふたをし，15〜30℃ の室温に 1〜1.5 時間放置しておく．深い容器を用いた場合は，1.5〜2 時間放置する．

(4)　試料容器と三脚台を入れたガラス皿を，25 ± 0.1°C に保った恒温水槽の中に，1〜1.5 時間入れておく．深い容器を用いた場合は，1.5〜2 時間とする．

(B)　試験方法

(1)　針保持具，おもり，留金具などに，水滴や異物が付着していないことを確かめる．

(2)　針入度計を，水平に据え付ける．

(3)　恒温水槽の中で，ガラス皿の三脚台の上に，試料容器を載せる．

(4)　ガラス皿の中に恒温水槽中の水を満たしたまま，ガラス皿を針入度計の台上に載せる．

(5)　針を清浄にして，針保持具に取り付ける．[注：(4)]

(6)　針の先端と針の影の先端とが接触するように，試験台の高さを調節して，針の先端を試料の表面に接触させる．

(7)　ラックを針保持具上端に静かに押し当て，ダイヤルゲージの指針を 0 に合わせてから，留金具を押

し，自重によって針を，5秒間試料中に貫入させる．[注：(5)]

(8)　ラックを再び針保持具上端に静かに押し当てて，ダイヤルゲージの示度を，0.5まで読む．

(9)　同一試料容器について，3回針入度を測定し，最大値と最小値との差および平均値を求める．[注：(6)(7)(8)]

(10)　測定値の最大値と最小値との差が，平均値に対して規定された許容差（**表-5.1**参照）以内ならば，平均値を整数に丸めて，針入度とする．[関：(2)]

表-5.1　許容差

測定値の平均値	許容差
0 以上 50.0 未満	2.0
50.0 以上 150.0 未満	4.0
150.0 以上 250.0 未満	6.0
250.0 以上	8.0

(11)　同一試験室において，同一人が同一試験器で日時を変えて同一試料を2回試験したとき，試験結果の差は，**表-5.2**に規定する許容差を超えてはならない．

表-5.2　繰返し精度の許容差

針入度	許容差
50.0 未満	1
50.0 以上	平均値の 3%

(12)　異なる2つの試験室において，別人が別の試験器で，同一試料をそれぞれ1回ずつ試験して求めた試験結果の差は，**表-5.3**に規定する許容差を超えてはならない．

表-5.3　再現精度の許容差

針入度	許容差
50.0 未満	4
50.0 以上	平均値の 8%

4.　注 意 事 項

(1)　試験器は，JIS K 2207–1996（石油アスファルト）の針入度試験方法に規定するものを用いる．

(2)　アスファルト試料を溶融するには，直接溶融法と間接溶融法との2種類があるが，間接溶融法によるのが望ましい．これは，針入度試験以外の試料についても同様である．

(3)　試料を溶融するときは，その軟化点より90°C（水分を含む場合は130°C）を超えないようにし，予想される進入の長さより10 mm以上深く容器に詰める．その際，試料中に空気を巻き込まないように注意する．

(4)　針に付着した試料は，試験のつど取り除く．これには，トルエンなどの適当な溶剤を湿したガーゼを用い，次に，乾いたガーゼでぬぐう．

(5)　進入時間を正確にするには，試験開始前にストップウォッチを始動させ，ストップウォッチが任意の目盛を指したとき，留金具を押して針を降下させ，正確な規定時間後に，留金具を放すようにする．

(6)　針入度を測定する点は，試料容器の周壁から常に10 mm以上，2回以後は，前回測定の進入位置から10 mm以上離れた点を選ぶ．

(7)　毎回測定後，試料容器およびガラス皿は恒温水槽中に戻し，ガラス皿の水を取り替える．

(8)　針入度が 200 以上の試料の場合は，3 本の針を用意し，測定が終わるまで，針を試料から取り除いてはならない．

5.　関 連 知 識

(1)　JIS K 2207–1996 では，石油アスファルトを，次の 3 種類に分類している．

(a)　ストレートアスファルト：原油を常圧・減圧蒸留装置などにかけ，軽質分を除去して得られる瀝青物質をいう（針入度 40 以下のものは主として工業用に，針入度 40 を超えるものは主に道路舗装用および水利構造物用として用いる）．

(b)　ブローンアスファルト：ストレートアスファルトを加熱し，十分に空気を吹き込んで酸化重合したものをいう（防水用および電気絶縁用などに用いる）．

(c)　防水工事用アスファルト：防水層として必要な性能に改善したアスファルトをいう（主として鉄筋コンクリート構造物，鉄骨構造物などの防水工事に用いる）．

(2)　JIS K 2207–1996 では，針入度の値を，**表-5.4**〜**表-5.6** に示すように規定している．

表-5.4　ストレートアスファルトの針入度

条件 ＼ 種類	0〜10	10〜20	20〜40	40〜60	60〜80	80〜100	100〜120	120〜150	150〜200	200〜300
25°C	0 以上 10 以下	10 を超え 20 以下	20 を超え 40 以下	40 を超え 60 以下	60 を超え 80 以下	80 を超え 100 以下	100 を超え 120 以下	120 を超え 150 以下	150 を超え 200 以下	200 を超え 300 以下

表-5.5　ブローンアスファルトの針入度

条件 ＼ 種類	0〜5	5〜10	10〜20	20〜30	30〜40
25°C	0 以上 5 以下	5 を超え 10 以下	10 を超え 20 以下	20 を超え 30 以下	30 を超え 40 以下

表-5.6　防水工事用アスファルトの針入度

条件 ＼ 種類	1 種	2 種	3 種	4 種
25°C	25 以上 45 以下	20 以上 40 以下	20 以上 40 以下	30 以上 40 以下

注)　防水工事用アスファルトは，用途によって次のように分類している．
　第 1 種：工事中およびその後にわたって適度な温度条件における室内および地下構造部分に用いるもの．
　第 2 種：一般地域の緩いこう配の歩行用屋根に用いるもの．
　第 3 種：一般地域の露出屋根または気温の比較的高い地域の屋根に用いるもの．
　第 4 種：一般地域のほか，寒冷地域における屋根その他の部分に用いるもの．

5.3　アスファルトの軟化点試験（環球法）

1.　試験の目的

(1)　この試験は，「アスファルトの軟化点試験方法（環球法）（JIS K 2207–1996）」に規定されている．

(2)　この試験は，アスファルトが高温に接したとき，軟化し始める温度を確かめるために行う．

(3)　軟化点は，アスファルトが軟化する温度を表すもので，アスファルトの試料を規定条件のもとで加熱したとき，試料が軟化し始め，規定距離垂れ下がったときの温度で表す．

2.　使 用 器 具 [注：(1)]

(1)　軟化点試験器一式（環・球・球案内・環台・加熱浴・温度計・加熱器・金属板）（**図-5.4** 参照）

(2)　ストップウォッチ

(3)　恒温水槽

(4)　ナイフ

(5)　ピンセット

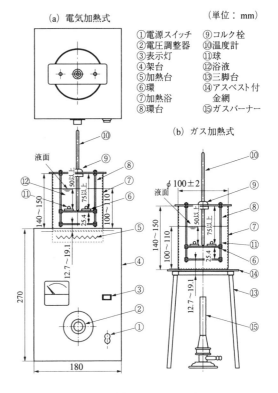

(a) 電気加熱式　　　　　　　（単位：mm）

①電源スイッチ　⑨コルク栓
②電圧調整器　　⑩温度計
③表示灯　　　　⑪球
④架台　　　　　⑫浴液
⑤加熱台　　　　⑬三脚台
⑥環　　　　　　⑭アスベスト付
⑦加熱浴　　　　　金網
⑧環台　　　　　⑮ガスバーナー

(b) ガス加熱式

図-5.4　軟化点試験器の一例

3.　実 験 要 領

(A)　試料の準備

(1)　試料は，部分的な過熱を避け，なるべく低温で泡が入らないようにかき混ぜながら，溶融する．

(2)　2 個の環を，試料と同じ温度に加熱し，シリコーングリスまたはグリセリンとデキストリンの等量混合物を，塗布した金属板上に置く．

(3)　溶融した試料を，上記の環中にやや余分に注ぎ込み，室温で 30 分間以上放冷する．

(4)　放冷した後，(B)(2) の温度に保った恒温水槽中で 10 分間以上冷やし，余分の試料は，ナイフで環の上縁に沿って削り取る．[注：(2)]

(B)　試験方法

(1)　試料を注ぎ込んだ 2 個の環，温度計，球案内を環台に置き，加熱浴内に組み立てる．

(2)　軟化点 80°C 未満の場合は約 5°C に冷却した蒸留水を，それ以上の場合は約 32°C のグリセリンを，加熱浴に，100〜110 mm の高さまで満たす．[注：(3)]

(3)　浴温を軟化点 80°C 未満の場合は 5°C に，それ以上の場合は 32°C に，15 分間保つ．

(4)　あらかじめ浴温に浸した球を，ピンセットで球案内の中央に置き，加熱を始める．

(5)　加熱開始後の 3 分間を除き，浴温が毎分 5±0.5°C の速さで上昇するように，加熱する．この加熱の速さを外れたときは，新しい試料に取り替えて，試験をやり直す．[注：(4)]

(6)　試料がしだいに軟化して伸び，ついに底板に触れたとき（25.4 mm 垂れ下がったとき）の温度計の示度を，読み取る．2 個の結果の差が 1°C を超えた場合は，試験をやり直す．

(7)　2 個の測定値の平均値を 0.5°C に丸めて，軟化点とする．[関]

(8)　同一試験室において，同一人が同一試験器で日時を変えて同一試料を 2 回試験したとき，試験結果の差は，**表-5.7** の許容差を超えてはならない．

(9)　異なる 2 試験室において，別人が別試験器で同一試料をそれぞれ 1 回ずつ試験して求めた試験結果の差は，**表-5.8** の許容差を超えてはならない．

表-5.7　同一人同一装置の許容差

軟化点	許容差（°C）
80°C 以下	1.0
80°C を超えるもの	2.0

表-5.8　別人別装置の許容差

軟化点	許容差（°C）
80°C 以下	4.0
80°C を超えるもの	8.0

4.　注 意 事 項

(1)　試験器は，JIS K 2207–1996（石油アスファルト）の軟化点試験方法（環球法）に規定するものを用いる．

(2)　試料を環に注ぎ込んでから，4 時間以内に試験を終わるようにする．

(3)　試料に泡がつくと試験結果に影響するから，浴槽に入れる水は，新たに煮沸した蒸留水を用いる．

(4)　加熱の速さは，測定時間中の平均値ではなく，均一に毎分 5 ± 0.5°C の割合でなければならない．この際，風が当たらないように注意し，必要ならば囲いをする．

5.　関 連 知 識

JIS K 2207–1996 では，軟化点の値を，**表-5.9〜表-5.11** に示す．

表-5.9　ストレートアスファルトの軟化点

種類 軟化点	0〜10	10〜20	20〜40	40〜60	60〜80	80〜100	100〜120	120〜150	150〜200	200〜300
°C	55.0 以上		50.0〜65.0	47.0〜55.0	44.0〜52.0	42.0〜50.0	40.0〜50.0	38.0〜48.0	30.0〜45.0	

表-5.10　ブローンアスファルトの軟化点

種類 軟化点	0〜5	5〜10	10〜20	20〜30	30〜40
°C	130.0 以上	110.0 以上	90.0 以上	80.0 以上	65.0 以上

表-5.11　防水工事用アスファルトの軟化点

種類 軟化点	1 種	2 種	3 種	4 種
°C	85 以上	90 以上	100 以上	95 以上

5.4　アスファルトの伸度試験

1.　試験の目的

(1)　この試験は，「アスファルトの伸度試験方法（JIS K 2207–1996）」に規定されている．

(2)　この試験は，アスファルトを結合材として使用したとき，その使用目的に適した伸びを有するかどうかを確かめるために行う．

(3)　伸度は，アスファルトの延性を表すもので，規定の形をした試料の両端を規定の条件で引き伸ばしたとき，試料が切れるまでに伸びた距離（cm）で表す．

（単位：mm）

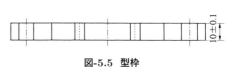

図-5.5　型枠

2.　使用器具 [注：(1)]

(1)　伸度試験器一式（伸度試験器・型枠・金属板・温度計）
（図-5.5 参照）

(2)　恒温水槽

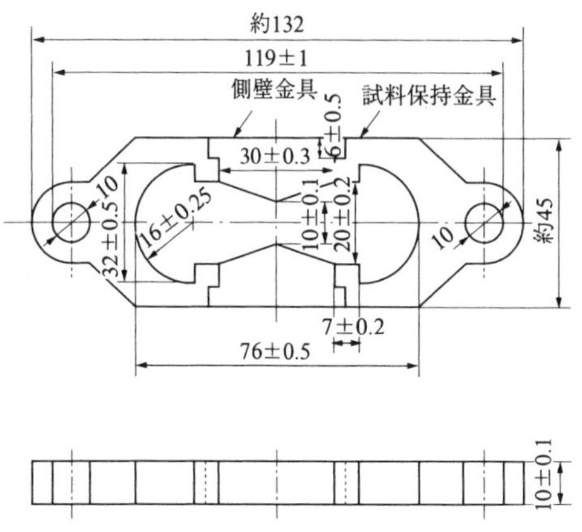

(3)　ナイフ

3.　実 験 要 領

(A)　試料の準備

(1)　試料を，なるべく低温で，部分的に過熱しないように溶融し，よくかき混ぜて均質にする必要があるときには，297 μm のふるいでこす．

(2)　金属板の上面および型枠の側壁金具の内面に試料が付着しないように，シリコーングリス，またはグリセリンとデキストリンの等量混合物を塗布して，型枠を金属板上に組み立てる．

(3)　試料を，組み立てた型枠中に少し余分に流し込み，30～40 分間室温で冷やす．[注：(2)]

(4)　試料を，金属板上に置いたまま，試験温度 ±0.1°C に保った恒温水槽中の有孔架台に載せ，30 分間浸す．

(5)　恒温水槽から金属板とともに試料を取り出し，型枠上面の余分の試料を，暖めたナイフで，型枠上面に沿って正確に削り取る．

(6)　再び金属板と試料を恒温水槽の中に入れ，1～1.5 時間静置する．

(B)　試験方法

(1)　伸度試験器の中に水を満たして，試験中の水温を試験温度 ±0.5°C に保つようにして置く．[注：(3)]

(2)　試料の入った型枠を恒温水槽から取り出し，型枠の側壁金具を取り外し，試料保持金具の穴を伸度試験器の支柱にかける．[注：(4)]

(3)　指針を 0 に合わせたのち，電動機により，毎分 5 ± 0.25 cm の速度で試料を引き伸ばし，試料の切れたときの指針の示度を，0.5 cm まで読み取る．[注：(5)]

(4)　3 回の試験結果の平均値をとり，1 cm 単位に丸め，これを伸度とする．[関]

4．注意事項

(1) 試験器は，JIS K 2207–1996（石油アスファルト）の伸度試験方法に規定するものを用いる．

(2) 型枠の中へ試料を流し込む場合，型枠を崩したり，ゆがめないよう，また泡が入らないように注意する．

(3) 試験温度には，15°C と 25°C が用いられる．

(4) 伸度試験器に試料を取り付けたとき，試料の上下に水が 25 mm 以上なければならない．

(5) 試料が試験中，水の表面に出たり，試験器の底面に接触したりするときには，試験器の中の水に，メチルアルコールまたは塩化ナトリウムを添加して水の密度を調節する．

5．関連知識

JIS K 2207–1996 では，伸度の値を，**表-5.12** と**表-5.13** に示すように規定している．

表-5.12　ストレートアスファルトの伸度

条件＼種類	0〜10	10〜20	20〜40	40〜60	60〜80	80〜100	100〜120	120〜150	150〜200	200〜300
15°C	—	—	—	10 以上	100 以上					
25°C	—	5 以上	50 以上	—	—	—	—	—	—	—

表-5.13　ブローンアスファルトの伸度

条件＼種類	0〜5	5〜10	10〜20	20〜30	30〜40
25°C	0 以上	1 以上	2 以上	3 以上	

5.5　アスファルトの引火点試験

1.　試験の目的

(1)　この試験は，「引火点の求め方－第4部：クリーブランド開放法（JIS K 2265-4-2007）」に規定されている．

(2)　この試験は，アスファルトを加熱して使用する場合火災の危険があるので，アスファルトが引火するときの温度を確かめるために行う．

(3)　引火点とは，試料を規定条件で加熱し，これに炎を近づけたとき，試料の蒸気に引火する最低の温度をいう．

2.　使用器具　[注：(1)]

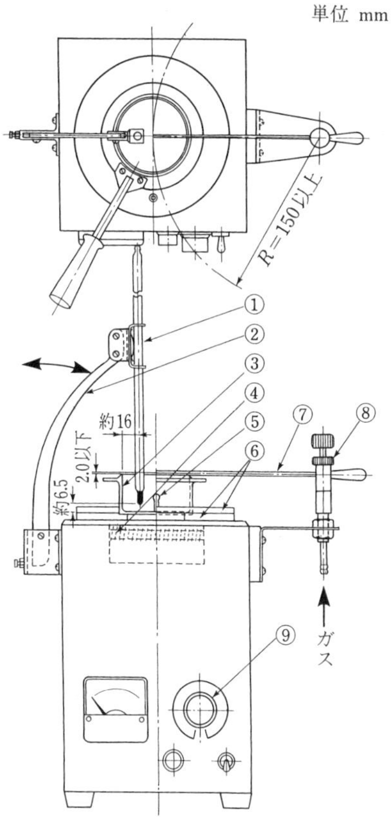

(1)　引火点試験器一式（試料カップ・加熱板・加熱板支持器・加熱器・温度計・温度計保持器・試験炎ノズル）（**図-5.6**参照）

(2)　風よけ

(3)　ストップウォッチ

3.　実験要領

(1)　試料カップを，適当な溶剤で洗い，付着物を取り除いて清浄にする．

(2)　試験器を，通風なく，強い光が当たらない室内に水平に置き，風よけで囲う．

(3)　試験炎に点火して，炎の大きさを標準球に合わせるか，または直径4 ± 0.8mmになるように調整しておく．

(4)　試験器の加熱板上に，試料カップを置き，温度計を試料カップの中心とその内側壁とのほぼ中央に，かつ水銀球下端を試料カップ内の底面から6.5mmの位置にあるように，保持する．

(5)　試料を，任意の温度で適当に加熱し，試料カップの標線まで満たし，試料面の気泡を取り除く．試料を入れすぎたときは，適当な方法で余分の試料をとり，標線に合わせる．ただし，試料カップの外側に付着した場合には，試料をとり直す．[注：(2)]

(6)　試料を加熱する．初めは毎分14〜17℃の割合で試料の温度を上げ，予期引火点以下55℃の温度に達したら，加熱を調節して予期引火点以下28℃から引火点に達するまで，毎分5.5 ± 0.5℃の割合で温度が上昇するように，加熱する．

(7)　予期引火点以下28℃の温度になったら，温度計の読みが2℃上昇するごとに，試験炎を動かす．

(8)　試験炎は，試料カップの中心を横切り，温度計を通る直径と直角の方向に一直線または半径150mm以上の弧を描くように，1秒間程度で通過させる．このとき試験炎の中心は，試料カップ上縁の上2mm以下で，水平に動かす．[注：(3)]

(9)　試料の表面に明瞭な引火が認められたならば，このときの温度計の読みを記録する．

単位 mm

① 温 度 計　　　⑥ 加 熱 板
② 温度計保持器　⑦ 試験炎ノズル
③ 試料カップ　　⑧ ガス調節弁
④ 電 熱 器　　　⑨ 加熱調節器
⑤ 標 準 球

図-5.6　クリーブランド開放法引火点試験機
（電気加熱式の一例）

(10)　引火点は，整数で表し，クリーブランド開放法の結果であることを付記する．[関：(2)，注：(4)]

(11)　同一試験室において，同一人が同一試験器で日時を変えて同一試料を 2 回試験したとき，試験結果の差は，8°C を超えてはならない．

(12)　異なる 2 つの試験室において，別人が別の試験器で同一試料をそれぞれ 1 回ずつ試験して求めた 2 個の試験結果の差は，16°C を超えてはならない．

4．注意事項

(1)　試験器は，JIS K 2265-4–2007（引火点の求め方－第 4 部）のクリーブランド開放法引火点試験方法に規定するものを用いる．

(2)　高粘度の試料は，試料カップに入れるとき，流れやすくなるまで加熱してもよいが，加熱温度は，予期引火点以下 55°C を超えてはならない．

(3)　試料の加熱が進み，予期引火点以下 17°C の温度になったら，試料カップ中に息をかけたりしてはならない．

(4)　試験炎のまわりにできる青白い炎を，引火と見誤ってはならない．

5．関連知識

(1)　燃焼点の測定を行うには，引火点測定後，さらに毎分 5.5 ± 0.5°C の割合で加熱を続け，2°C ごとに試験炎を動かして，試料が燃え，少なくとも 5 秒間燃え続けたときの最初の温度計の読みをとるとよい．

(2)　JIS K 2207–1996 では，引火点の値を，**表-5.14～表-5.16** に示すように規定している．

表-5.14　ストレートアスファルトの引火点

種類　　引火点	0〜10	10〜20	20〜40	40〜60	60〜80	80〜100	100〜120	120〜150	150〜200	200〜300
°C	260 以上							240 以上		210 以上

表-5.15　ブローンアスファルトの引火点

種類　　引火点	0〜5	5〜10	10〜20	20〜30	30〜40
°C	210 以上				

表-5.16　防水工事用アスファルトの引火点

種類　　引火点	1 種	2 種	3 種	4 種
°C	250 以上	270 以上	280 以上	280 以上

5.6　アスファルト混合物の安定度試験（マーシャル式）

1.　試験の目的

(1)　この試験は，「マーシャル安定度試験方法（舗装調査・試験法便覧 B001，（公社）日本道路協会）」に規定されている.

(2)　この試験は，アスファルト混合物の配合設計と現場における品質管理を目的として，アスファルト混合物の安定度を確かめるために行う.

(3)　アスファルト混合物の安定度とは，主として交通車両の荷重により，混合物が高温において，流動したり，波状の変形を起こしたりすることに対する抵抗性をいう.

(4)　マーシャル安定度試験は，骨材の最大粒径が 25 mm 以下の加熱混合物に対して適用するもので，円筒形供試体（直径約 100 mm，厚さ約 63 mm）の側面を 2 枚の載荷ヘッドで挟み，規定の温度（60°C），規定のひずみ速さ（1 分間約 50 mm）で直径方向に荷重を加え，供試体が破壊するまでに示す最大荷重（安定度）と，それに対応する変形量（フロー値）とを測定するものである.

2.　使　用　器　具

(1)　マーシャル安定度試験機一式（載荷試験機・載荷ヘッド・ひずみリング・フロー計）（**写真-5.3** 参照）

(2)　モールド一式（円筒形モールド・底板・カラー）

(3)　締固め用ハンマー

(4)　締固め台

(5)　モールドホルダー

(6)　供試体抜取り器

(7)　加熱装置一式（乾燥炉・加熱板・ガスこんろ・ガスバーナー）

(8)　恒温水槽

(9)　アスファルトミキサ

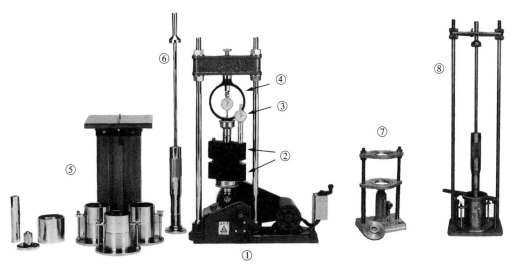

① 載荷装置（機械式）　② 載荷ヘッド　③ フロー計
④ ひずみリング　⑤ モールド一式　⑥ 締固め用ハンマー
⑦ 供試体抜取り器　⑧ モールドホルダー（締固め用ハンマーを取り付けた場合を示す）

写真-5.3　マーシャル安定度試験機および器具の一例

(10)　試験用網ふるい（0.075 ﹛75 μm﹜, 0.15, 0.3, 0.6, 2.5, 5, 13, 20, 25 mm）

(11)　その他

　　　1)　骨材加熱用容器

　　　2)　アスファルト加熱容器

　　　3)　混合なべ・こて

　　　4)　温度計（200°C）

　　　5)　スコップ

　　　6)　はかり（ひょう量 5 kg 以上，感度 1.0 g 以下）

　　　7)　手袋（ゴム・綿）

3.　実 験 要 領

(A)　混合物の準備 [注：(A)(1)]

(1)　骨材は，各粒度別にふるい分け，105～110°C で一定質量になるまで乾燥する．

(2)　粒度別骨材を，所要の配合割合に従って 1 バッチ（締固め後の供試体の高さが 63.5 ± 1.3 mm にな
るだけの量，約 1200 g）に必要な量だけ，計量する．

(3)　計量した骨材は，混合温度より 10～30°C 高い温度に加熱する．

(4)　加熱された骨材を混合なべに移して空練りし，すり鉢状に広げてはかりに載せ，加熱した所要のアス
ファルトを，計量しながら加える．[注：(A)(2)]

(5)　混合なべをはかりからおろし，所定の混合温度で迅速に混合する．ミキサを用いる場合でも，最後に
手で混合して，均一にすることが必要である．

(B)　供試体の作製 [注：(A)(1)]

(1)　締固め用ランマーの打撃面，モールド，底板，カラーを，十分清浄にし，沸騰水または加熱板で 95
～150°C に加熱する．

(2)　モールド内面，底板に薄くグリースを塗り，組み立てる．

(3)　混合物が分離しないように，混合なべの中でほぼ均等な 4 つの部分に分け，モールドの 4 方向から混
合物をモールド内に入れる．

(4)　こてで，周囲に沿って 15 回突き，中央部を 10 回突いて，表面の中央部がわずかに高くなるように
丸みをつけてならす．

(5)　混合物の温度を所定の締固め温度に保ち，混合物を入れたモールドを，締固め台のモールドホルダー
（ないときは，締固め中ランマーの軸はモールドの底板に対し垂直になるよう支持する）に装着し，ラ
ンマーで所要の回数（特に規定のない場合は 50 回）締め固める．[注：(B)(1)(2)]

(6)　モールドを逆にして組み立て，供試体の裏面をもう一度，所要の回数締め固める．[注：(B)(3)]

(7)　底板とカラーを取り外し，モールドのまま，室温になるまで冷ます．

(8)　モールドを供試体抜取り器にかけて，供試体をモールドから抜き取る．

(9)　抜き取った供試体は，平らな面に移して，室温に 12 時間以上静置する．[注：(B)(4)]

(C)　供試体の密度の測定

(1)　供試体円周に沿って 4 か所（90 度ごとに）で，厚さ（高さ）を測定し，平均厚さを求める．[注：(C)(2)]

(2)　質量（および表乾質量）と，水中における見掛けの質量を測定する．[注：(C)(3)]

(D)　安定度試験

(1)　試験器は，舗装調査・試験法便覧 B001，（公社）日本道路協会に規定するものを用いる．

(2)　供試体は，$60 \pm 1°\text{C}$ の恒温水槽中に，$30 \sim 40$ 分浸す．

(3)　案内棒および載荷ヘッドの内面を十分に清浄にし，案内棒には，上側のヘッドが自由に滑るように，グリース等の油を塗る．

(4)　供試体を水槽より取り出し，円筒形の側面を下側のヘッドの内面に載せ，案内棒を通して，上側のヘッドをその上に載せる．[注：(D)]

(5)　上記の供試体を，載荷試験機の上に中心を合わせて据え付け，フロー計を 1 本の案内棒に差し込む．このとき，フロー計内部の移動端を，案内棒上部に密着するように，軽く押さえる．

(6)　フロー計の最初の読みを 0 に合わせ，フロー計を押さえたまま，載荷試験機で毎分 $50 \pm 5\,\text{mm}$ の載荷速度で，供試体に荷重をかける．

(7)　ひずみリングのダイヤルゲージが最大荷重に達し，荷重の減少を示せば，載荷を止め，ダイヤルゲージの最大値を読み，しかるのち，換算した荷重を kN 単位で記録する．

(8)　最大荷重が減少を始める瞬間，フロー計を案内棒から抜き取り，フロー値を $1/100\,\text{cm}$ 単位で読み，記録する．

(E)　試験結果の整理

以上の試験結果は，**表-5.18** の計算例に従って記入して，計算する．[注：(E), 関：(1)(2)(3)]

4.　注意事項

(A)　混合物の準備

(1)　使用するアスファルトの動粘度が $180 \pm 20\,\text{mm}^2/\text{s}$（セイボルトフロール度 85 ± 10 秒）および $300 \pm 30\,\text{mm}^2/\text{s}$（セイボルトフロール度 140 ± 15 秒）になるときの温度を，それぞれ混合温度および締固め温度とするが，一般のアスファルトでは，混合温度は $145 \sim 155°\text{C}$，締固め温度は $135 \sim 145°\text{C}$ になる．

(2)　アスファルトの加熱は，局部的に加熱したり，直接容器を加熱してはいけない．なお，アスファルトの加熱温度は，混合温度に合わせる．

(B)　供試体の作製

(1)　締固め温度は，厳密に管理すること．

(2)　ランマーの打撃面には，グリースを薄く塗ってから，締め固めるとよい．

(3)　モールドの裏面を締めるときは，モールド中の供試体が底板に落ち着くまでランマーで軽く打ってから，締固めを始める．

(4)　抜き取った供試体は，注意深く取り扱い，加熱したり，日光にさらしてはならない．

(C)　供試体の密度の測定

(1)　密度の計算は，関連知識 (2) によって行う．

(2)　供試体の表面をあらかじめワイヤブラシでこすっておき，測定中の落ちこぼれを防ぐ．

(3)　表乾質量の測定で表面の水分をぬぐった後，計量中ににじみ出た水分は，そのまま質量に加える．

(D)　安定度試験

供試体を水槽から取り出してのち，最大荷重をはかるまでに要する時間は，30 秒を超えてはならない．

(E)　試験結果の整理

試験結果を整理するときの平均値の計算は，明らかに異状であると認められるものを除いて行う．

5.　関 連 知 識

(1)　アスファルト混合物の種類と粒度範囲，アスファルト量を**表-5.17** に示す．

表-5.17　アスファルト混合物の種類，粒度範囲，アスファルト量

混合物の種類	① 粗粒度アスファルト混合物	② 密粒度アスファルト混合物		③ 細粒度アスファルト混合物	④ 密粒度ギャップアスファルト混合物	⑤ 密粒度アスファルト混合物		⑥ 細粒度ギャップアスファルト混合物	⑦ 細粒度アスファルト混合物	⑧ 密粒度ギャップアスファルト混合物	⑨ 開粒度アスファルト混合物	⑩ ポーラスアスファルト混合物	
	(20)	(20)	(13)	(13)	(13)	(20F)	(13F)	(13F)	(13F)	(13F)	(13)	(20)	(13)
仕上り厚 (cm)	4〜6	4〜6	3〜5	3〜5	3〜5	4〜6	3〜5	3〜5	3〜4	3〜5	3〜4	4〜5	4〜5
最大粒径 (mm)	20	20	13	13	13	20	13	13	13	13	13	20	13
通過質量百分率% 26.5 mm	100	100				100						100	
19 mm	95〜100	95〜100	100	100	100	95〜100	100	100	100	100	100	95〜100	100
13.2 mm	70〜90	75〜90	95〜100	95〜100	95〜100	75〜95	95〜100	95〜100	95〜100	95〜100	95〜100	64〜84	90〜100
4.75 mm	35〜55	45〜65	55〜70	65〜80	35〜55	52〜72		60〜80	75〜90	45〜65	23〜45	10〜31	11〜35
2.36 mm	20〜35	35〜50		50〜65	30〜45	40〜60		45〜65	65〜80	30〜45	15〜30	10〜20	
600 μm	11〜23	18〜30		25〜40	20〜40	25〜45		40〜60	40〜65	25〜40	8〜20		
300 μm	5〜16	10〜21		12〜27	15〜30	16〜33		20〜45	20〜45	20〜40	4〜15		
150 μm	4〜12	6〜16		8〜20	5〜15	8〜21		10〜25	15〜30	10〜25	4〜10		
75 μm	2〜7	4〜8		4〜10	4〜10	6〜11		8〜13	8〜15	8〜12	2〜7	3〜7	
アスファルト量 (%)	4.5〜6	5〜7		6〜8	4.5〜6.5	6〜8		6〜8	7.5〜9.5	5.5〜7.5	3.5〜5.5	4〜6	

(舗装設計施工指針（平成 18 年度版）(公社)日本道路協会)

(2)　試験結果は，**表-5.18** のように計算する（理論最大密度の計算法は**表-5.19** 参照）．

表-5.18　マーシャル安定度試験結果の例

供試体 No.	アスファルト混合率 (%)	厚さ (cm)	質量 (g) 空中	質量 (g) 水中	容積 (cm³)	密度 (g/cm³) 実測	密度 (g/cm³) 理論	アスファルト容積率 (%)	空げき率 (%)	飽和度 (%)	安定度 (kN)	フロー値 (1/100 cm)
①	②	③	④	⑤	⑥	⑦	⑧	⑨	⑩	⑪	⑫	⑬
					④−⑤	$\frac{④}{⑥}$		$\frac{②×⑦}{アスファルトの比重}$	$100-100\frac{⑦}{⑧}$	$\frac{⑨}{⑨+⑩}$		
1	4.5	6.29	1 151	665	486	2.386					9.84	25
2	4.5	6.30	1 159	674	485	2.390					9.31	23
3	4.5	6.31	1 162	677	485	2.396					12.77	27
						(2.391)	(2.522)	(10.5)	(5.2)	(66.9)	(10.64)	(25)
4	5.0	6.35	1 173	685	488	2.404					15.28	28
5	5.0	6.32	1 164	678	486	2.395					10.51	29
6	5.0	6.36	1 171	682	485	2.395					11.04	26
						(2.398)	(2.503)	(11.8)	(4.2)	(73.8)	(12.28)	(28)
7	5.5	6.34	1 175	685	490	2.398					13.03	34
8	5.5	6.36	1 167	682	485	2.406					10.77	30
9	5.5	6.38	1 180	688	492	2.398					11.70	30
						(2.401)	(2.484)	(12.9)	(3.3)	(79.6)	(11.83)	(31)
10	6.0	6.35	1 184	690	494	2.397					10.64	39
11	6.0	6.37	1 179	686	493	2.391					12.24	35
12	6.0	6.32	1 168	681	487	2.398					11.70	36
						(2.395)	(2.465)	(14.1)	(2.8)	(83.4)	(11.53)	(37)

表：表中の厚さ③の値は，4 方向で測定した平均値を示す．

表-5.19 理論最大密度

骨材の種類	配合比 (%)	各骨材の比重	係数
	①	②	$③ = \dfrac{①}{②}$
S-20 (5 号)	25	2.712	9.218
S-13 (6 号)	28	2.715	10.313
S- 5 (7 号)	20	2.717	7.361
スクリーニングス	11	2.719	4.046
砂	12	2.676	4.484
石粉	4	2.720	1.471

係数④ = 36.893

$$乾燥骨材の比重 = \frac{100}{④} = 2.711$$

アスファルト混合率 (%)	アスファルトの密度	$\dfrac{⑤}{⑥}$	$\dfrac{④(100-⑤)}{100}$	⑦+⑧	理論最大密度 $\dfrac{100}{⑨}$
⑤	⑥	⑦	⑧	⑨	⑩
4.0	1.020	3.922	35.417	39.339	2.542
4.5	1.020	4.412	35.233	39.645	2.522
5.0	1.020	4.902	35.048	39.950	2.503
5.5	1.020	5.392	34.864	40.256	2.484
6.0	1.020	5.882	34.679	40.561	2.465

注：理論最大密度の計算に用いる骨材の密度は，次の式 (1) より求めた見掛け密度を採用する．ただし吸水率が 1.5% を超える粗骨材では，見掛け密度と式 (2) より求めた表乾密度との平均値を用いる．

$$密度 = \frac{m_a}{m_a - m_c} \cdots\cdots(1) \qquad 密度 = \frac{m_b}{m_b - m_c} \cdots\cdots(2)$$

ここに，m_a：骨材試料の乾燥質量 (g)
　　　　m_b：表面乾燥飽水状態で測定した質量 (g)
　　　　m_c：24 時間水浸後の水中における見掛けの質量 (g)

(3) 供試体の密度（⑦）は，次の式により計算する．

(a) 供試体の表面が緻密で吸水しない場合（見掛け密度）

$$d = \frac{m_a}{m_a - m_c} \cdot \gamma_w \cdots\cdots\cdots\cdots\cdots\cdots\cdots\cdots\cdots\cdots\cdots\cdots\cdots\cdots\cdots\cdots\cdots\cdots\cdots (5.1)$$

(b) 供試体の表面は滑らかだが吸水する場合（かさ密度）

$$d = \frac{m_a}{m_b - m_c} \cdot \gamma_w \cdots\cdots\cdots\cdots\cdots\cdots\cdots\cdots\cdots\cdots\cdots\cdots\cdots\cdots\cdots\cdots\cdots\cdots\cdots (5.2)$$

ここに，　d：供試体の密度（g/cm³）

　　　　m_a：乾燥供試体の空中質量

　　　　供試体を室温の空気中に少なくとも 12 時間静置したのち，室温において質量を測定する．

　　　　m_c：供試体の水中における見掛けの質量

　　　　供試体を常温の水中に約 1 分間浸した後，水中の見掛けの質量を測定する．

　　　　m_b：供試体の表乾質量

　　　　水中の見掛けの質量を測定した供試体の表面の水分を手早くぬぐい，質量を測定する．

　　　　γ_w：常温の水の密度（≒ 1 g/cm³）

(4) マーシャル安定度試験に対する基準値を**表-5.20** に示す．

表-5.20　マーシャル安定度試験に対する基準値

混合物の種類	① 粗粒度アスファルト混合物 (20)	② 密粒度アスファルト混合物 (20)	② (13)	③ 細粒度アスファルト混合物 (13)	④ 密粒度ギャップアスファルト混合物 (13)	⑤ 密粒度アスファルト混合物 (20F)	⑤ (13F)	⑥ 細粒度ギャップアスファルト混合物 (13F)	⑦ 細粒度アスファルト混合物 (13F)	⑧ 密粒度ギャップアスファルト混合物 (13F)	⑨ 開粒度アスファルト混合物 (13)
突固め回数(回)　1000≦T	75					50					75
突固め回数(回)　T<1000	50					50					50
空げき率 (%)	3~7	3~6	3~6	3~7	3~5	3~5	3~5	3~5	2~5	3~5	—
飽和度 (%)	65~85	70~85	70~85	65~85	75~85	75~85	75~85	75~85	75~90	75~85	—
安定度 (kN)	4.90以上	4.90 (7.35)以上	4.90 (7.35)以上	4.90以上	4.90以上	4.90以上	4.90以上	4.90以上	3.43以上	4.90以上	3.43以上
フロー値 (1/100 cm)	20~40								20~80	20~40	20~40

〔注〕(1) T：舗装計画交通量（台/日・方向）
　(2) 積雪寒冷地域の場合や，$1\,000 \leqq T < 3\,000$（N_6 交通）であっても流動によるわだち掘れのおそれが少ないところでは突固め回数を 50 回とする.
　(3) （　）内は $1\,000 \leqq T$（N_6 交通以上）で突固め回数を 75 回とする場合の基準値を示す.
　(4) 水の影響を受けやすいと思われる混合物またはそのような箇所に舗設される混合物は，次式で求めた残留安定度が 75%以上であることが望ましい.
　　　残留安定度（%）＝（60°C，48 時間水浸後の安定度（kN）/安定度（kN））× 100
　(5) 開粒度アスファルト混合物を歩道部の透水性舗装の表層として用いる場合，一般に突固め回数を 50 回とする.

（舗装設計施工指針（平成 18 年度版）(公社)日本道路協会）

■アスファルト・アスファルト混合物に関する練習問題■

(1)　アスファルトとアスファルト混合物の違いを説明せよ.

(2)　ポリマー改質アスファルトの使用により期待される効果にはどのようなものがあるか説明せよ.

(3)　アスファルト試料を溶融するときの注意事項を説明せよ.

(4)　針入度試験を行う目的を説明せよ.

(5)　針入度試験における，試験条件（温度，時間，単位）を説明せよ.

(6)　軟化点試験を行う目的を説明せよ.

(7)　軟化点（°C）は，どういう時点の温度か説明せよ.

(8)　軟化点試験における試験条件（昇温速度，用いる液体）を説明せよ.

(9)　伸度を行う目的を説明せよ.

(10)　伸度試験の試験条件（温度，速度，単位）について説明せよ.

(11)　引火点試験を行う目的を説明せよ.

(12)　引火点と燃焼点との判定方法を比較せよ.

(13)　アスファルト混合物の安定度試験（マーシャル法）の目的について説明せよ.

(14)　マーシャル突固め回数の使い分けはどのように行うか説明せよ.

(15)　アスファルト混合物のアスファルト量が所定量より少ない場合にはどのような現象が起きるか説明せよ.

(16)　アスファルト混合物のアスファルト量が所定量より多い場合にはどのような現象が起きるか説明せよ.

第 **6** 章

●品質管理・品質検査●

6.1　品質管理・品質検査総論

1.　品質管理・品質検査の位置づけ

　品質管理を行う目的は，設計計画書に示された所要の品質の材料や所要の性能を持つ構造物を，経済的にかつ容易に造ることにある．

　この章では，『コンクリートの品質』を主対象とした立場から，その管理と検査について述べる．　　　　5

(A)　品質管理・品質検査の定義

　コンクリートの品質管理は，構成材料の管理，製造工程の管理，構造物の品質管理の 3 つの側面から構成される．また，コンクリートの品質は，一般に圧縮強度で示すことが多いが，厳密には，その目的によって変化し，各種の管理方法や検査方法による特性値で示し，JIS などの規定や規準により判定する．また，管理方法には，3σ（シグマ）法が一般に用いられている．　　　　10

　また，品質検査とは，対象物の品質が判定基準に適合しているか否かを標本（サンプル）とその条件により判定することをいい，適合していれば合格とする．

(B)　管理項目・検査項目（特性値）

　コンクリートの管理項目と検査項目は，上述の 3 つの側面で異なるが，コンクリートの品質を具体的に表すことができる特性値（ばらつきを想定したうえでの代表値）の大きさと範囲が，一般に用いられている．た　　　　15
とえば，練混ぜ時や荷卸し時のスランプや空気量，圧縮強度の値などが，それに該当する．その中でも，圧縮強度は，コンクリートの品質全般が判断できるうえに，構造物の設計の基準にもなっているので，最も重要な特性値である．

2.　統計的基礎事項

　得られた品質を表す特性値は，各種の要因によって変動するため，管理や検査のためには，統計的な取扱　　　　20
いが行われる．以下，その統計量（母数を推定するために，データから算出される量）および代表的な確率密度関数である正規分布について述べる．

(A)　基本統計量（標本平均・不偏分散・変動係数・標本範囲）

　あるばらつきの関数を持つ母集団より，n 個のデータを抽出する標本平均の期待値は，母集団の平均値に一致するが，標本分散は，その自由度（情報の大きさ）から，不偏分散とは，厳密には異なる．ただし，標本数が多くなるにつれて，両者は漸近的に近づく．

　また，変動係数は，確率変数（変量）の標準偏差をその平均値で除したもので，確率分布の変動を相対的に比較するのに用いられる．一方，標本範囲は，得られた値の最大値と最小値の差である．

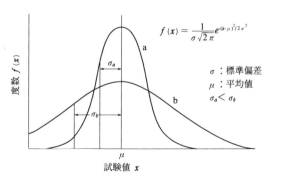

$$f(x) = \frac{1}{\sigma\sqrt{2\pi}}e^{-(x-\mu)^2/2\sigma^2}$$

σ：標準偏差
μ：平均値
$\sigma_a < \sigma_b$

図-6.1　ばらつきの異なる正規分布曲線

(B)　正規分布（ガウスの誤差曲線）

　正規分布を用いることの利点は，平均値と分散を推定することにより，ある確率変数が量的な区間に依存する可能性を確率的に算出できることにある．　　　　35

　また，正規分布は，確率変数がお互いに独立な場合の加法性と中心極限定理（もとの母集団が正規分布でなくとも，それから抽出された n 個の試料の分布は，正規分布に近づく）の重要な性質を持つ．すなわち，標本分布は n が十分大きいとき，正規分布となり，その変動は母集団分布の変動より小さくなる．

3.　品質管理における管理図・品質検査の種類

(A)　$\bar{x}-R$ 管理図の場合の基本原理

　正規分布をなす母集団から，大きさ（n 個）を限定した標本データを抽出し，標本範囲を求めることを繰り返した場合，その期待値と母集団のばらつき σ には，一定の関係が導かれる．このことを基本原理として，管理限界に対応させたものが 3σ 法（シューハート管理法）である．3σ 法は，正規分布内に確率変数が十分存在することから考えて，それを超えるものが異常な結果であることを説明する．一般に結果は図化され，品質管理は，中心線（CL），上側管理限界（UCL），下側管理限界（LCL）をもとにした管理図により行われる．

(B)　抜取検査

　抜取検査は，試料（標本）を検査して，全体（ロット：1 単位の母集団）の合否を判定しようとするものである．

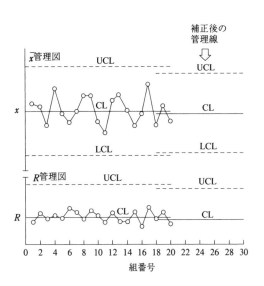

図-6.2　標本範囲に基づく 3σ 管理

その基本原理は，仮説検定の理論にあり，能率的に行うにはロット判定基準の設定が最も重要な問題となる．なお，抜取検査は，特性値の性格によって，計数抜取検査と計量抜取検査に分けられる．

　計数抜取検査の場合は，その検査能率特性を知るために，検査特性曲線（OC 曲線：ロット品質とその合格する確率との関係を示す曲線）が利用される．すなわち，品質に異常がないことが真実であるのに，抜取検査であるがゆえに判断を誤る生産者危険率などを考慮し，検査主体者が判定の基準を制御して設定するのに用いる．

　一方，コンクリートの圧縮強度による検査の場合には，計量抜取検査が多く用いられる．この場合，品質の合否を決める許容限界に関して，土木学会の 2017 年制定コンクリート標準示方書［設計編：本編］5 章 5.2「材料の設計値」では，設計基準強度を下回る確率が 5% 以下であることを規定している．これに，抜取検査であるがゆえの危険率を考慮に加え，合格判定係数を用いることにより，平均強度が上記規定の許容限界以上であることを推定できれば，そのコンクリートは所要の品質を有するものと考える．

4.　品質管理・品質検査の意義

　変動要因の把握や偶然性と異常性の判別をすみやかに行い，適切な処置を行って品質を所定の範囲（管理限界）内に納めることが，品質管理の意義である．一方，品質検査は，ロット単位の合否の判定を最も能率的に行うシステムを確立すること，かつ具体的に判定することに，その意義がある．

6.2　コンクリートの品質管理

1.　品質管理の目的

(1)　コンクリートの品質管理方法は，「2017 年制定コンクリート標準示方書［施工編］」に規定されている．

(2)　工事の現場でコンクリートの品質管理をする目的は，所要の品質のコンクリートを間違いなく，容易にかつ経済的に造ることである．

(3)　コンクリートは，作業に適するワーカビリティーを有するとともに，硬化後は所要の強度，耐久性，水密性，ひび割れ抵抗性ならびに鋼材を保護する性能等を持ち，品質のばらつきの少ないものでなければならない．[関：(1)]

(4)　均等質で所要の品質を有するコンクリートを経済的に造るため，コンクリートの材料，製造設備，施工方法などを，品質管理しなければならない．

(5)　工事がある程度の期間にわたっており，多量のコンクリートが造られる場合，コンクリートの品質はある程度変動するので，適切な処置をして，工程を安定な状態に管理することが必要である．[関：(2)]

(6)　管理図は，製造工程をよく管理された安定な状態に保つために用いるグラフ（管理用管理図）である．また，その工程がよく管理された安定な状態にあるかどうかを調べるために用いるグラフ（解析用管理図）でもある．

2.　品質管理要領

(A)　試　　験

(1)　工事開始前に，必要な材料の試験およびコンクリートの配合を定めるための試験を行うとともに，機械および設備の性能を確認しなければならない．

(2)　工事中は，必要に応じて，骨材の試験，コンクリートのスランプ試験，空気量試験，単位容積質量試験，圧縮強度試験，フレッシュコンクリートの塩化物イオン量試験およびその他の試験をしなければならない．[関：(3)]

(3)　養生の適否，型枠の取外しの時期およびプレストレスの導入時期を定める場合，あるいは早期に載荷するときに安全であるかどうかを確かめる場合には，現場のコンクリートとできるだけ同じ状態で養生した供試体を用いて，強度を試験しなければならない．

(4)　工事終了後，必要のある場合には，コンクリートの非破壊試験，構造物から切り取ったコンクリート供試体の試験を行う．

(B)　圧縮強度によるコンクリートの品質管理

(1)　圧縮強度によるコンクリートの品質管理は，一般の場合，早期材齢における圧縮強度によって行う．この場合，供試体は構造物に使用されるコンクリートを代表するように採取しなければならない．[関：(4)]

(2)　コンクリートの品質管理に用いる圧縮強度の 1 回の試験値は，一般の場合，同一バッチから採取した供試体 3 個の圧縮強度の平均値とする．

(3)　試験のための試料を採取する時期および回数は，一般の場合，1 日に打ち込むコンクリートごとに少なくとも 1 回，または構造物の重要度と工事の規模に応じて，連続して打ち込むコンクリートの 20〜150 m³ ごとに 1 回とする．

(4)　試験値によりコンクリートの品質を管理する場合，管理図およびヒストグラムを用いるのがよい．[関：(5)]

(C)　管理図

a)　管理図の種類と利用方法

(1)　管理図は，横軸に試料番号を，縦軸に試験値をとり，品質のばらつきを表したものである．

(2)　管理図には，試験値の平均値を示す中心線と，品質のばらつきの幅の限界を示す管理限界線が示されている．一般に管理限界線は，標準偏差 σ の 3 倍の 3σ をとり，2σ を警戒限界とする場合もある．[関：(6)]

(3)　管理線は，できるだけ早期に決める必要がある．コンクリートの試験値を管理するときは，工事の初めに既往の類似した工事例や試算によった管理線を仮に使ってもよい．しかしながら，1 組の試験値が得られれば補正する．

(4)　管理図は，データから工程が安定な状態にあったかどうかを調べたり，その工程の平均値やばらつきを推定したりする，工程解析に役立つ．

(5)　試験値が管理限界線の外に出た場合，この試験値は見逃すことのできない原因によって生じたものと一応考え，その原因を調べて適切な対策をとる．

(6)　コンクリート工事に使用される管理図の主なものは，次のようである．

① $\bar{x}$–R 管理図 ....平均値と最大値と最小値の範囲の管理図
② x 管理図 ....個々の測定値の管理図
③ x–R_s 管理図 ....個々の測定値と移動範囲の管理図
④ $\bar{x}$ 管理図 ....平均値の管理図
⑤ R 管理図 ....最大値と最小値の範囲の管理図
⑥ R_s 管理図 ....移動範囲の管理図

(7)　一般に，$\bar{x}$–R 管理図，x–R_s 管理図が用いられる．$\bar{x}$ 管理図は，品質の平均値の変化を見るためのものであり，R 管理図は，品質の幅の変化を見るためのものである．$\bar{x}$–R 管理図は，工程の解析，工程能力の検討などに有効である．

　　x 管理図は，管理限界の幅が大きくなり，母平均の偶然でない変化を検出しにくいが，打点が早くでき，行動が早くとれる利点がある．x 管理図は，連続する 2 個の試験値の差をとった R_s 管理図と併用するのがよい．

(8)　現場練りコンクリートでは，上記の管理図のほかに，連続する 3〜5 個の試験値より平均値を順次求める移動平均の管理図や，最大値と最小値の差の範囲 R を順次求める移動範囲の管理図を用いる例が多い．これらの管理図は，コンクリートを造る工程において，材料およびコンクリートの中間段階の状態を管理するのに適当であるといわれている．

b)　$\bar{x}$–R 管理図

(1)　$\bar{x}$–R 管理図は，管理する項目として，長さ・質量・時間・圧縮強度・純度・収率などのような量の場合に用いる．$\bar{x}$–R 管理図は，平均値の変化を管理する $\bar{x}$ 管理図とばらつきの変化を管理する R 管理図からなる．

(2)　$\bar{x}$–R 管理図の手順は，次のようである．

①　試験値は組分けをするが，1 組の個数は 4〜5 個とし，個数は同一管理内では等しくする．その個数のとり方は，同一日にとったものとか，初めからたとえば 5 個と決めて，組分けする．組分けした

ら，順番に組番号をつける．

② 組の数は，20〜25 組ぐらいがよい（**表-6.6** 参照）．

③ 各組ごとの試料の平均値を計算する．

$$\bar{x} = \frac{x_1 + x_2 + \cdots + x_n}{n} \quad \cdots\cdots\cdots\cdots\cdots\cdots\cdots\cdots\cdots\cdots\cdots\cdots\cdots (6.1)$$

ここに，$x_1, x_2, \cdots, x_n$：第 1 番目から第 n 番目の試験値

n：試験値の個数

④ 各組について，範囲 R すなわち 1 組中の最大の試験値と最小の試験値との差を計算する．

$$R = (x \text{ の最大値}) - (x \text{ の最小値}) \quad \cdots\cdots\cdots\cdots\cdots\cdots\cdots\cdots\cdots (6.2)$$

⑤ 管理図用紙の左端に $\bar{x}$ と R を縦軸に目盛り，横軸に組の番号を目盛る（**図-6.10** 参照）．

⑥ $\bar{x}$ の値と R の値を表す点を，記入する．

⑦ 管理線として，中心線および上側管理限界（UCL）と下側管理限界（LCL）の計算を行う．

$\bar{x}$ の管理図の中心線としては，$\bar{x}$ の平均 $\bar{\bar{x}}$ を計算する．

$$\bar{\bar{x}} = \frac{\sum \bar{x}}{k} \quad \cdots\cdots\cdots\cdots\cdots\cdots\cdots\cdots\cdots\cdots\cdots\cdots\cdots\cdots (6.3)$$

ここに，$\sum \bar{x}$：試験値の平均値の和

k：組の個数

R 管理図の中心線としては，R の平均 $\bar{R}$ を計算する．

$$\bar{R} = \frac{\sum R}{k} \quad \cdots\cdots\cdots\cdots\cdots\cdots\cdots\cdots\cdots\cdots\cdots\cdots\cdots\cdots (6.4)$$

ここに，$\sum R$：範囲の和

k：組の個数

$\bar{x}$ 管理図の管理限界は，次の式によって計算する．

上側管理限界 $\text{UCL} = \bar{\bar{x}} + A_2 \bar{R} \quad \cdots\cdots\cdots\cdots\cdots\cdots\cdots\cdots (6.5)$

下側管理限界 $\text{LCL} = \bar{\bar{x}} - A_2 \bar{R} \quad \cdots\cdots\cdots\cdots\cdots\cdots\cdots\cdots (6.6)$

ここに，A_2：試験値の個数 n によって決まる値（**表-6.1** 参照）

R 管理図の管理限界は，次の式によって計算する．

上側管理限界 $\text{UCL} = D_4 \bar{R} \quad \cdots\cdots\cdots\cdots\cdots\cdots\cdots\cdots\cdots\cdots\cdots (6.7)$

下側管理限界 $\text{LCL} = D_3 \bar{R} \quad \cdots\cdots\cdots\cdots\cdots\cdots\cdots\cdots\cdots\cdots\cdots (6.8)$

ここに，D_4, D_3：試験値の個数 n によって決まる値（**表-6.1** 参照）

⑧ $\bar{x}$ 管理図と R 管理図に，中心線と管理限界線をそれぞれ実線と破線で記入する．

⑨ 記入した点が全部管理限界内にあれば，品質の工程は安定状態にあると考えてよい．

⑩ 管理限界の外に飛び出した場合は，その原因を調べ，再び起こらないように処置する．

⑪ 品質の規格が定められている場合には，試験値を全部使ってヒストグラムを作り，これを規格と比較する．ヒストグラムが規格の上限と下限の中に十分なゆとりをもって収まっておれば，この工程は規格に対して満足な状態にあるから，上記で求めた管理線を採用する．

表-6.1　$\bar{x}$–R 管理図の管理限界を計算するための係数表

試験値の個数 n	$\bar{x}$ 管理図 UCL $= \bar{\bar{x}} + A_2\bar{R}$ LCL $= \bar{\bar{x}} - A_2\bar{R}$	R 管理図 UCL $= D_4\bar{R}$ LCL $= D_3\bar{R}$	
	A_2	D_3	D_4
2	1.88	—	3.27
3	1.02	—	2.57
4	0.73	—	2.28
5	0.58	—	2.11
6	0.48	—	2.00
7	0.42	0.08	1.92
8	0.37	0.14	1.86
9	0.34	0.18	1.82
10	0.31	0.22	1.78

D_3 の欄の—は，下側管理限界を超えないことを示す．

⑫　引き続き管理を行うときは，上記で採用された管理線を管理図にあらかじめ記入し，①〜⑪を繰り返し行う．

⑬　管理線は，製造工程が変わって処置の基準として適当でなくなる場合とか，試料の採り方が変わった場合にも，引き直す．また製造工程が変わらなくても，定期的に引き直す．

c)　x 管理図

(1)　x 管理図は，一つの試験値が得られたら，ただちに管理図に記入する方法である．したがって，測定から安定状態の判定および処置までの時間的な遅れがない．

(2)　x 管理図の種類として，次のものがある．

(a)　合理的な群分けができる場合の x 管理図

　　　$\bar{x}$–R 管理図を適用しても管理ができるが，見逃せない原因を早く発見して取り除くためには，この管理図を使う．一般に，$\bar{x}$–R 管理図と併用されることが多い．

(b)　合理的な群分けができない場合の x 管理図

　　　決められた工程から 1 個の試験値しか得られない場合とか，試験値を得るのに時間や経費がかさむときなどに使う．一般に，R_s 管理図と併用されることが多い．

(3)　合理的な群分けができる場合の x 管理図の手順は，次のようである．

①　合理的な 1 群と考えられるものの中から，個数を 3〜5 ぐらいとした試料を約 20〜25 組採り，測定する．合理的な 1 群とは，1 日に一定の回数測定するものなどが含まれる．

②　各組ごとの平均値 $\bar{x}$ を計算する（**表-6.3** 参照）．

$$\bar{x} = \frac{x_1 + x_2 + \cdots + x_n}{n} \quad\cdots\cdots\cdots\cdots\cdots\cdots\cdots\cdots\cdots\cdots\cdots (6.9)$$

ここに，$x_1, x_2, \cdots, x_n$：第 1 番目から第 n 番目の試験値

　　　　　　　　n：試験値の個数

③　各組について，範囲 R を計算する．

$$R = (x \text{ の最大値}) - (x \text{ の最小値}) \quad\cdots\cdots\cdots\cdots\cdots\cdots\cdots (6.10)$$

④　管理図用紙の左端に x を縦軸に目盛り，横軸に組の番号を目盛る（**図-6.3** 参照）．

⑤　試験値 x を，記入する．

⑥　管理線として，中心線および上側管理限界（UCL）と下側管理限界（LCL）の計算を行う．
中心線としては，$\bar{x}$ の平均 $\bar{\bar{x}}$ を計算する．

$$\bar{\bar{x}} = \frac{\sum \bar{x}}{k} \quad\cdots\cdots\cdots\cdots\cdots\cdots\cdots\cdots\cdots\cdots\cdots\cdots\cdots\cdots\cdots\cdots\cdots (6.11)$$

ここに，k：群（組）の個数

x 管理図の管理限界は，次の式によって計算する．

上側管理限界 $\mathrm{UCL} = \bar{\bar{x}} + E_2 \bar{R}$ $\quad\cdots\cdots\cdots\cdots\cdots\cdots\cdots\cdots\cdots\cdots\cdots\cdots\cdots (6.12)$

下側管理限界 $\mathrm{LCL} = \bar{\bar{x}} - E_2 \bar{R}$ $\quad\cdots\cdots\cdots\cdots\cdots\cdots\cdots\cdots\cdots\cdots\cdots\cdots\cdots (6.13)$

ここに，E_2：試験値の個数 n によって決まる値（**表-6.2** 参照）

$\bar{R}$：範囲の平均値，これを式に表すと，次のようである．

$$\bar{R} = \frac{R_1 + R_2 + \cdots + R_k}{k} \quad\cdots\cdots\cdots\cdots\cdots\cdots\cdots\cdots\cdots\cdots\cdots\cdots (6.14)$$

⑦　中心線 $\bar{\bar{x}}$ は実線で，管理限界線は破線で記入する．

⑧　以後の手順は，$\bar{x}$–R 管理図と同様とし，安定状態の可否と処置，規格の合否および管理線の引直しなどを行い，品質管理を続ける．

(4)　合理的な群分けができない場合の x 管理図の手順は，次のようである．

①　各群からは，ただ 1 つの試験値しか得られない場合，データは k が約 20〜25 群（組）から，それぞれ 1 個ずつの試料を採り，測定する．

②　平均値 $\bar{x}$ を計算する（**表-6.4** 参照）．

$$\bar{x} = \frac{x_1 + x_2 + \cdots + x_k}{k} \quad\cdots\cdots\cdots\cdots\cdots\cdots\cdots\cdots\cdots\cdots\cdots\cdots (6.15)$$

表-6.2　管理限界を計算するための係数表

群分けができる場合　→ p.168 例題 1 参照

試験値の個数 n	x 管理図 $\mathrm{UCL} = \bar{\bar{x}} + E_2\bar{R}$ $\mathrm{LCL} = \bar{\bar{x}} - E_2\bar{R}$ E_2	$\bar{x}$ 管理図 $\mathrm{UCL} = \bar{\bar{x}} + A_2\bar{R}$ $\mathrm{LCL} = \bar{\bar{x}} - A_2\bar{R}$ A_2	R 管理図 $\mathrm{UCL} = D_4\bar{R}$ $\mathrm{LCL} = D_3\bar{R}$ D_3	D_4
2	2.66	1.88	—	3.27
3	1.77	1.02	—	2.57
4	1.46	0.73	—	2.28
5	1.29	0.58	—	2.11
6	1.18	0.48	—	2.00
7	1.11	0.42	0.08	1.92
8	1.05	0.37	0.14	1.86
9	1.01	0.34	0.18	1.82
10	0.98	0.31	0.22	1.78

群分けができない場合　→ p.170 例題 2 参照

x 管理図	$\bar{R}_s$ 管理図
$\mathrm{UCL} = \bar{x} + 2.66\bar{R}_s$	$\mathrm{UCL} = 3.27\bar{R}_s$
$\mathrm{LCL} = \bar{x} - 2.66\bar{R}_s$	$\mathrm{LCL} = $ 考慮せず

なお，$\bar{x}$–R 管理図を併用するときの管理線も付記した．

ここに，$x_1, x_2, \cdots, x_k$：第 1 番目から第 k 番目の試験値

k：群（組）の個数

③　互いに相隣る 2 つの試験値の差である移動範囲 R_s を計算する．

$$R_{si} = |(\text{第 } i \text{ 番目の試験値}) - (\text{第 } i+1 \text{ 番目の試験値})|$$

④　管理用紙の左端に試験値 x を縦軸に目盛り，組の番号を横軸に目盛る（**図-6.4** 参照）．

⑤　試験値 x を，記入する．

⑥　管理線として，中心線および上側管理限界（UCL）と下側管理限界（LCL）の計算を行う．中心線は，$\bar{x}$ を用いる．管理限界は，次の式によって計算する．

上側管理限界 $\text{UCL} = \bar{x} + 2.66\bar{R}_s$　　$\cdots\cdots\cdots\cdots\cdots\cdots\cdots\cdots\cdots\cdots$（6.16）

下側管理限界 $\text{LCL} = \bar{x} - 2.66\bar{R}_s$　　$\cdots\cdots\cdots\cdots\cdots\cdots\cdots\cdots\cdots\cdots$（6.17）

ここに，　$\bar{R}_s = \dfrac{R_{s1} + R_{s2} + \cdots + R_{s(k-1)}}{k-1}$　$\cdots\cdots\cdots\cdots\cdots\cdots\cdots$（6.18）

なお，R_s 管理図を併用する場合の管理線は，次の式による．

中心線 $\bar{R}_s$

上側管理限界 $\text{UCL} = 3.27\bar{R}_s$　　$\cdots\cdots\cdots\cdots\cdots\cdots\cdots\cdots$（6.19）

下側管理限界 $\text{LCL} = -$　　（下側管理限界は考えない）

⑦　中心線 $\bar{x}$ は実線で，管理限界線は破線で記入する．

⑧　以後の手順は，$\bar{x}$–R 管理図と同様とし，安定状態の可否と処置，規格の合否および管理線の引直しなどを行い，管理を続ける．

d)　管理図の見方

(1)　管理図中に，点が中心線を中心にランダムに並んでいて，次のような状態にあるときは，工程は一応安定な状態にあると判断してよい．

①　連続する 25 点以上が管理限界内にある場合

②　連続する 35 点のうち，管理限界外れの点が 1 点以下の場合

③　連続する 100 点のうち，管理限界外れの点が 2 点以下の場合

(2)　管理図において，点が管理限界内にある場合でも，次のそれぞれの場合には，工程に異常が生じた可能性があると判断してよい．

①　点がだんだん上昇または下降する場合

②　点が周期的に上下する場合

③　連続する 7 点以上が中心線の一方の側にある場合

④　連続する 11 点のうち，10 点以上が中心線の一方の側にある場合

⑤　連続する 14 点のうち，12 点以上が中心線の一方の側にある場合

⑥　連続する 17 点のうち，14 点以上が中心線の一方の側にある場合

⑦　連続する 20 点のうち，16 点以上が中心線の一方の側にある場合

(D)　管理図の記入例

x 管理図の試験値のデータ（**表-6.3** 参照）を与えて，平均値と範囲を計算し，x 管理図の記入例（$\bar{x}$–R 管理図を併用した場合）を**図-6.3** に示す．

また，x 管理図の試験値のデータ（移動範囲 R_s を併用した場合，**表-6.4** 参照）を与えて，移動範囲を計算し，x 管理図の記入例（R_s 管理図を併用した場合）を**図-6.4** に示す．

表-6.3　x 管理図のデータ

日　時	組の番号	試　験　値					計 $\sum x$	平均値 $\bar{x}$	範　囲 R	摘　要
		x_1	x_2	x_3	x_4	x_5				
	1	93.4	94.0	93.6	93.8			93.70	0.6	
	2	92.8	92.4	92.4	92.6			92.55	0.4	
	3	93.4	94.6	94.4	94.5			94.22	1.2	
	4	94.7	94.2	93.8	92.5			93.80	2.2	
	5	93.3	93.8	93.7	94.6			93.85	1.3	
	6	94.6	93.0	93.7	93.8			93.78	1.6	
	7	93.2	92.8	94.1	94.3			93.60	1.5	
	8	94.1	92.7	93.9	93.4			93.52	1.4	
	9	93.8	93.7	93.2	93.7			93.60	0.6	
	10	93.5	93.8	93.7	93.3			93.58	0.5	
	11	93.9	94.0	93.6	93.4			93.72	0.6	
	12	93.3	93.4	93.4	93.4			93.38	0.1	
	13	93.3	93.8	93.5	93.5			93.52	0.5	
	14	94.9	93.7	93.1	93.2			93.72	1.8	
	15	93.6	93.2	93.1	93.1			93.25	0.5	
	16	93.2	93.2	93.3	93.8			93.38	0.6	
	17	93.3	93.3	93.5	93.5			93.40	0.2	
	18	93.6	93.4	93.7	94.0			93.68	0.6	
	19	93.6	93.7	93.7	94.0			93.75	0.4	
	20	94.2	94.1	93.8	92.7			93.70	1.5	
	21	94.0	92.2	93.8	92.8			93.08	1.8	
	22	93.1	93.1	92.7	92.8			92.92	0.4	
	23	93.1	93.5	93.3	93.1			93.25	0.4	
	24	93.0	94.3	93.6	94.6			93.88	1.6	
	25									
	計							2 244.83	22.3	
	平均							$\bar{\bar{x}} = 93.535$	$\bar{R} = 0.929$	

x 管理図　$\bar{\bar{x}} = 93.535$	$\bar{x}$ 管理図　$\bar{\bar{x}} = 93.535$	R 管理図　$\bar{R} = 0.929$
$\mathrm{UCL} = \bar{\bar{x}} + E_2\bar{R}$	$\mathrm{UCL} = \bar{\bar{x}} + A_2\bar{R}$	$\mathrm{UCL} = D_4\bar{R} = 2.28 \times 0.929 = 2.118$
$\quad = 93.535 + 1.46 \times 0.929$	$\quad = 93.535 + 0.73 \times 0.929$	$\mathrm{LCL} = D_3\bar{R} = 0 \times 0.929 = 0$
$\quad = 94.891$	$\quad = 94.213$	
$\mathrm{LCL} = \bar{\bar{x}} - E_2\bar{R}$	$\mathrm{LCL} = \bar{\bar{x}} - A_2\bar{R}$	
$\quad = 93.535 - 1.46 \times 0.929$	$\quad = 93.535 - 0.73 \times 0.929$	
$\quad = 92.179$	$\quad = 92.857$	

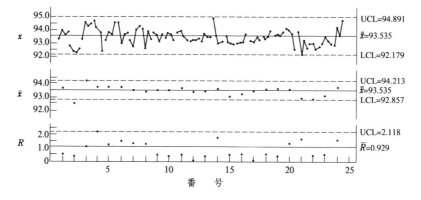

図-6.3　x 管理図の記入例（$\bar{x}$–R 管理図を併用した場合）

表-6.4　x 管理図のデータ（R_s 管理図を併用した場合）

番　　号	日　　　時	試　験　値 x	移動範囲 R_s	記　　　　　事
1		1.09		
2		1.13	0.04	
3		1.29	0.16	
4		1.13	0.16	
5		1.23	0.10	
6		1.43	0.20	
7		1.27	0.16	
8		1.63	0.36	
9		1.34	0.29	
10		1.10	0.24	
11		0.98	0.12	
12		1.37	0.39	
13		1.18	0.19	
14		1.58	0.40	
15		1.31	0.27	
16		1.70	0.39	
17		1.45	0.25	
18		1.19	0.26	
19		1.33	0.14	
20		1.18	0.15	
21		1.40	0.22	
22		1.68	0.28	
23		1.58	0.10	
24		0.90	0.68	
25		1.70	0.80	
26		0.95	0.75	
合　　計		34.12	7.10	
平　　均		1.312	0.284	

$\bar{x}$ 管理図　$\bar{x} = 1.312$
$\quad \text{UCL} = \bar{x} + 2.66\bar{R}_s = 1.312 + 2.66 \times 0.284$
$\qquad = 2.067$
$\quad \text{LCL} = \bar{x} - 2.66\bar{R}_s = 1.312 - 2.66 \times 0.284$
$\qquad = 0.557$

R_s 管理図　$\bar{R}_s = 0.284$
$\quad \text{UCL} = 3.27\bar{R}_s = 3.27 \times 0.284 = 0.929$
$\quad \text{LCL} = 考慮せず$

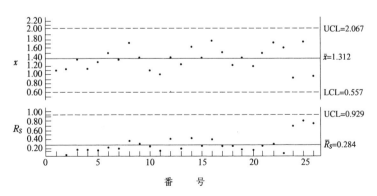

図-6.4　x 管理図の記入例（R_s 管理図を併用した場合）

3. 関 連 知 識

(1) 品質のばらつきが，はっきりした原因（必然法則）によるばらつきが除去されていて，偶然に生じた（偶然法則）ものであれば，このような状態を安定状態（統計的管理状態）といい，統計的な取扱いをすることができる．安定状態の品質について度数分布曲線を作ってみると，一般に**図-6.5** のような，平均値に対し左右対称な正規分布曲線になる．この曲線の高さが高く，広がりの少ないものほど，品質管理が良いことを示している．

(2) コンクリートの強度と荷重による応力との関係および安全度を模式的に示すと，**図-6.6** のようである．

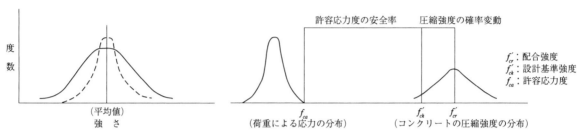

図-6.5 正規分布曲線の種類　　　　　**図-6.6 コンクリート構造物の安全度**

(3) コンクリートの管理項目の特性値として，一般に圧縮強度が用いられているが，曲げ強度，スランプ，空気量などを用いる場合もある．また，補助的に工程の要因（骨材の含水量，骨材の粒度，セメントの品質，材料の計量値）を，管理項目の特性値とする場合もある．

(4) コンクリートの圧縮強度をもとにして品質管理をしたときは，結果がわかるまで相当の日数が必要である．したがって，品質管理試験においては早期材齢の圧縮強度を用いて行うのがよい．材齢 7 日あるいは 3 日の圧縮強度は，早期に試験値が得られる点で好ましい．また水セメント比などを，管理項目の特性値にしてもよい．

(5) 品質のばらつきの状態を表す方法として，度数表または度数図がある．度数表は，ある圧縮強度の試験値が何回繰り返して生じたかを数える方法で，**表-6.5** はその例である．**図-6.7** は，度数を高さとする度数図の一例で，ヒストグラムと呼ばれている．

(6) 管理図では，第 1 種の誤りが恐ろしいのか，第 2 種の誤りによる損失が大きいのかなどをよく判断して，それぞれの誤りの確率を適切に定め，それに応じた試料の数の大きさ n と管理限界線を決めることが原則である．第 1 種の誤りとは，仮説 H_0 が正しいのに H_0 を捨てる誤り―あわてものの誤りのことである．また，第 2 種の誤りとは，仮説 H_0 が正しくな

表-6.5 度数表

コンクリートの圧縮強度 (N/mm²)	マーク	度数
12.95〜14.95	/	1
14.95〜16.95	////	4
16.95〜18.95	⧸⧸⧸ ⧸⧸⧸ //	12
18.95〜20.95	⧸⧸⧸ ⧸⧸⧸ ⧸⧸⧸ ⧸⧸⧸	20
20.95〜22.95	⧸⧸⧸ ⧸⧸⧸ ⧸⧸⧸ ⧸⧸⧸ ////	24
22.95〜24.95	⧸⧸⧸ ⧸⧸⧸ ⧸⧸⧸ ⧸⧸⧸ /	21
24.95〜26.95	⧸⧸⧸ ⧸⧸⧸ ///	13
26.95〜28.95	////	4
28.95〜30.95	//	2

注：各区間の境界値は測定単位の 1/2 にとる．

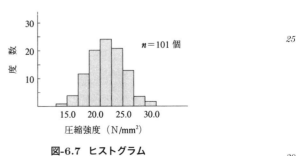

図-6.7 ヒストグラム

いとき，H_0 を捨てない誤り—ぼんやり
ものの誤りのことである．すなわち，
図-6.8 に示すように，確率の考え方
による統計的な判断には，第 1 種の誤
りと第 2 種の誤りは避けられないので
ある．

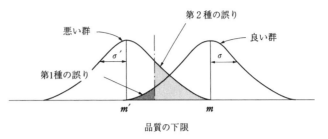

図-6.8　第 1 種の誤りおよび第 2 種の誤り

しかし，この考え方で管理限界線を
定めることは相当に難しい問題である
ため，一般には，3σ 限界が多く用い
られている．3σ 限界とは，平均値 m
を中心線とし，その上下に標準偏差 σ
の 3 倍の 3σ をとって上下の管理限界
としたものである．また，通常は，2σ
限界線も描き，2σ 限界線と 3σ 限界
線の間に打点された場合，要注意とし
て管理することも行われている．

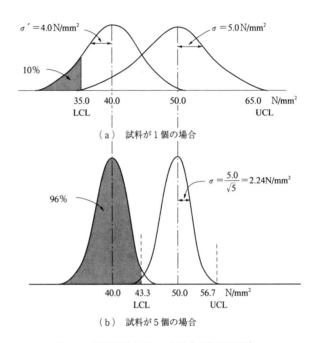

図-6.9　試料数が多くなった場合の管理限界線

この方法は，レディーミクストコン
クリートの場合のように，品質の平均
値 m および標準偏差 σ が過去の実績
からわかっている場合に適用できる．
しかし，現場練りコンクリートの場合，
工事の初期には，平均値や標準偏差は
一般には未知である．このような場合
には，工事開始後なるべく早く 20〜30 個の試験値をとり，平均値と標準偏差を推定する．すなわち，
6.1 の **2.** に述べたところにより，品質の平均値 m は試験値の平均値 $\bar{x}$ に等しいとして推定できる．ま
た標準偏差は，通常は $\bar{R}/d_2$（$\bar{R}$：標本範囲の平均値，d_2：定数）によって推定する．工事がさらに進
行した時点では，平均値や標準偏差を推定し直し，管理限界線を補正する．

また，数個の試験値の平均値によって品質管理を行うことがある．$\bar{x}$ 管理図である．この場合の管理
図においては，中心線は m，管理限界線は $m \pm 3\sigma/\sqrt{n}$ のところに引く．

この管理図を用いれば，**図-6.9** に示すように，試験値の個数 n を適当にとることによって，高い信頼度
で品質の変化を判定できる．すなわち，たとえば平均値 m が $50.0\,\mathrm{N/mm^2}$ で標準偏差 σ が $5.0\,\mathrm{N/mm^2}$
の工程があったとし，この工程が何らかの原因で変化し，平均値が $40.0\,\mathrm{N/mm^2}$ で標準偏差が $4.0\,\mathrm{N/mm^2}$
に変化したとする．$n = 1$ 個の試験値で管理を行っていると，3σ の管理限界線の外に出るのは 10％で，
少なくとも 10〜30 個の他の試験値がないと異常に気づかないことになる．これは，第 2 種の誤りが大
きいということである．これが $n = 5$ 個の試験値の平均で管理を行っていると，3σ の管理限界線の外
に出る確率は 96％もあり，1〜2 個の試験値で簡単に変化を知ることができるのである．5 個が多い場
合は，一般に $n = 3$ 個の試験値の平均で管理を行っている．

(7)　JIS Z 8101-2–2015（統計—用語及び記号—）には，品質管理において用いる主な用語および記号を
規定している．

4. コンクリートの品質管理例

....

例題 1 a) $\bar{x}$–R 管理図

コンクリートの設計基準強度が $24.0\,\mathrm{N/mm^2}$ である．データに基づいて，$\bar{x}$–R 管理図を作成したい．このときの 1 組の試験値数は 5 個とした（**表-6.6** 参照）．

表-6.6 $\bar{x}$–R 管理図のデータと計算

組	試　験　値 (N/mm²)					計	平均値	範　囲	摘　要
No.	x_1	x_2	x_3	x_4	x_5	$\sum$	$\bar{x}$	R	
1	28.7	27.2	28.4	27.5	26.0		27.6	2.7	
2	25.9	27.7	27.1	26.5	27.4		26.9	1.8	
3	25.9	25.1	25.6	25.1	28.4		26.0	3.3	
4	26.9	26.9	28.2	29.9	27.8		27.9	3.0	
5	26.8	25.2	28.5	27.6	26.5		26.9	3.3	
6	28.0	27.5	25.1	27.8	27.3		27.1	2.9	
7	25.5	27.0	25.2	27.3	26.6		26.3	2.1	
8	27.5	28.4	27.2	25.1	27.8		27.2	3.3	
9	26.7	27.7	26.6	26.0	27.5		26.9	1.7	
10	26.3	28.5	26.6	27.7	27.2		27.3	2.2	
11	26.8	28.4	28.0	27.1	25.8		27.2	2.6	
12	27.1	26.5	26.5	27.2	26.2		26.7	1.0	
13	26.2	27.7	25.9	26.7	25.7		26.4	2.0	
14	27.7	27.2	25.2	27.8	27.0		27.0	2.6	
15	26.5	28.0	26.4	29.0	25.9		27.2	3.1	
16	24.7	27.1	26.3	25.8	27.2		26.2	2.5	
17	27.8	24.2	28.3	28.0	27.7		27.2	4.1	
18	27.5	25.2	26.9	28.9	26.0		26.9	3.7	
19	27.1	26.0	27.5	26.4	28.7		27.1	2.7	
20	25.2	26.7	27.8	28.0	27.1		27.0	2.8	
計							539.0	53.4	
平　均							$\bar{\bar{x}}=26.95$	$\bar{R}=2.67$	

計算順序を示せば，次のようである．

(1) $\bar{x}$ を求める．

$$\frac{28.7 + 27.2 + 28.4 + 27.5 + 26.0}{5} = 27.6 \qquad 順次計算する．$$

(2) R を求める．No.1 については最大値と最小値をとって，$28.7 - 26.0 = 2.7$ となる．順次計算する．

(3) $\bar{x}$ と R の平均の $\bar{\bar{x}}$ および $\bar{R}$ を求める．$\bar{\bar{x}} = 26.95$，$\bar{R} = 2.67$ となる．

(4) $\bar{x}$ 管理図の UCL と LCL を求める（**表-6.2** 参照）．

$$\mathrm{UCL} = \bar{\bar{x}} + A_2 \cdot \bar{R} = 26.95 + 0.58 \times 2.67 = 28.50$$

$$\mathrm{LCL} = \bar{\bar{x}} - A_2 \cdot \bar{R} = 26.95 - 0.58 \times 2.67 = 25.40$$

(5) R 管理図の UCL と LCL を求める（**表-6.2** 参照）．

$$\mathrm{UCL} = D_4 \cdot \bar{R} = 2.11 \times 2.67 = 5.63$$

$$\mathrm{LCL} = D_3 \cdot \bar{R} = 0$$

(6) $\bar{x}$ 管理図を描く．CL = 26.95, UCL = 28.50, LCL = 25.40 を記入し，$\bar{x}$ の値を組番号に合わせて

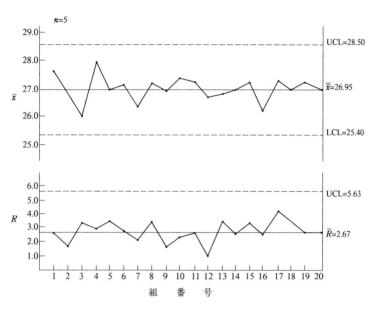

図-6.10 $\bar{x}$–R 管理図

打点する.

(7)　R 管理図を描く．CL $= 2.67$, UCL $= 5.63$, LCL $= 0$ を記入し，R の値を組番号に合わせて打点する．

(8)　$\bar{x}$–R 管理図を，**図-6.10** に示す．

(9)　規格が定められているときは，個々の試験値を全部使ってヒストグラムを作る．規格がないときは，平均値 $\bar{x}$ を用いる．

b)　ヒストグラム

前記の例題をもとにして，$f'_{ck} = 24.0\,\text{N/mm}^2$ を下回ってはならないという基準があったとして，個々の試験値を全部使ってヒストグラムを作る．手順は，次のようである．

(1)　区間の数を，**表-6.7** によって決める．ここでは，データ数が 100 個（試験値 5 個 × 20 組）なので区間の数を 8 個とする．

表-6.7　区間の数の採り方

データ の 数	区 間 の 数
50〜100	6〜10
100〜250	7〜12
250 以上	10〜20

(2)　区間の幅を，次の式によって決める．

$$\frac{\text{試験値の最大値} - \text{最小値}}{\text{区間数}} = \frac{29.9 - 24.2}{8} = 0.8$$

（小数点以下 2 位は切り上げて，小数点以下 1 位とする）

(3)　境界値を決める．境界値の単位は，測定単位の $1/2$ とする．

この例題の試験単位は，小数点以下 1 位である．ゆえに，0.1 の $1/2$ で 0.05 となる．したがって，**表-6.6** 中の試験値の最小値 $24.2 - 0.05 = 24.15$ が境界値の最小値で，区間の幅 0.8 ずつ加わったものが，それぞれの区間の境界値となる．$24.15 + 0.8 = 24.95$，$24.95 + 0.8 = 25.75$，順次 **表-6.8** のとおりである．

表-6.8　度数表

区間番号	区間境界値	区間の中心線	度数マーク	度数
1	24.15〜24.95	24.55	//	2
2	24.95〜25.75	25.35	//// //// //	12
3	25.75〜26.55	26.15	//// //// //// //// /	21
4	26.55〜27.35	26.95	//// //// //// //// //// //	27
5	27.35〜28.15	27.75	//// //// //// //// ////	25
6	28.15〜28.95	28.55	//// ////	10
7	28.95〜29.75	29.35	//	2
8	29.75〜30.55	30.15	/	1

(4) 個々の試験値を，度数マークのところに記入し，度数を調べる．

(5) ヒストグラムを，**図-6.11** のように作る．

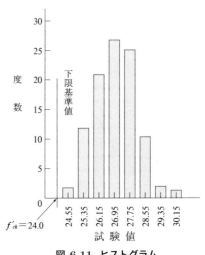

図-6.11　ヒストグラム

・・・

例題 2　x 管理図で群分けができない場合（R_s 管理図を併用した場合）

x 管理図のうち群分けができない場合で，管理限界線の引直しを 5 組，3 組，5 組，7 組，2 組で行った例である．

試験値 x について，x–R_s 管理を行うが，この x は，3 本の供試体の平均値であり，試験値 x は 1 つだから，群分けできない．

データを，**表-6.9** に示す．

図-6.12 に，x–R_s 管理図を示す．

計算手順を示せば，次のようである．

(1) $\bar{x}$ を求める．（No.1〜No.6 グループの場合）

No.1 　$\dfrac{31.9 + 32.7 + 32.4}{3} \doteqdot 32.3$

No.2 　$\dfrac{31.6 + 31.5 + 30.2}{3} \doteqdot 31.1$

No.3 　$\dfrac{30.5 + 29.7 + 30.9}{3} \doteqdot 30.4$

No.1〜No.22 について，順次計算する．

(2) 移動範囲 R_s を求める．（右表）

(3) x 管理図で群分けできない場合のデータをまとめる．（**表-6.9**）

No.	試験値 x	移動範囲 R_s
1	32.3	—
2	31.1 ）差	1.2
3	30.4 ）差	0.7
4	31.1 ）差	0.7
5	30.6 ）差	0.5

以降，No.6〜No.22 について順次計算する．

表-6.9 x 管理図で群分けできない場合のデータ

No.	測定値 a	測定値 b	測定値 c	計	試験値（平均値）$\bar{x}$	移動範囲 R_s	項　目	x	R_s
1	31.9	32.7	32.4		32.3	—	$\bar{\bar{x}} \pm 2.66\bar{R}_s = 31.1 \pm 2.66 \times 0.78 = 33.17 \sim 29.03$		
2	31.6	31.5	30.2		31.1	1.2	$3.27\bar{R}_s = 3.27 \times 0.78 = 2.55$		
3	30.5	29.7	30.9		30.4	0.7	平　　　均	31.1	0.78
4	31.3	30.5	31.5		31.1	0.7	個　　　数	5	4
5	30.7	31.2	29.9		30.6	0.5	小　　　計	155.5	3.1
							累　　　計	155.5	3.1
6	31.9	30.0	29.7		30.5	0.1	$\bar{\bar{x}} \pm 2.66\bar{R}_s = 31.09 \pm 2.66 \times 0.73 = 33.03 \sim 29.15$		
7	32.4	31.2	31.5		31.7	1.2	$3.27\bar{R}_s = 3.27 \times 0.73 = 2.39$		
8	31.4	30.2	31.7		31.0	0.7	平　　　均	31.09	0.73
							個　　　数	8	7
							小　　　計	93.2	2.0
							累　　　計	248.7	5.1
9	30.0	31.4	30.2		30.6	0.4	$\bar{\bar{x}} \pm 2.66\bar{R}_s = 31.28 \pm 2.66 \times 0.72 = 33.20 \sim 29.36$		
10	30.3	31.0	32.1		31.1	0.5	$3.27\bar{R}_s = 3.27 \times 0.72 = 2.35$		
11	32.1	30.3	31.4		31.3	0.2	平　　　均	31.28	0.72
12	32.7	33.1	33.0		32.9	1.6	個　　　数	13	12
13	32.3	31.9	32.1		32.1	0.8	小　　　計	158.0	3.5
							累　　　計	406.7	8.6
14	31.1	31.9	31.8		31.6	0.5	$\bar{\bar{x}} \pm 2.66\bar{R}_s = 31.49 \pm 2.66 \times 0.87 = 33.80 \sim 29.18$		
15	32.3	32.5	33.4		32.7	1.1	$3.27\bar{R}_s = 3.27 \times 0.87 = 2.84$		
16	30.9	32.2	30.8		31.3	1.4	平　　　均	31.49	0.87
17	34.3	32.9	33.7		33.6	2.3	個　　　数	20	19
18	32.2	31.6	30.7		31.5	2.1	小　　　計	223.0	7.9
19	31.5	31.0	30.7		31.1	0.4	累　　　計	629.7	16.5
20	30.9	31.1	31.5		31.2	0.1	※**表-6.2** の群分けができない場合を参照		
21	30.0	32.2	30.3		30.8	0.4			
22	30.6	30.1	29.9		30.2	0.6			

$$\sum \bar{x} = 690.7 \qquad \frac{\sum \bar{x}}{h} = \frac{690.7}{22} \fallingdotseq 31.40$$

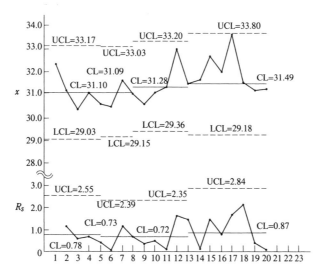

図-6.12 x–R_s 管理図

6.3 コンクリートの品質検査

1. 品質検査の目的

(1) コンクリートの品質検査は，2017 年制定コンクリート標準示方書［施工編］に規定されている．

(2) 製造された品質が，判定基準に合格しているかどうかを調べるために行う．すなわち，品質を保証する活動である．［関：(1)］

(3) コンクリートの品質は，各バッチあるいは施工の日ごとに変動するのみでなく，工事の全期間にわたって変動する．ゆえに，工事中でも品質保証活動を行うとともに，許容限界以下のコンクリートが偏って造られていないことも，確かめなければならない．

2. 品質検査要領

(A) コンクリートの品質検査基準

(1) 試験値に基づいてコンクリートの品質を検査する場合，得られた全部の試験値および一部の連続する試験値を 1 組として，検査しなければならない．

(2) 圧縮強度をもととしてコンクリートの配合を定めた場合，コンクリートの品質を検査するには，一般の場合，円柱供試体による圧縮強度の試験値が，設計基準強度を下回る確率が 5％以下であることを適当な危険率で推定できれば，コンクリートは所要の品質を有していると考えてよい．この検査は一般の場合，材齢 28 日の圧縮強度に基づいて行うものとする．試験のための試料を採取する時期および回数は，一般の場合，1 日に打ち込むコンクリートごとに少なくとも 1 回，または構造物の重要度と工事の規模に応じて，連続して打ち込むコンクリートの 20〜150 m³ ごとに 1 回とする．1 回の試験値は，同一試料から採った 3 個の供試体の平均値とする．

(3) 耐凍害性，化学的耐久性，水密性などをもととして水セメント比を定めた場合，コンクリートの品質を検査するには，圧縮強度の試験値から推定した水セメント比，またはフレッシュコンクリートの分析から得られた水セメント比の試験値の平均値が所要の水セメント比より小さければ，コンクリートは所要の品質を有していると考えてよい．

(B) 判定基準

品質検査をするには，次の項目を定めなければならない．

(1) 良い品質のコンクリートが不合格と判定される危険率 α（生産者危険率）を決める．圧縮強度を検査する場合は，α は 0.1 とする．JIS Z 9010–1999「計量値検査のための逐次抜取方式」では 0.05 を基準としている．

(2) 悪い品質のコンクリートが合格と判定される危険率 β（消費者危険率）を決める．JIS Z 9010–1999 では 0.1 を基準としている．

(3) なるべく合格させたいロット（検査単位）の不良率の上限 p_0 を決める．一般に，生産者危険率 α より小さくとるか，または等しくとる．圧縮強度から検査をする場合は，$p_0 = 0.05$ とする．

(4) なるべく不合格としたいロットの不良率の下限 p_1 を決める．一般に，消費者危険率 β より小さくとる．

(5) p_0 と p_1 および α と β を図示すると，**図-6.13** のようである．

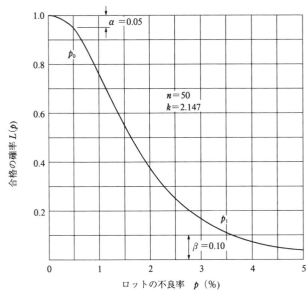

この曲線は OC 曲線（検査特性曲線）と呼ばれ
るもので，ロットの品質が合格する確率を示した
ものである．
例：試料の大きさ n，合格判定係数 k のとき，長
い間には不良率 0.5% のロットがこの検査で合格
する確率は 100 回のうち 95 回くらいである．

図-6.13　OC 曲線の例と p_0, p_1, α, β の関係

(C)　品質検査方法

　品質検査の方法には数多くあるが，土木の分野で多く用いられるのは，計数抜取検査法と計量抜取検査法
である．一般に，計量抜取検査法によるのがよい．

a)　計数抜取検査法

(1)　計数抜取検査は，試験値を合格品の数で表し，その品質を不合格品の割合で判定するものである．

(2)　計数抜取検査は，計量抜取検査に比べて同じ個数の場合には判定能力は低いが，検査，記録，計算な
　　どが簡単であるから，試験値の数が多い場合は便利である．

(3)　計数抜取検査の一例として，一般に過去の工事の例，工事中に行った試験などから，コンクリートの
　　施工方法が，コンクリート標準示方書の各条によって適切に行われていると考えられる場合には，次の
　　条件が満たされていれば，コンクリートは所要の品質を有していると考えてよい．すなわち，連続する
　　10 個の試験値のうち，設計基準強度 f'_{ck} を下回るものが 1 個より多くない場合，この 10 個の試験値を
　　採取した部分のコンクリートが所要の品質を満足しない危険率（p）は，ほぼ 1/10 である（**図-6.14,**
　　図-6.15 参照）．

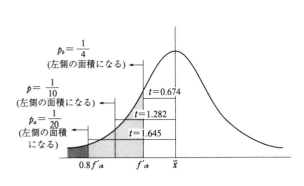

図-6.14　正規分布と危険率

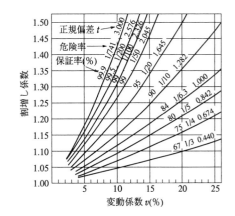

図-6.15　変動係数，危険率，割増し係数の関係

(4)　連続する 10 個のうち f'_{ck} 以下の試験値が 3 個以上含まれた場合，この 10 個の試験値を採取した部分のコンクリートが所要の品質のものであることは，まずないと考えてよい．

(5)　工事のごく初期などで，試験値の個数が少ない場合には，ごく概略の判定をするために，**表-6.10** を参考とすればよい．

表-6.10　計数抜取検査法の判定個数

項　　目	f'_{ck} を限界値とする場合
I　試験値の全個数	4〜9
II　要　注　意	2
III　不　適　合	3

b)　計量抜取検査法

(1)　計量抜取検査は，計数抜取検査に比べて同じ個数の場合には判定能力が高いので，悪い品質のものが合格とされる危険率は小さい．

(2)　計量抜取検査は，品質を計量値と数で表し，品質を不良率または平均値と標準偏差で判定する方法である．

(3)　一般に，試験値の数が少ない場合は，計量抜取検査法によるのがよい．

(4)　計量抜取検査は，次の関係が成立することを確かめればよい．

$$\bar{\bar{x}} \geqq f'_{ck} + kS_n \quad \cdots\cdots\cdots\cdots\cdots\cdots (6.20)$$

ここに，$\bar{\bar{x}}$：試験値の総平均値

　　　　f'_{ck}：設計基準強度

　　　　S_n：不偏分散の平方根

$$S_n = \sqrt{\frac{(x_1 - \bar{\bar{x}})^2 + (x_2 - \bar{\bar{x}})^2 + \cdots\cdots (x_n - \bar{\bar{x}})^2}{n-1}} \quad \cdots\cdots\cdots\cdots (6.21)$$

　　　　$x_1, x_2, \cdots, x_n$ を試験値，n を試験値の個数

　　　　k：合格判定係数，**図-6.16** より求める．$p_0 = 0.05$ である．

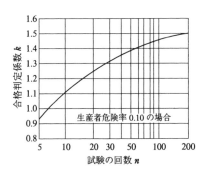

図-6.16　合格判定係数

c)　予想した変動係数の判定 [関：(2)(3)]

(1)　現場におけるコンクリートの実際の変動を確かめるために，試験値から変動係数を計算する場合には，少なくとも 30 個程度の試験値が必要である．

$$変動係数\ v\ (\%) = \frac{標準偏差}{平均値} \times 100 \quad \cdots\cdots\cdots\cdots\cdots\cdots (6.22)$$

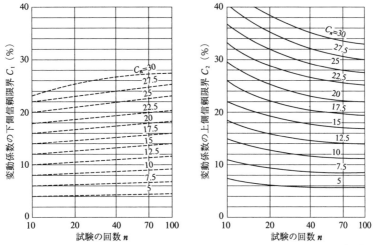

図-6.17 は，予想した変動係数が適切であったかどうかを判定するための図で，推定の信頼率を 80%（$\alpha = 0.2$）として，変動係数の推定の範囲を示したものである．たとえば，30 回の試験値から得られた変動係数が $C_n = 15\%$ であった場合，図-6.17 より，母変動係数の範囲が $13\% \leqq C \leqq 18\%$ となり，信頼率 80% において，予想した変動係数 $C_n = 15\%$ は適切であったと判定される．

図-6.17　予想した変動係数の判定（信頼率 80%）

(2) 圧縮強度の試験値から計算した変動係数を用いて，予想した変動係数が適当であったかどうか判定するためには，**図-6.17** を参考にしてよい．

(3) 試験値の少ないときは，成立しないときがある．

(D)　品質検査の結果

品質検査の結果，コンクリートの品質が，適当でないと判定された場合は，材料の検査，配合の修正，製造設備の検査，作業方法の改善など適切な処置をとるとともに，構造物に打ち込まれているコンクリートが所要の目的を達しうるかどうかを確かめ，必要に応じて適切な処置を講じなければならない．

3.　関　連　知　識

(1) コンクリートを造る工程に与える品質の標準，構造物のコンクリートに保証する品質，検査に与える検査の判定基準などの 3 種の品質基準の関係を図示すると，**図-6.18** のようである．

(2) 現場コンクリートの変動係数の例を示すと，**表-6.11** および **表-6.12** のようである．

(3) 変動係数を仮定する場合に考慮すべき事項として，現場の製造設備の状態，材料の品質のばらつき，

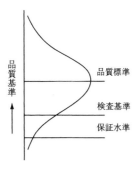

図-6.18　3 種の品質基準の関係

表-6.11　品質管理と変動係数

変動係数 (%)	材　料	計量方法	監　督
9～10	粗骨材を 3 種に分ける 細骨材は 1 種	質量計量	ごく厳重
10～12	同　　上	セメントは質量計量 他は正確に容積計量	ごく厳重
10～12	粗骨材は 2 種に分ける 細骨材は 1 種厳重調整	質量計量	ごく厳重
12～13	同　　上 厳重度はすこし緩い	同　　上	厳　重
13～14	同　　上	セメントは質量計量 他は正確に容積計量	厳　重
14～16	粗骨材と細骨材の 2 種 に分ける	質量計量	厳　重
16～18	同　　上	セメントは質量計量 他は正確に容積計量	厳　重

作業員の熟練の程度，既往の経験などがある．

表-6.12　管理状態の標準

管理の状態		変動係数 (%)			
		非常に優れている	優れている	普　通	管理の状態が悪い
全体の ばらつき	一般の工事	10.0 以下	10.0〜15.0	15.0〜20.0	20.0 以上
	実 験 室	5.0 以下	5.0〜 7.0	7.0〜10.0	10.0 以上
バッチ内の ばらつき	工 事 現 場	4.0 以下	4.0〜 5.0	5.0〜 6.0	6.0 以上
	実 験 室	3.0 以下	3.0〜 4.0	4.0〜 5.0	5.0 以上

4.　コンクリートの品質検査例

例題 1　計量規準型一回抜取検査

　コンクリートの設計基準強度が $23.0 \, \mathrm{N/mm^2}$ である．圧縮強度に基づいて配合設計を行い，コンクリートを製造した．現場で同一バッチ内の 3 本の供試体 a，b，c を圧縮強度試験し，**表-6.13** のような測定値を得た．試験値の数が少ないので，x–R_s 管理図で管理状態を，また計量抜取検査で 1 組のコンクリートの合否を判定してみよう．

(1)　測定値から試験値（平均値 x）を順次計算し，総平均値 $\bar{\bar{x}}$ も計算する．

(2)　移動範囲 R_s を計算する，No.1 については，$R_s = |27.1 - 24.3| = 2.8$ となる．順次計算し，平均値

表-6.13　x–R_s 管理図のデータと計算

採取月日	No.	圧縮強度測定値 (N/mm²)			計 $\sum$	試験値 x	移動範囲 R_s	範　囲 R	$(x - \bar{\bar{x}})^2$
		a	b	c					
10.23	1	27.8	25.7	27.7		27.1		2.1	2.89
24	2	24.1	23.5	25.4		24.3	2.8	1.9	1.21
25	3	24.5	25.0	25.1		24.9	0.6	0.6	0.25
26	4	22.0	23.1	22.8		22.6	2.3	1.1	7.84
27	5	25.0	25.4	24.5		25.0	2.4	0.9	0.16
28	6	25.1	26.0	24.4		25.2	0.2	1.6	0.04
30	7	25.6	25.2	23.9		24.9	0.3	1.7	0.25
11. 1	8	26.9	27.6	27.6		27.4	2.5	0.7	4.00
2	9	26.9	28.5	25.8		27.1	0.3	2.7	2.89
3	10	24.9	25.7	24.8		25.1	2.0	0.9	0.09
4	11	25.5	26.1	26.1		25.9	0.8	0.6	0.25
5	12	28.7	28.1	26.8		27.9	2.0	1.9	6.25
6	13	25.7	26.4	24.0		25.4	2.5	2.4	0
8	14	25.0	24.3	24.7		24.7	0.7	0.7	0.49
9	15	24.0	23.5	25.0		24.2	0.5	1.5	1.44
10	16	24.2	26.0	25.2		25.1	0.9	1.8	0.09
11	17	26.3	25.5	27.0		26.3	1.2	1.5	0.81
12	18	24.5	24.2	23.0		23.9	2.4	1.5	2.25
13	19	25.1	24.6	24.0		24.6	0.7	1.1	0.64
14	20	26.0	25.2	26.2		25.8	1.2	1.0	0.16
合　計						507.4	26.3	28.2	32.00
平　均						$\bar{\bar{x}} = 25.4$	$\bar{R}_s = 1.38$	$\bar{R} = 1.41$	

$$\bar{R}_s = \frac{\sum 26.3}{20 - 1} = 1.38 \text{ となる.}$$

(3)　範囲 R の計算は，この例題ではいらないが，計算の方法を述べる．$R = 27.8 - 25.7 = 2.1$，平均値
$\bar{R} = \dfrac{\sum 28.2}{20} = 1.41$ となる.

(4)　x–R_s 管理図の管理線を計算する．この例題における試験値の個数 n は 3 であるが，ここでは，合理的な群分けができない場合と考え以下のように計算する（**表-6.2** 参照）.

　　　x 管理図

$$\text{CL} = \bar{\bar{x}} = 25.4\,\text{N/mm}^2$$
$$\text{UCL} = \bar{\bar{x}} + E_2 \cdot \bar{R}_s = 25.4 + 2.660 \times 1.38 = 29.07\,\text{N/mm}^2$$
$$\text{LCL} = \bar{\bar{x}} - E_2 \cdot \bar{R}_s = 25.4 - 2.660 \times 1.38 = 21.73\,\text{N/mm}^2$$

　　　R_s 管理図

$$\text{CL} = \bar{R}_s = 1.38\,\text{N/mm}^2$$
$$\text{UCL} = D_4 \cdot \bar{R}_s = 3.27 \times 1.38 = 4.51\,\text{N/mm}^2$$
$$\text{LCL} = D_3 \cdot \bar{R}_s = 0 \times 1.38 = 0$$

(5)　x–R_s 管理図用紙に，試験値，移動範囲および管理線を記入する.

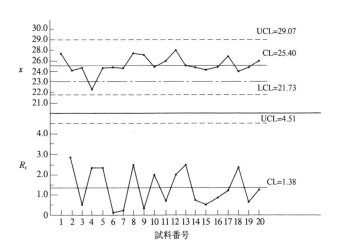

図-6.19　x–R_s 管理図

(6)　コンクリートの管理状態は良かった.

(7)　試験個数全部について，計量抜取検査をする.

$$\bar{\bar{x}} \geqq f'_{ck} + k S_n$$

$k = 1.25$（**図-6.16** より）

$$S_n = \sqrt{\frac{\sum (x - \bar{\bar{x}})^2}{n - 1}} = \sqrt{\frac{32.00}{20 - 1}} = 1.30\,\text{N/mm}^2$$

$$25.4 \geqq 23.0 + 1.25 \times 1.30$$

$$25.4 \geqq 24.6$$

　　ゆえに，圧縮強度の試験値が f'_{ck} を 0.05 の危険率で下回らないために，合格である.

(8)　変動係数 v を求める.

$$v\,(\%) = \frac{S_n}{\bar{\bar{x}}} = \frac{1.30}{25.4} \times 100 = 5.1\%$$

となる.

. . . .

例題 2　計数規準型一回抜取検査（不良個数の場合）

f'_{ck}＝24.0 N/mm^2 である．圧縮強度が**表-6.14** のようであった試験結果を計数抜取検査をして，合否を確かめてみよう．

表-6.14　データ

1	26.8	11	27.8	21	26.6	31	26.8	41	28.7	51	25.1	61	25.9	71	26.5
2	25.2	12	27.3	22	26.0	32	27.3	42	25.3	52	25.2	62	25.9	72	24.7
3	28.5	13	25.5	23	24.7	33	20.0	43	26.2	53	27.2	63	26.9	73	27.8
4	22.2	14	27.0	24	27.1	34	24.1	44	25.2	54	26.6	64	26.8	74	24.2
5	27.6	15	24.9	25	26.3	35	26.0	45	24.6	55	26.6	65	25.5	75	25.2
6	26.5	16	25.2	26	25.8	36	27.1	46	26.7	56	25.9	66	26.7	76	26.8
7	24.5	17	27.3	27	18.0	37	26.0	47	27.8	57	25.2	67	23.0	77	25.8
8	25.0	18	26.6	28	27.2	38	27.5	48	28.0	58	26.3	68	26.3	78	25.2
9	27.5	19	26.7	29	25.2	39	26.4	49	24.9	59	26.3	69	26.8	79	24.5
10	25.1	20	27.7	30	26.9	40	25.5	50	27.1	60	28.3	70	26.2	80	26.0

1)　品質検査基準は，f'_{ck} を下回る確率が 5% 以下でなければならない．

2)　p_0 と p_1 および α と β の値を，**表-6.15** のように定める．

表-6.15　p_0, p_1, α, β の値

品質検査基準	p_0 (%)	p_1 (%)	α	β
f'_{ck}	5.0 [1/20]	15.0	0.05 (0.01〜0.1)	0.1 (0.01〜0.25)

（　）の値はその使用範囲の値を示している．

3)　**表-6.16** または**表-6.17** によって，試料の大きさ n，合格判定個数 c を，p_0 と p_1 によって求める．

表-6.16　抜取検査設計補助表

p_1/p_0	c	n
17 以上	0	$2.56/p_0 + 115/p_1$
16〜7.9	1	$17.8/p_0 + 194/p_1$
7.8〜5.6	2	$40.9/p_0 + 266/p_1$
5.5〜4.4	3	$68.3/p_0 + 334/p_1$
4.3〜3.6	4	$98.5/p_0 + 400/p_1$
3.5〜2.8	6	$164/p_0 + 527/p_1$
2.7〜2.3	10	$308/p_0 + 770/p_1$
2.2〜2.0	15	$502/p_0 + 1\,065/p_1$
1.99〜1.86	20	$704/p_0 + 1\,350/p_1$

表-6.16 の使い方
(1)　指定された p_1 と p_0 の比 p_1/p_0 を計算する．
(2)　p_1/p_0 を含む行を見出し，その行から n, c を求める．
(3)　p_1/p_0 が 1.86 未満の場合には，n が大きくなって経済的に望ましくない．
(4)　求めた n が整数でない場合は，それに近い整数に決める．

　　検査基準 f'_{ck} について**表-6.17** より，$p_0 = 5.0\%$, $p_1 = 15\%$ の交点から，$n = 60$, $c = 6$ が求められる．

4)　検査基準 f'_{ck} について，試料 60 番目までに 24.0 N/mm^2 以下の値が 6 個以下ならば，合格である．ここでは**表-6.14** で 4 番目に 22.2 N/mm^2，27 番目に 18.0 N/mm^2，33 番目に 20.0 N/mm^2，67 番目に 23.0 N/mm^2 の 4 個である．ゆえに，合格である．

5)　このロットは，上記によって合格の判定を下す．

表-6.17　計数規準型一回抜取検査表（JIS Z 9002-1956）

数字は n, 太字は c　　　　　　　　　　　　　　　　　　　　　α≒0.05, β≒0.10

p₀(%)＼p₁(%)	0.71〜0.90	0.91〜1.12	1.13〜1.40	1.41〜1.80	1.81〜2.24	2.25〜2.80	2.81〜3.55	3.56〜4.50	4.51〜5.60	5.61〜7.10	7.11〜9.00	9.01〜11.2	11.3〜14.0	14.1〜18.0	18.1〜22.4	22.5〜28.0	28.1〜35.5
0.090〜0.112	＊	400 **1**	→	↓	→	↑	60 **0**	50 **0**	40 **0**	→	→	↓	→	→	→	→	→
0.113〜0.140	＊	→	300 **1**	→	↓	→	→	←	→	→	→	→	→	→	→	→	→
0.141〜0.180	＊	500 **2**	→	250 **1**	→	↓	→	↑	→	30 **0**	→	→	→	→	→	→	→
0.181〜0.224	＊	→	400 **2**	→	200 **1**	→	↓	→	→	→	25 **0**	→	→	→	→	→	→
0.225〜0.280	＊	→	500 **3**	→	→	150 **1**	→	↓	→	↑	20 **0**	→	→	→	→	→	→
0.281〜0.355	＊	→	→	400 **3**	→	→	120 **1**	→	↓	→	↑	15 **0**	→	→	→	→	→
0.36〜0.450	＊	→	→	500 **4**	→	200 **2**	→	100 **1**	→	↓	→	↑	15 **0**	→	→	→	→
0.451〜0.560	＊	→	→	→	400 **4**	250 **3**	150 **2**	80 **1**	→	→	↓	→	↑	10 **0**	→	→	→
0.561〜0.710	＊	→	→	→	500 **6**	300 **4**	200 **3**	120 **2**	60 **1**	→	→	↓	→	↑	7 **0**	→	→
0.711〜0.900	＊	→	→	→	＊	400 **6**	250 **4**	150 **3**	100 **2**	→	50 **1**	→	→	↓	↑	→	5 **0**
0.901〜1.12	＊	＊	→	→	＊	500 **10**	300 **6**	200 **4**	120 **3**	80 **2**	→	40 **1**	→	→	↓	→	↑
1.13〜1.40		＊	＊	→	→	＊	500 **10**	250 **6**	150 **4**	100 **3**	60 **2**	→	30 **1**	→	→	→	↓
1.41〜1.80			＊	＊	→	→	＊	400 **10**	200 **6**	120 **4**	80 **3**	50 **2**	→	25 **1**	→	→	→
1.81〜2.24				＊	＊	→	→	＊	300 **10**	150 **6**	100 **4**	60 **3**	40 **2**	→	20 **1**	→	→
2.25〜2.80					＊	＊	→	→	＊	250 **10**	120 **6**	80 **4**	50 **3**	30 **2**	→	15 **1**	→
2.81〜3.55						＊	＊	→	→	＊	200 **10**	100 **6**	60 **4**	40 **3**	25 **2**	→	10 **1**
3.56〜4.50							＊	＊	→	→	＊	150 **10**	80 **6**	50 **4**	30 **3**	20 **2**	→
4.51〜5.60								＊	＊	→	→	＊	120 **10**	60 **6**	40 **4**	25 **3**	15 **2**
5.61〜7.10									＊	＊	→	＊	＊	100 **10**	50 **6**	30 **4**	20 **3**
7.11〜9.00										＊	＊	＊	＊	＊	70 **10**	40 **6**	25 **4**
9.01〜11.2											＊	＊	＊	＊	＊	60 **10**	30 **6**

表-6.17 の見方は，p₀ と p₁ の交点を見る．欄のうち左側の数は n を，右側の太字は c を表す．もし矢印のところにくれば，その方向に進み，最初の欄の n, c を用いる．＊印の所にくれば，**表-6.16** によって n, c を求める．空欄は抜取検査方式はない．

─────── ■コンクリートの品質管理・品質検査に関する練習問題■ ───────

(1)　コンクリートの品質管理の重要性とその種類を述べよ．

(2)　コンクリートは，どのような要素によって変動するか．

(3)　x–R_s 管理図と $\bar{x}$–R 管理図は，どのような場合に利用されるかを述べよ．

(4)　コンクリートの品質検査の種類を述べ，どのようなときに効果があるかを述べよ．

第 7 章

●コンクリート構造物の非破壊試験●

丸鋼φ9

ひび割れ

電線管

丸鋼φ13

7.1　コンクリート構造物の非破壊試験総論

1.　コンクリート構造物の非破壊試験の位置づけ

　コンクリート構造物の維持管理を行うにあっては，構造物の診断のための的確な点検が必要である．この点検における詳細調査に際して有効な調査試験として，非破壊試験がある．診断の対象である構造物の性能を確実に評価する試験は，破壊まで至る載荷試験が最適であるが，供用中の既設構造物を破壊させてしまうことはできない．

　非破壊試験とは，対象物を破壊することなく材料の強度等の特性や内部の欠陥の状態や品質の現状を調べる試験を意味する．最近，コンクリート構造物の長寿命化や維持管理の重要性が増すに従って，非破壊試験を用いた点検の実施は必要不可欠である．第 7章の扉（前頁右上）の写真は，築 40 年経過したあるコンクリート樋門の解体現場で健全度評価のための各種非破壊試験を実施している風景である．

　非破壊試験には，振動や音響(前頁左上，**写真-7.1** 参照)，超音波，電磁波 (**写真-7.2**，**写真-7.3** 参照) や X 線 (前頁左下，**写真-7.4** 参照) あるいは

写真-7.1　現場での打音による劣化診断試験の風景

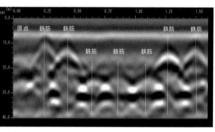

写真-7.3　電磁波レーダー法による計測例

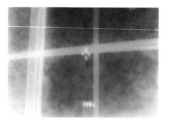

写真-7.2　現場での電磁波レーダー法による鉄筋探査試験

写真-7.4　X 線透過法による鉄筋の配筋図の映像

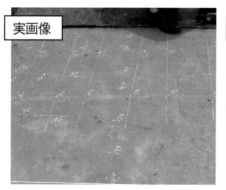

写真-7.5　赤外線サーモグラフィによる内部欠陥の計測

赤外線等（**写真-7.5** 参照）の物理的エネルギーや物理現象が利用される．特徴としては，破壊を伴わない試験であるため，同一箇所で繰り返し試験を行うことができ，長期間にわたるコンクリートの品質の変化を追跡することができる．しかしながら，あくまで間接的な手法によって評価を行うため，破壊試験と比較して非破壊試験による情報は，信頼性や精度が劣ること，すなわち不確実性を含むことを認識しておかなければならない．

2.　コンクリート構造物の非破壊試験の種類

　コンクリート構造物の非破壊試験は，評価する対象によって分類される．現在，試験方法の標準化や研究開発が活発に進められている非破壊試験を**表-7.1**に示す．

3.　コンクリート構造物の非破壊試験の意義

　既存のコンクリート構造物の有効な活用を行うには，構造物の現状を把握し，その劣化の状態に応じた技術的対応をすることが必要である．具体的には，構造物の残存寿命を的確に判定し，さらなる延命の可能性を検討し，構造物の補修・補強計画を立案し，これを実施して以後の維持管理を行う．したがって，非破壊試験の意義は，既存構造物の残存寿命を的確に判定するための客観的なデータを提供することである．また，補修・補強した構造物の性能の回復度（延命期間）を判定するためのデータを提供することである．コンクリート構造物の点検では，3〜5年周期で実施される定期点検と，目視では現状が把握できない場合の詳細点検として，非破壊試験が行われる．

表-7.1　コンクリート構造物の非破壊試験の種類

評価の対象		非破壊試験の種類
品質	強度・弾性係数	テストハンマー法，超音波法，衝撃弾性波法，打音法，引抜き法，共鳴振動法
	材料劣化	超音波法，アコースティック・エミッション（AE）法
内部欠陥	ひび割れ	超音波法，赤外線サーモグラフィ法，X線透過法
	空隙・剥離	超音波法，衝撃弾性波法，打音法，赤外線サーモグラフィ法，電磁波レーダ法，X線透過法
	鉄筋腐食	自然電位法などの電気化学的方法，X線透過法
鉄筋探査（かぶり・鉄筋径）		電磁誘導法，電磁波レーダ法

4.　本章で取り上げるコンクリート構造物の非破壊試験

　本章においては，非破壊試験項目として，**表-7.1**の各種試験法のうち，硬化コンクリートのテストハンマー強度の試験，共鳴振動によるコンクリートの動弾性係数試験，打音法試験（**写真-7.6**参照），コンクリート構造物における自然電位試験（**写真-7.7**参照）の4つの試験法を取り上げる．

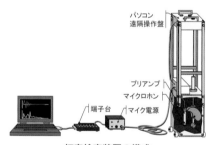

打音検査装置の構成

写真-7.6　沈埋函製作工事での打音法による充填確認の実施風景

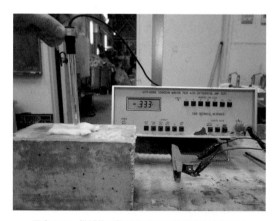

写真-7.7　供試体に埋め込まれた鉄筋の腐食モニタリングのための自然電位試験の実施状況

7.2 硬化コンクリートのテストハンマー強度の試験

1. 試験の目的

(1) この試験は，「硬化コンクリートのテストハンマー強度の試験方法（JSCE-G 504–2013）」に規定されている．

(2) この試験は，シュミットハンマーなどのテストハンマーによって測定したコンクリート表面の反発度から，コンクリートの強度や品質分布を推定するために用いられる．

(3) テストハンマーとは，コンクリート表面を打撃し，その反発度を読み取ることができる機器のことである．

(4) 反発度から換算した強度は，供試体を破壊させて求める圧縮強度とは本来別のものであるので，テストハンマー強度（N/mm^2）と呼んでいる．[注：(1)]

(5) 測定反発度とは，テストハンマーによって測定された反発度のことである．

(6) 基準反発度とは，テストハンマー強度を求めるための基準とする反発度で，測定反発度を打撃方向やコンクリートの状態などを考慮して補正した値のことである．

(7) 本試験では，N 型シュミットハンマーを標準の使用器具としているが，N 型シュミットハンマー以外でもテストハンマー強度を計測することが可能であり，その場合は，土木学会 2018 年制定コンクリート標準示方書［規準編］掲載の土木学会規準（JSCE-G 504–2013）を参照するとよい．

(8) この試験に関連する JIS 規格として「コンクリートの反発度の測定方法（JIS A 1155–2012）」がある．[注：(2)]

2. 使 用 器 具

(1) N 型シュミットハンマー（**図-7.1** 参照）[注：(3)(4)]

(2) スケール

3. 実 験 要 領

(A) 試験方法

(1) 打撃を与えるコンクリート面は，気泡などがなく，平滑でなければならない．多少の凹凸や付着物は，砥石で磨く．[注：(5)]

(2) ハンマー (a) の先をコンクリートの表面 (b) に当てて押しつけると，スプリングの作用によりコンクリートの表面を打ち，その反発度が目盛 (c) に現れる（**図-7.1** 参照）．

(3) ボタン (d) を押せば，指針 (e) が戻らずにそのまま保持されるから，容易に目盛を読み取ることができる．

(4) 1 か所の測定は，縁部から 3 cm 以上入ったところで行い，互いに 3 cm 以上の間隔を持った 20 点について測定し，全測定値の算術平均値を，その箇所の測定反発度 R とする．ただし，特に反響やくぼみ具合などから判断して明らかに異常と認められる値，またはその偏差が平均値の ±20% 以上になる値があれば，その測定値を捨て，これに代わるものを補ってから，平均値を求める．[注：(6)(7)]

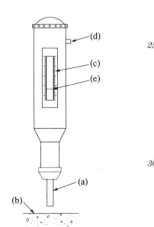

図-7.1 シュミットハンマー

(B)　試験結果の整理

(1)　測定反発度 R に，次のような補正値 ΔR を加えて，基準反発度 R_0 を求める．

$$R_0 = R + \Delta R \quad \cdots\cdots\cdots\cdots\cdots\cdots\cdots\cdots\cdots\cdots\cdots\cdots\cdots\cdots\cdots\cdots\cdots\cdots\cdots\cdots \quad (7.1)$$

補正値 ΔR は，次のように求める．

(a)　打撃方向が水平でない場合

その傾斜角に応じ，**図-7.2** から ΔR を求める．

(b)　コンクリートが打撃方向に直角な圧縮応力を受けている場合

その圧縮応力の大きさに応じ，**図-7.3** から ΔR を求める．

(c)　水中養生を持続したコンクリートを乾かさずに測定した場合

$\Delta R = +5$ とする．

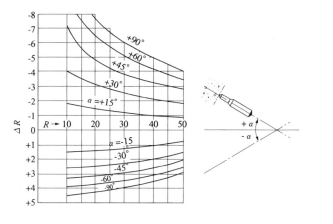 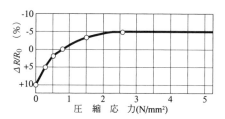

図-7.2　打撃方向の補正値 ΔR 　　　　　　　**図-7.3　応力による補正値 ΔR**

(2)　日本材料学会から N 型シュミットハンマーに対して提案されている次の式により，基準反発度 R_0 から，テストハンマー強度 F（N/mm²）を推定する．[注：(8)]

$$F\,(\text{N/mm}^2) = -18.0 + 1.27R_0 \quad \cdots\cdots\cdots\cdots\cdots\cdots\cdots\cdots\cdots\cdots\cdots\cdots\cdots\cdots\cdots\cdots \quad (7.2)$$

4.　注 意 事 項

(1)　テストハンマー強度は，その被験体と同じコンクリートを用いて作製した標準円柱供試体の圧縮強度とは，±50%，場合によってはそれ以上も異なることがあることを考慮して，適用しなければならない．

(2)　関連する JIS 規格では，テストハンマーという表現を「リバウンドハンマー」という用語に置き換えて，「コンクリート表面の反発度を測定する装置」と定義している．また，「テストアンビル」という用語を定義し，「リバウンドハンマーの点検及び検定に用いる鋼製の器具」を新たに設定している．本試験方法と大きく異なる点は，以下の 3 点である．① リバウンドハンマーの点検の記述がある．② 1 か所の打点数が 20 点でなく 25〜50 mm の間隔を有する 9 点である．③ 反発度からテストハンマー強度という強度の次元を有する物理量の推定に関する記述がない．

(3)　シュミットハンマーには，N 型と呼ばれる標準形のほか，P 型（振子式，低強度コンクリート用）がある．コンクリート表面を打撃するために重錘に与えられる動力が，N 型はバネにより，P 型は重力による．N 型は打撃の方向に制約がないが，打撃方向の修正，バネの強さの検定が必要である．P 型は，

構造が簡単であるが，測定方向に制限があり，あまり大きな打撃が与えられない．

(4) 反発度の測定は，使用する機器について示されている注意事項に従って，適正に実施しなければならない．

(5) 反発度の測定箇所の選定にあたっては，一般に，次のような配慮をしなければならない．反発度の測定は，厚さ 10 cm 以下の床版や壁，一辺が 15 cm 以下の断面の柱など小寸法で，支間の長い部材は避ける．やむを得ずそのような部材で測定するときは，背後から別にその部材を強固に支持する．背後に支えのない薄い床版および壁では，なるべく固定辺や支持辺に近い箇所を選定する．はりでは，その側面または底面で行うようにする．測定面は，なるべくせき板に接していた面で，表面組織が均一でかつ平滑な平面部を選定する．測定面にある豆板，空げき，露出している砂利などの部分は避ける．

(6) 反発度の測定は，次の方法で行わなければならない．測定面にある凹凸や付着物は，砥石等で平滑に磨いてこれを除き，粉末その他の付着物をふき取ってから行う．仕上げ層や上塗りのある場合は，これを除去し，コンクリート面を露出させた後，上記と同様の処理をしてから測定する．打撃は，常に測定面に垂直方向に行う．

(7) コンクリートの粗骨材が，砕石あるいは軽量骨材であると，川砂利の場合に比べて，反発度が変化する．

(8) 試験に用いるテストハンマーごとに，あらかじめ反発度とコンクリートの圧縮強度との関係を示す換算図や換算式を作っておけば，測定した反発度から，比較的精度の高い圧縮強度を推定できる．

(9) 反発度からコンクリートの圧縮強度への換算式は，式 (7.2) 以外にも，日本建築学会，東京都材料試験所などによるものがある．

(10) 日本建築学会では，超音波伝搬速度と反発度を組み合わせる複合法による強度推定式も示されている．このような，2 種類以上の非破壊試験法を組み合わせる方法は，国際材料構造試験研究機関連合（RILEM）でも提唱されている．

(11) 反発度の代わりに，コンクリート表面を鋼球やハンマーなどで打撃した際のコンクリートの応答特性を利用する試験方法（機械インピーダンス法）もある．

7.3　共鳴振動によるコンクリートの動弾性係数試験

1.　試験の目的

(1)　この試験は，「共鳴振動によるコンクリートの動弾性係数，動せん断弾性係数及び動ポアソン比試験方法（JIS A 1127-2010)」に規定されている.

5　(2)　この試験は，気象条件，凍結融解作用，化学的作用など，コンクリートに変化を生じさせる環境条件のところに置かれたコンクリート供試体の動弾性係数の変化を測定するために用いられる.

(3)　この試験は，コンクリートの円柱供試体および角柱形供試体の縦振動，たわみ振動の一次共鳴振動数を求め，動弾性係数を求める場合の試験方法について適用される. ただし，同一のコンクリートから作った供試体でも，供試体の含水率，形状・寸法が相違すると試験値が異なることがある.

10　(4)　この試験によって求めたヤング係数を，動弾性係数といい，これは静的試験によって求めた応力–ひずみ曲線の初期接線弾性係数にほぼ相当する. コンクリートのようなフックの法則に従わない材料の動弾性係数は，静弾性係数よりも大きな値を示し，圧縮強度とは良い相関がある. すなわち，動弾性係数から，強度の判定ができる. [関：(1)]

2.　使 用 器 具

15　使用器具は，次のもので構成する（**図-7.4** 参照).

(1)　駆動回路－駆動回路は，振動数が可変の発振器，増幅器および駆動端子で構成する.

　　(a)発振器は，振動数が $500 \sim 10\,000\,\mathrm{Hz}$ のもので，誤差が $\pm 2\%$ で振動を調整できるものがよい. なお，この調整における振動数の検定には，陰極線オシロスコープおよび $1\,000\,\mathrm{Hz}$ の音さ標準発振子を用いるとよい. [注：(1)]

20　　　(b)発振器と増幅器とを組み合わせたものは，所要の出力を出すことができるとともに，その出力を適切に制御できるものとする. また，発振器と増幅器とを組み合わせたときの出力電圧の変化は，発振器の振動数の全範囲内において，$\pm 20\%$ とする.

　　(c)駆動端子は，発振器および増幅器の出力を最大にした場合でも，供試体を十分に駆動できるものとする. なお，駆動端子が固定式でない場合には，駆動部分の質量はできるだけ小さくし，駆動25　端子の支持物は，供試体の振動をできるだけ拘束しないものとして，試験結果に影響を及ぼさないようにする.

　　(d)駆動端子は，供試体に接触させたときに，偽共鳴が生じないものとする. [注：(2)]

(2)　ピックアップ回路－ピックアップ回路は，ピックアップ，増幅器および指示器で構成する.

　　(a)ピックアップは，供試体の振幅，振動の速度または加速度に比例した電圧を発生するものとする.30　　ピックアップは，供試体の形状・寸法などに応じたもので，適切な一次共鳴振動数を示すものとし，その振動部分の質量は，供試体に比較してできるだけ小さいものとする. また，ピックアップの特性曲線は，そのピックアップを使用する振動数の範囲内で平たんなものとする.

　　(b)増幅器は，指示器を働かせるのに十分な出力をもち，かつ，出力を制御できるものとする.

　　(c)指示器は，電圧計と，必要に応じて陰極線オシロスコープ，微小電流計などとする.

35　(3)　供試体の支持台－支持台は，供試体の振動をあまり拘束しないように構成する. このためには，振動の節の近くでナイフエッジ，または厚いスポンジゴムなどで供試体を支持すればよい. 縦振動の場合に

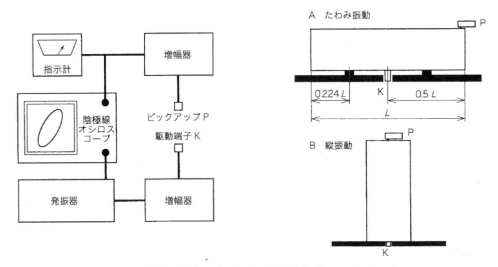

図-7.4　装置の配置ならびに駆動回路およびピックアップ位置の例

は，供試体を水平な支持台の上に置き，供試体端面に駆動端子を接触させてもよい．また，支持台の寸法は，その固有振動数が，測定する供試体の振動数の範囲外となるよう定める．

3.　実 験 要 領

(A)　供試体

　供試体は，JIS A 1107, JIS A 1114 または JIS A 1132 によって作製したものを用いる．ただし，供試体の寸法および寸法比は，次の (1)～(2) によってもよい．

(1)　たわみ振動の場合，供試体の長さと振動方向の厚さとの比は 3～5 とするのがよい．[注：(3)]

(2)　縦振動の場合，供試体の断面寸法は 100 mm 以上とし，供試体の長さと断面寸法との比は 2 以上とする．[注：(4)]

(B)　試験方法

(1)　供試体の質量は ±0.5% の精度で量る．長さは ±0.5% の精度で数箇所を測定し，その平均から求める．また，断面の寸法は ±1% の精度で数箇所を測定し，その平均から求める．なお，同一の供試体を用いる継続的な試験で，供試体の質量および断面の寸法が変化する場合には，その都度測定する．

(2)　たわみ振動の場合の共鳴数の決定は，次による．

　　(a)供試体は，あまり拘束されない両端自由なたわみ振動ができるように，支持台に **2.**(3) と同様にして置く駆動力は，供試体にたわみ振動を与える方向に加える．また，駆動力を与える位置は，振動の節から離れた位置（普通，供試体の中央部）とする．ピックアップは，供試体の振動方向に作動するように供試体の他の端面に接触させる（**図-7.4** の **A** 参照）．

　　(b)発振器の振動数を変え，これに応じて供試体が振動するように駆動力を加えながら，増幅されたピックアップの出力電圧を観測する．指示器に明確な最大の振れを生じ，かつ，振動の節を測定した結果一次共鳴たわみ振動であることを確かめたときに，その場合の振動数をたわみ振動の一次共鳴振動数とする．

　　　　たわみ振動の一次振動においては，振動の節は供試体の端からその長さの 1/4（厳密にいえば 0.224）離れたところにある．したがって，指示器の振れも供試体の両端において最大値を示し，節において最小値を示す．この場合，振動の節および腹の位置を確かめるには，ピックアップを供

試体の長さの方向に移動させて指示器の振れを測定すればよい．節においては，指示器の振れが最小値を示し，腹においては最大値を示す．陰極線オシロスコープを備えた装置であればリサージュの図形が節の前後で位相が変わることをオシロスコープなどで確かめてもよい．

(3)　縦振動の場合の共鳴数の決定は，次による．

(a)供試体は，あまり拘束されない両端自由な縦振動ができるように，支持台に **2.**(3) と同様にして置く．駆動力は，供試体の端面で，端面に直角に加える．ピックアップは，供試体の振動方向に作動するように供試体の反対の端面に接触させる（**図-7.4** の **B** 参照）．

(b)発振器の振動数を変え，これに応じて供試体が振動するように駆動力を加えながら，増幅されたピックアップの出力電圧を観測し，指示器に明確な最大の振れを生じた振動数を縦振動の一次共鳴振動数とする．なお，必要に応じて，ピックアップを供試体の長さの方向に移動させて指示器の振れを測定して振動の節を確かめる．[注：(5)]

(C)　試験結果の整理

動弾性係数は，次の式によって求める．

(1) たわみ振動の場合

$$E_D = 1.61 \times 10^{-3} \frac{L^3 T}{d^4} m f_1^2 \quad （円柱供試体）$$

$$E_D = 9.47 \times 10^{-4} \frac{L^3 T}{bt^3} m f_1^2 \quad （角柱供試体）$$

ここに，E_D：動弾性係数 (N/mm^2)

　　　　L：供試体の長さ (mm)

　　　　d：円柱供試体の直径 (mm)

　　　　b：角柱供試体の断面の幅 (mm)

　　　　t：角柱供試体の断面の高さ (mm)

　　　　m：供試体の質量 (kg)

　　　　f_1：たわみ振動の一次共鳴振動数 (Hz)

　　　　T：修正係数（**表-7.2** 参照）．

表-7.2　修正係数 (T) の値

K/L	T^*	K/L	T^*
0.00	1.00	0.09	1.60
0.01	1.01	0.10	1.73
0.02	1.03	0.12	2.03
0.03	1.07	0.14	2.36
0.04	1.13	0.16	2.73
0.05	1.20	0.18	3.14
0.06	1.28	0.20	3.58
0.07	1.38	0.25	4.78
0.08	1.48	0.30	6.07

注*　動ポアソン比を 1/6 として計算した値である．動ポアソン比が ν_D である場合には，次の式によって求めた T' を用いる．

$$T' = T \left[\frac{1 + (0.26\nu_D + 3.2226\nu_D^2)K/L}{1 + 0.1328K/L} \right]$$

回転半径 (K)（円柱供試体に対しては $d/4$，角柱供試体に対しては $t/3.464$）と長さ (L) およびポアソン比 (ν_D) によって求める．

(2) 縦振動の場合

$$E_D = 4.00 \times 10^{-3} \frac{L}{A} m f_2^2$$

ここに，E_D：動弾性係数 $(\mathrm{N/mm^2})$

　　　　L：供試体の長さ (mm)

　　　　A：供試体の断面積 $(\mathrm{mm^2})$

　　　　m：供試体の質量 (kg)

　　　　f_2：縦振動の一次共鳴振動数 (Hz)

4. 注意事項

(1) 強度の高いコンクリートなどの縦振動を測定するときには，共鳴振動数が $10\,\mathrm{kHz}$ を超えることがあり，その場合には最大振動数が $20\,\mathrm{kHz}$ 程度の機種を用いるのがよい．

(2) ここでいう偽共鳴とは，供試体の一次共鳴振動とは無関係のものをいう．

(3) 供試体の長さと振動方向の厚さとの比が非常に大きかったり非常に小さかったりすると，一次共鳴振動数を正確に求めるのが困難となる．3.(C) の式は，この比が 2 以上の場合に適用できる．

(4) 断面寸法は，円柱供試体の場合は直径，角柱供試体の場合は一辺の長さ (長方形断面の場合はその短辺を示す．供試体の断面寸法が非常に小さかったり，供試体の長さと断面寸法との比が非常に小さかったりすると，一次共鳴振動数が求めにくかったり，発振器の振動数の範囲外になったりするため，正確な測定ができない場合がある．

(5) 縦振動の一次共鳴振動数においては，振動の節は中央に一つあるだけであり，供試体の両端で腹になり最大の振幅を示す．

5. 関連事項

(1) コンクリートのようなフックの法則に従わない材料の動弾性係数は，**図-7.5** に示す初期接線弾性係数に近い値を示す．よって，通常の静弾性係数よりも大きな値を示す．

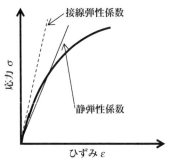

図-7.5　応力–ひずみ関係

(2) 縦振動による動弾性係数の算出は，実際の振動モードにおいて仮定式の成立が困難で，ポアソン比の影響を無視している．このような点から，相対動弾性係数として用いることが望ましい．

7.4　コンクリート構造物の打音による弾性波に基づく健全度試験

1.　試験の目的

(1)　この試験は，一般社団法人日本非破壊検査協会の標準化・規格の「コンクリート構造物の弾性波による試験方法－第3部：打音法（NDIS 2426-3:2009）」に規定されている．[関：(1)(2)(3)(4)(5)(6)]

(2)　この試験の原理は，人間の耳により打撃音の変化を認識して機械の検査，車両の点検などに広く利用されている打音法に基づくものであるが，この試験で規定する打音法は，人間の耳による打音検査ではなく，機器による打音の測定方法について規定する．[関：(2)]

(3)　この試験は，コンクリート構造物または部材をハンマ，鋼球などの打撃体で打撃し，これによる空気放射音の特徴や健全部などと比較した場合の打音の変化を把握することによって対象物の健全度（変状の存在の有無など）を簡易におおよそ調べる方法である．測定では，打音波形の振幅，減衰，継続時間を検討する．[関：(3)]

(4)　この試験は，主にコンクリート構造物の表層部に存在する変状などを検知するための方法として用いる場合を対象としている．[関：(5)]

(5)　この試験を行う場合に生じるかもしれない安全上または衛生上の諸問題に関しては，この試験の適用範囲外であり，安全上または衛生上の規定が必要な場合は，この試験の使用者の責任で，安全または衛生に関する規格または指針などに従わなければならない．

2.　使 用 器 具

使用器具としては，打撃体，マイクロホン，打音の収録機器および打音の波形の解析機器からなる．

(1)　打撃体（打撃体としては，ハンマ，鋼球などを用いる．）打撃体としては，軽量で取り扱いやすい道具を使用する．打撃体の材質，大きさ，質量や形状などにより打撃力および入力周波数が異なるので，打撃体として安定した周波数帯域と振幅を確保できる材料と大きさのものを使用する．[関：(3)]

(2)　マイクロホン（打音の収録には，周波数特性などが明示されているマイクロホンを使用する．）使用するマイクロホンは，音圧感度が調整されているもので，可聴域における周波数特性ができるだけ平坦であるものを使用する．マイクロホンは，測定場所での温度，湿度，振動などの環境に対して安定した性能を発揮できる装置とする．

(3)　収録装置（収録装置は，計測した打音の波形処理を行うため，デジタルデータ収録装置（A/D変換器などを含めた装置）を用い，$20\,Hz \sim 20\,kHz$ 程度の周波数領域を精度よく記録するため，このサンプリング周期を記録できる装置とする．収録装置としてサンプリング周期，サンプリング時間，サンプリング総数などに注意して所定の性能と記憶容量のある装置を使用する．また，収録装置は，測定場所での温度，湿度，振動などの環境に対して安定した性能を発揮できる装置とする．さらに，収録装置は現場での運搬・移動が容易な装置とする．[注：(1)]

(4)　波形の解析機器（波形の解析は，周波数分析の機能をもつ隣器を使用し，卓越周波数，スペクトルの面積および図心を計算できるものとする．）収録装置のコンピュータで解析機器をもっているものを使用するのがよい．

3.　実 験 要 領

（A）　測定の準備

(1)　測定する範囲を決定し，計測面に著しい凹凸，異物，水の漏出などの問題がないか目視にて確認する．泥，苔などの付着物はできる限り除去する．鉄筋，仮設材など鋼材が露出している箇所での測定を避ける． 5

(2)　測定に先立ち，検出すべき内部変状の大きさにより計測ピッチを決定し，計測ポイント（マーキングなど）の特定を行う．内部変状と考えられる結果が測定された場合，変状の範囲を特定するため，その周辺の計測ポイントを細かくし，詳細な計測を行う．自動的に連続計測する場合でもこれら計測の位置と間隔に注意する．

(3)　測定場所で列車，自動車などの騒音，振動がある場合は，測定時間帯などに考慮してできる限り外部 10 の影響がない時期・時刻に測定する．［注：(2)]

（B）　試験方法

(1)　打音の測定は，コンクリート部材表面の近傍にマイクロホンを設置した状態で，コンクリート部材表面を打撃し，打音を発生させ，記録装置により打音の波形を記録することにより行う．

(2)　一連の計測では，材質，大きさおよび質量は，同等な打撃体を用い，打撃速度などが計測中に一定に 15 なるように留意する．入力によって打撃する場合は，打撃体の振り下ろし高さおよび速度を一定とし，打撃力もできる限り一定になるようにする．打撃力が一定となるようにする場合は，一定の射出力となるように落下高さを一定にするまたはばね（射出装置）を用いる．また，連続して打撃する機械装置を使用する場合は，接触時間と打撃距離を一定に制御できる装置を使用する．

(3)　周囲に騒音がある場所で測定を行う場合は，フードなどを取り付けて騒音をできる限り遮断する．マ 20 イクロホンの位置は，打撃体の衝突位置の近傍として，各測定でコンクリート表面とマイクロホンとの距離をほぼ一定に保つ．このときマイクロホンの指向性にも配慮する．

（C）　波形処理の方法

(1)　測定により得られた電圧波形の処理においては，測定中に打撃体以外の騒音や振動の影響がある場合は，これらの影響を除去する．また，機械的な雑音についてもできる限り除去する．電圧波形の基線の 25 ずれなども処理して解析する．

(2)　波形の最大振幅値を計算する．

(3)　波形の周波数分布を，高速フーリエ変換（FFT）などを用いて計算する．一般的に，健全部と比較して相対的に低い周波数の成分を多く含む周波数スペクトルを示す箇所では，変状が存在する可能性がある．［関：(4)(5)] 30

(4)　減衰は振幅の減少量として計算できる．波形の振幅比から減衰定数を計算する．

(5)　波形の継続時間は，最大振幅値発生時から振幅値が半分などになるまでの時間として計算する．

4.　注 意 事 項

(1)　電源の確保についても測定中に収録が中断しないように注意が必要で，配電盤またはコンセントから電源をとれない場合，充電装置，発電機などを用意する． 35

(2)　長時間で多数の測定を行うときは，電源の確保，測定器の記憶容量などに注意する．

5.　関 連 事 項

(1)　本試験方法で用いる主な用語および定義は，JIS Z 2300 および JIS Z 8106 によるが，それ以外に，打音，打撃体，高速フーリエ変換（FFT）および変状がある．

(2)　打音とは，打撃音とコンクリートなどの表面との接触により，打撃音と構造物の各部から発生する放射音のことである．

(3)　打撃体とは，ハンマ，鋼球など，コンクリートなどの表面を打撃する道具のことである．ただし，打撃の方法としては，手動によるものまたは機械（自動）によるものがある．

(4)　高速フーリエ変換（FFT）とは，受信センサによって記録された時系列波形を高速に周波数スペクトルに変換する処理のことである．また，周波数スペクトルは，その卓越周波数から，空隙や欠陥までの深さを推定するために用いられることがある．

(5)　変状とは，初期不良，劣化および損傷の総称のことである．

(6)　弾性波法の分類としては，打音法（NDIS 2426-3），衝撃弾性波法（NDIS 2426-2），超音波法（NDIS 2426-1），AE 法（NDIS 2421）がある．

7.5 コンクリート構造物における自然電位試験

1. 試験の目的

(1) この試験は，「コンクリート構造物における自然電位測定方法（案）（JSCE-E 601-2018）」に規定されている．

(2) この試験は，大気中にあるコンクリート構造物中の鋼材の自然電位の測定に用いられ，自然電位の値から鋼材の腐食状況を推定することができる．鋼材の腐食は，鉄がイオン化して表面から溶け出し，電子を生成するアノード反応と生成電子が水および酸素と反応するカソード反応により進行する．溶け出した鉄イオンは水酸化物イオンと反応して水酸化鉄や含水酸化鉄などとなり，錆が生成される．

　　自然電位試験は，照合電極に対する鉄筋の電位を測定することにより，アノード反応による鋼材電位の低下（卑な方向への変化）の有無を調べ，鋼材腐食の進行を推定する原理に基づく．

(3) この試験は，コンクリート表面が非常に乾燥し電気的に絶縁体に近い場合あるいはコンクリート表面や鋼材表面に絶縁材料が被覆されているような場合には適用することができない．

(4) この試験は，コンクリート表面が完全に水で覆われているような場合には適用することができない．

2. 使 用 器 具

測定に使用する装置構成を**図-7.6**に示す．

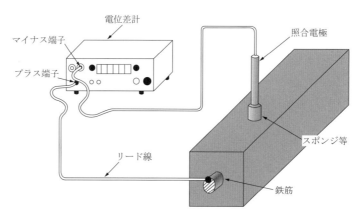

図-7.6　コンクリート中の鉄筋の自然電位測定方法

(1) 照合電極（環境条件によらず安定した電位を持つものでなければならない．また，十分に調整されたものでなければならない．一般に，銅－飽和硫酸銅電極（飽和硫酸銅電極），銀－飽和塩化銀電極（飽和塩化銀電極），鉛電極が用いられる．）

(2) 電位差計（入力抵抗が$100\,\mathrm{M\Omega}$以上で，目量が$1\,\mathrm{mV}$以下の直流電圧計を用いなければならない．）

(3) リード線（電位差計と照合電極または鋼材を接続するもので，被覆した軟銅より線を用いるものとする．照合電極と電位差計を接続するリード線にはシールド線を用いることが望ましい．[注：(1)]）

3. 実 験 要 領

(A)　鋼材と電位差計の接続

鋼材は次の手順で電位差計のプラス端子に接続する．

(1)　測定対象とする鋼材がすべて電気的に互いに連続している場合は 1 か所，そうでない場合には互いに連続しているグループごとに 1 か所，接続点を選定する．

(2)　リード線を接続する鋼材は，接続部分の表面を十分に清掃し，さびや汚れが付着していないようにする．[注：(2)])

(B)　照合電極と電位差計の接続

照合電極は電位差計のマイナス端子にリード線で接続する．

(C)　コンクリート表面の処理

測定対象となるコンクリート表面は次の手順であらかじめ調整を行っておく．

(1)　ひび割れや浮きのない箇所を測定面に選ぶ．

(2)　表面を清掃し，油汚れなどをなくしておく．

(3)　コンクリート表面は，原則として水道水などの清浄な水を用いて，これを湿潤状態にして測定しなければならない，なお，表面に浮き水がないようにしておくこととする．[注：(3)(4)]

(4)　自然電位測定時のコンクリート表面の湿潤状態を明確にするため，測定箇所のコンクリート表面において含水率を測定することが望ましい．[関：(1)]

(D)　コンクリート表面と照合電極との接触

照合電極の先端は，含水させたスポンジや脱脂綿などを巻き付けてコンクリート表面と接触させる．

(E)　自然電位の測定

(1)　測定は，測定開始から 1 時間以内に完了することが望ましい．

(2)　測定点の間隔は，一般的に 100〜300 mm とするとよい．[関：(2)]

(3)　測定点は，できるだけ鋼材の直上に相当するコンクリート表面に設定することが望ましい．

(4)　照合電極の電気的接続が確実であることを確認するため，1 点目の測定箇所において照合電極と電位差計との接続をいったん解放し，同一照合電極を再び接続した後に再測定を行い，測定された自然電位の差が 10 mV を超えないことを確かめる必要がある．[注：(5)]

(5)　自然電位は 1 mV の単位まで測定する．

(F)　測定値の換算

照合電極として飽和硫酸銅電極以外の電極を用いた場合には，飽和硫酸銅電極に対する自然電位の値に換算する．[注：(6)]

(G)　腐食の推定方法

自然電位から鋼材の腐食を判定する場合には，適切な推定基準を用いなければならない．[関：(3)]

4.　注 意 事 項

(1)　日本電線工業会規格に定められたマイクロホン用ビニルコードのような遮へい付き電線を意味する．

(2)　鋼材が電気的に互いに連続しているかどうかは，抵抗測定装置により導通があるかどうかを確認することにより判断する．

(3)　自然電位測定時の温度が 10°C 以下になるような場合は，コンクリート表面を湿潤状態にする水道水または清浄水に 15％程度のアルコールを混ぜることが望ましい．

(4)　コンクリートが乾燥しており測定が困難な場合には，あらかじめ最長 30 分程度の間，断続的に噴霧散水することによって，その後 1 時間程度は湿潤状態が保たれ，測定が容易になる．

(5)　測定された自然電位の差が 10 mV を超える場合は，鋼材と電位差計ならびに照合電極と電位差計の接続状態を再確認する．また，コンクリート表面が十分な湿潤状態にあるかを確認し，湿潤状態にない場合には，再度コンクリート表面を湿潤させる必要がある．

(6)　報告書に記載する自然電位は，25°C 飽和硫酸銅電極に対する自然電位の値に換算した上で，四捨五入により，10 mV 単位に丸めた値とする． 5

5．関 連 知 識

(1)　含水率の単位には，単位体積当たりに含まれる水の割合を示す「体積含水率」，絶乾質量に対して含まれる水の割合を示す「質量含水率」がある．

(2)　自然電位の測定間隔は，構造物の種類や大きさ，環境条件，マクロセルの形成状況を考慮して決定する必要があるが，一般的には 100〜300 mm で十分である． 10

(3)　自然電位の測定結果から，測定対象部材中の各測定値の分布状態が理解しやすいように，等電位線図を作成する．等電位線図は，図面上に電位の等しい地点のコンターを描いたものである．測定された電位マップから鉄筋の腐食部と健全部を推定する際に用いる．

(4)　自然電位の測定値に基づく代表的な評価基準としては，1997 年にアメリカで制定された ASTM C 876 がある．**表-7.3** に示すように腐食の可能性を確率で評価する． 15

表-7.3　ASTM C 876 による鋼材腐食性評価

自然電位 E (V vs CSE)	鋼材の腐食の可能性
$-0.20 < E$	90%以上の確率で腐食なし
$-0.35 < E \leqq -0.20$	不確定
$E \leqq -0.35$	90%以上の確率で腐食あり

(5)　自然電位は，コンクリートの含水率や炭酸化により影響を受ける．例えば，コンクリートの含水率が大きいと自然電位は卑となり，炭酸化深さが大きいと貴となる．

■コンクリート構造物の非破壊試験に関する練習問題■

(1) コンクリート構造物の非破壊試験がなぜ重要になってきたのかその理由を述べよ.

(2) 通常の試験と比較して，非破壊試験の長所と短所を述べよ.

(3) テストハンマー試験から得れる反発度からコンクリートの圧縮強度を推定するときに，考慮すべき事項について述べよ.

(4) コンクリートの動弾性係数の変化によって求められるコンクリートの特性について述べよ.

(5) N 型シュミットハンマーで試験した結果，測定値の棄却の限界はいくらか.

(6) 打音による弾性波に基づく健全度試験で得られる特性値にはどんなものがあるのか簡単に説明せよ.

(7) 自然電位試験が適用できないコンクリート構造物の条件について述べよ.

(8) 自然電位測定時の温度が 10°C 以下になるような場合は，コンクリート表面を湿潤状態にする水道水または清浄水に 15%程度のアルコールを混ぜることが望ましい.　この理由について述べよ.

データシート

データシートは，土木学会ホームページの下記 URL からダウンロードできます．
ご活用ください．
http://committees.jsce.or.jp/concrete08/node/1#attatchments

各種のセメント系材料に関する動画セミナーが，一般社団法人セメント協会普及部門から公開されており，随時更新されている．WEB 配信の場合は無料で視聴できるので，参考にしてください．（基礎知識講座：https://jcafukyu.jp）

実 験 名	セメントの密度試験		JIS R 5201	1.2

試 験 日	令和　　　年　　　月　　　日　　　曜　　　天候		

試 験 日 の 状 態	室　温　(℃)	湿　度　(%)	水　温　(℃)

試　　　料	

測　定　番　号	1	2	3	4
① フラスコの番号				
② 初めの鉱油の読み　(ml)				
③ 試 料 の 質 量　(g)				
④ 試料と鉱油の読み　(ml)				
⑤ 密度 $\dfrac{③}{④-②}$　(g/cm³)				
⑥ 許　容　差　(g/cm³)				
⑦ 平　均　値　(g/cm³)				

考　察

実 験 者	所　属	
	氏　名	

実　験　名	セメントの粉末度試験（比表面積試験）	JIS R 5201	1.3 a

試　　験　　日	令和　　　年　　　　月　　　　日　　　　曜　　　天候

試 験 日 の 状 態	室　温　（°C）	湿　度　（%）

試　　　　　料	---

① セ ル の 質 量　　　　（g）				
② セルと水銀との質量　　（g）				
③ 水銀の質量　②−①　　（g）				
④ （セル）＋（試料）の質量（g）				
⑤ （セル）＋（試料）＋（水銀）の質量　（g）				
⑥ 水銀の質量　⑤−④　（g）				
⑦ 水 銀 の 密 度　　（g/cm³）				
⑧ ベッドの体積 $\dfrac{③−⑥}{⑦}$ （cm³）				
⑨ 平　　均　　値　v　　（cm³）				

試 料 の 密 度 ρ （g/cm³）： 　　　　　　　　　　，試料ベッドのポロシティー e：
試 料 の 質 量 m　　　　　（g）　　$m = \rho v(1-e) =$
標準試料比表面積 S_0　　（cm²/g）： 　　　　　　　，標準試料降下時間 t_0 （s）：

測 定 番 号	1	2	3	4
試 料 降 下 時 間 t　　　（s）				
試 料 比 表 面 積 S　（cm²/g）				
許　　容　　差　　　（%）				
平　　均　　値　（cm²/g）				

考　察

実　験　者	所　属	
	氏　名	

実　験　名	セメントの粉末度試験(網ふるい試験)	JIS R 5201	1.3 b

試　　験　　日	令和　　年　　月　　日　　曜　　天候		

試 験 日 の 状 態	室　温　(°C)	湿　度　(%)

試　　　　料	

測　定　番　号	1	2	3	4
① 試　料　質　量　(g)				
② 残　留　質　量　(g)				
③ 粉 末 度 $\frac{②}{①} \times 100$　(%)				
④ 平　　均　　値　(%)				

考　察

実　験　者	所　属	
	氏　名	

実　験　名	セメントの凝結試験	JIS R 5201	1.4

試　験　日	令和　　　年　　　月　　　日　　　曜　　　天候

試 験 日 の 状 態	室 内 の 温 度　（℃）	室 内 の 湿 度　（%）	水　　温　（℃）
	湿気箱内の温度　（℃）	湿気箱内の湿度　（%）	

試　　　料	

測　定　番　号		1	2	3	4
試 料 の 質 量	（g）				
水 の 量	（ml）				
注 水 時 刻	（h-min）				
始 発 時 間 （h-min）	1回目				
	2回目				
	3回目				
終 結 時 間 （h-min）	1回目				
	2回目				
	3回目				

考　察

実　験　者	所　属	
	氏　名	

実 験 名	セメントの強さ試験	JIS R 5201	1.5

試　　験　　日			令和　年　月　日	令和　年　月　日	令和　年　月　日	令和　年　月　日
試験日の状態	室　温（℃）					
	湿　度（％）					
養　生　温　度　（℃）						
材　　　　齢　　（日）						
供 試 体 質 量　（g）（脱　型　直　後）		1				
		2				
		3				
供 試 体 質 量　（g）（強 さ 試 験 直 前）		1				
		2				
		3				
曲げ試験	最　大　荷　重（N）	1				
		2				
		3				
	曲 げ 強 さ（N/mm²）	1				
		2				
		3				
	平　均　値（N/mm²）					
圧縮試験	最　大　荷　重（N）	1				
		2				
		3				
		4				
		5				
		6				
	圧　縮　強　さ（N/mm²）	1				
		2				
		3				
		4				
		5				
		6				
	平　均　値（N/mm²）					

供試体作製日：令和　　　年　　　月　　　日

実 験 者	所属		氏名	

実　験　名	骨材のふるい分け試験(細骨材)	JIS A 1102	2.2 a

試　　験　　日	令和　　年　　月　　日　　曜　　天候				

試 験 日 の 状 態	室温（℃）	湿度（%）	骨　　　　　　材	種　類	産　地

試　　　　　料	採取場所	採取日	ふるい分け前の試料の質量	ふるい分け方法
				手 動 ・ 機 械

ふるいの公称目開き(mm) ※ { } はふるいの呼び寸法	連続する各ふるいの間にとどまるものの質量および質量分率		各ふるいにとどまるものの質量分率	各ふるいを通過するものの質量分率
	(g)	(%)	(%)	(%)
9.5　{10}				
4.75　{5}				
2.36　{2.5}				
1.18　{1.2}				
0.6				
0.3				
0.15				
0.075				
受　　　皿				
合　　　計				
粗　粒　率				

粒度曲線

縦軸左：ふるいを通過するものの質量分率（%）　縦軸右：ふるいにとどまるものの質量分率（%）　横軸：ふるいの呼び寸法（mm）

考　察

実 験 者	所属		氏名	

実　験　名	骨材のふるい分け試験例（細骨材）		

試　験　日	令和　　　年　　　月　　　日　　曜　　天候		

試　験　日　の　状　態	室温（°C） ------------	湿度（%） ------------	骨　　　材	種　類 ------------	産　地

試　　　　　料	採取場所	採取日	ふるい分け前の試料の質量	ふるい分け方法
			500.0g	手動・機械

ふるいの 公称目開き(mm) ※〔　〕はふるい の呼び寸法	連続する各ふるいの間にとどまるものの 質量および質量分率		各ふるいにとどまる ものの質量分率	各ふるいを通過する ものの質量分率
	(g)	(%)	(%)	(%)
9.5 〔10〕	0.0	0	0	100
4.75 〔5〕	10.0	2	2	98
2.36 〔2.5〕	59.5	12	14	86
1.18 〔1.2〕	66.5	13	27	73
0.6	136.5	27	54	46
0.3	155.0	32(31)	86	14
0.15	65.5	13	99	1
0.075	4.0	1	100	0
受　　皿	1.0	0	100	0
合　　計	498.0	100(99)		
粗粒率	2.82			

　　　上記の試験では、連続する各ふるいの間にとどまるものの質量分率の合計が９９％となり、１００％にならなかった。そのため、最も大きい質量分率である３１％を３２％にして、合計を１００％に補正している。なお、表中の（　　）内の数値は補正前のものである。補正後、各ふるいにとどまるものの質量分率および各ふるいを通過するものの質量分率を計算する。

考　察

実　験　者	所属		氏名	

実　験　名	骨材のふるい分け試験(粗骨材)	JIS A 1102	2.2 b

| 試　　験　　日 | 令和　　　年　　　月　　　日　　　曜　　天候 |

試 験 日 の 状 態	室温（℃）	湿度（%）	骨　　　　材	種　類	産　地

試　　　　料	採取場所	採取日	ふるい分け前の試料の質量	ふるい分け方法
				手 動 ・ 機 械

ふるいの 公称目開き(mm) ※ { } はふるい の呼び寸法	連続する各ふるいの間にとどまるものの 質量および質量分率		各ふるいにとどまる ものの質量分率	各ふるいを通過する ものの質量分率
	(g)	(%)	(%)	(%)
受　皿				
合　計				

最大寸法 (mm)		粗　粒　率	

ふるいを通過するものの質量分率 (%)

ふるいにとどまるものの質量分率 (%)

ふるいの呼び寸法 （mm）

粒度曲線

考　察

実 験 者	所属		氏名	

実　験　名	骨材のふるい分け試験例（粗骨材）			
試　験　日	令和　　　年　　　月　　　日　　曜　　天候			

試験日の状態	室温（℃）	湿度（%）	骨　　　材	種　類	産　地
	- - - - - - -	- - - - - - -		- - - - - -	- - - - - -

試　　　料	採取場所	採取日	ふるい分け前の試料の質量	ふるい分け方法
	- - - - - - -	- - - - - - -	15000g	手動・機械

ふるいの公称目開き(mm) ※{ }はふるいの呼び寸法	連続する各ふるいの間にとどまるものの質量および質量分率		各ふるいにとどまるものの質量分率	各ふるいを通過するものの質量分率
	(g)	(%)	(%)	(%)
63　{60}	0	0	0	100
53　{50}	658	4	4	96
37.5　{40}	1774	12	16	84
26.5　{25}	2892	19	35	65
19　{20}	5289	36（35）	71	29
9.5　{10}	2352	16	87	13
4.75　{5}	1866	12	99	1
2.36　{2.5}	169	1	100	0
受　皿	0	0	100	
合　計	15000	100（99）		
最大寸法（mm）	50		粗　粒　率	7.73

　　上記の試験では、連続する各ふるいの間にとどまるものの質量分率の合計は、99％になっている。これは、丸めたためであるから、最も大きい質量分率である35％を36％に補正する。なお、表中の（　）内の数値は補正前のものである。補正後、各ふるいにとどまるものの質量分率および各ふるいを通過するものの質量分率を計算する。

実　験　者	所属		氏名	

実　験　名	細骨材の密度および吸水率試験	JIS A 1109	2.3

試　　験　　日	令和　　　年　　　月　　　日　　　曜　　　天候			

試 験 日 の 状 態	室　温（℃）	湿　度（%）	水　温（℃）	乾燥温度（℃）

試　　　　　料	....

測　定　番　号	1	2	3	4
① ピクノメータの番号				
② 500 ml の目盛まで水を満たしたピクノメータの質量　m_1　（g）				
③ 500 ml の目盛まで水を満たしたときのピクノメータ内の水温 t_1　（℃）				
④ 試 料 の 質 量 m_2　（g）				
⑤ 試料と水で 500 ml の目盛まで満たしたピクノメータの質量 m_3　（g）				
⑥ 試料と水で 500 ml の目盛まで満たしたときのピクノメータ内の水温 t_2　（℃）				
⑦ 表乾密度 d_S　$\dfrac{④\times\rho_w}{②+④-⑤}$　（g/cm³）				
⑧ 平　　均　　値　（g/cm³）				
⑨ 平均値からの差　（g/cm³）				
⑩ 試料の質量　m_4　（g）				
⑪ 試料の乾燥質量　m_5　（g）				
⑫ 絶乾密度 d_d　⑦ $\times \dfrac{⑪}{⑩}$　（g/cm³）				
⑬ 平均値　（g/cm³）				
⑭ 平均値からの差　（g/cm³）				
⑮ 吸水率 Q　$\dfrac{⑩-⑪}{⑪}\times 100$　（%）				
⑯ 平　　均　　値　（%）				
⑰ 平均値からの差　（%）				

考　察

....
....
....
....
....
....
....
....

実　験　者	所　属	
	氏　名	

| 実　験　名 | 粗骨材の密度および吸水率試験 | | JIS A 1110 | 2.4 |

| 試　験　日 | 令和　　　年　　　月　　　日　　　曜　　　天候 | | | |

試験日の状態	室　温（℃）	湿　度（%）	水　温（℃）	乾燥温度（℃）

| 試　　　　　料 | -- |

測　定　番　号	1	2	3	4
① 試料の質量　　m_1　　　　　　　　（g）				
② 水中の試料とかごの 　見掛けの質量　　m_2　　　　（g）				
③ 水中のかごの見掛けの質量　　m_3　（g）				
④ 水中の試料の見掛けの 　質量　　$(m_2 - m_3)$　　　　（g）				
⑤ 水温　　　　　　　　　　　　　（℃）				
⑥ 表乾密度 D_s $\dfrac{①×\rho_w}{①-④}$　（g/cm³）				
⑦ 平　　均　　値　　　　　　（g/cm³）				
⑧ 平均値からの差　　　　　　（g/cm³）				
⑨ 乾燥後の試料の質量　　m_4　　（g）				
⑩ 絶乾密度 D_d $\dfrac{⑨×\rho_w}{①-④}$　（g/cm³）				
⑪ 平　　均　　値　　　　　　（g/cm³）				
⑫ 平均値からの差　　　　　　（g/cm³）				
⑬ 吸水率 Q $\dfrac{①-⑨}{⑨}×100$　（%）				
⑭ 平　　均　　値　　　　　　　　（%）				
⑮ 平均値からの差　　　　　　　　（%）				

考　察

実　験　者	所　属	
	氏　名	

実　験　名	細骨材の表面水率試験	JIS A 1111	2.5

試　　　験　　　日	令和　　年　　　月　　　日　　曜　　　天候

試 験 日 の 状 態	室　温（℃）	湿　度（%）	水　温（℃）

試　　　　　料	--
	試料の密度 =

測　定　番　号		1	2	3	4
① 試料の質量　m_1	(g)				
② (容器)＋(マークまでの水)の質量　m_2	(g)				
③ (容器)＋(マークまでの水)＋(試料)の質量　m_3	(g)				
④ $m = ① + ② - ③$	(g)				
⑤ $m_s = \dfrac{①}{密度}$					
⑥ 表面水率　$H = \dfrac{④ - ⑤}{① - ④} \times 100$	(%)				
⑦ 平　均　値	(%)				
⑧ 平均値との差	(%)				
⑨ 試料を覆う水量　V_1	(ml)				
⑩ (試料)＋(水)の容積　V_2	(ml)				
⑪ $V = ⑩ - ⑨$	(g)				
⑫ 表面水率　$H = \dfrac{⑪ - ⑤}{① - ⑪} \times 100$	(%)				
⑬ 平　均　値	(%)				
⑭ 平均値との差	(%)				

考　察

実　験　者	所　属	
	氏　名	

実　験　名	骨材の含水率試験および含水率に基づく表面水率の試験	JIS A 1125	2.6

試　　験　　日	令和　　　年　　　月　　　日　　　曜　　天候

試 験 日 の 状 態	室　温（℃）	湿　度（%）

試　　　料	種　　類	大 き さ	産　　地	構造用軽量骨材の名称
	採 取 し た 位 置		採 取 し た 日 時	

測　定　番　号	細　骨　材		粗　骨　材	
	1	2	1	2
① 乾燥前の試料の質量　m　　（g）				
② 乾燥後の試料の質量　m_D　　（g）				
③ 含　水　率　Z　$\dfrac{①-②}{②}\times100$　（%）				
④ 平　　均　　値　　　　（%）				
⑤ 平 均 値 と の 差　　（%）				
⑥ 吸　水　率　Q　　　（%）				
⑦ 表面水率　H（③－⑥）$\times\dfrac{1}{1+\dfrac{⑥}{100}}$（%）				
平　　均　　値　　　（%）				
平 均 値 と の 差　　（%）				

考　察

実　験　者　　所　属
　　　　　　　氏　名

| 実　験　名 | 骨材の単位容積質量および実積率試験 | JIS A 1104 | 2.7 |

| 試　　験　　日 | 令和　　　年　　　月　　　日　　　曜　　　天候 | | | |

試 験 日 の 状 態	室　温（℃）	湿　度（%）	水　温（℃）

試　　　　　料	
試 料 の 詰 め 方	

測 定 番 号		細　　骨　　材		粗　　骨　　材	
		1	2	1	2
① 容 器 の 容 積 V	（l）				
② 試料と容器の質量	（kg）				
③ 容 器 質 量	（kg）				
④ 試料質量 m_1　②－③	（kg）				
⑤ $\dfrac{④}{①}$	（kg）				
⑥ 含水率測定に用いた試料の乾燥前の質量 m_2	（g）				
⑦ 含水率測定に用いた試料の乾燥後の質量 m_D	（g）				
⑧ 単位容積質量 T ⑤または⑤×$\dfrac{⑦}{⑥}$	（kg/l）				
⑨ 平 　均 　値	（kg/l）				
⑩ 平均値からの差	（kg/l）				
⑪ 絶 乾 密 度 d_D	（g/cm³）				
⑫ 表 乾 密 度 d_S	（g/cm³）				
⑬ 吸 　水 　率 Q	（%）				
⑭ 実積率 G $\dfrac{⑧}{⑪}$×100 または ⑧×$\dfrac{100+⑬}{⑫}$	（%）				
⑮ 平均値	（%）				

考　察

実　験　者	所　　属	
	氏　　名	

実　験　名	骨 材 の 微 粒 分 量 試 験	JIS A 1103	2.8

試　　験　　日	令和　　年　　月　　日　　曜　　天候			

試 験 日 の 状 態	室　温（°C）	湿　度（%）	水　温（°C）	乾燥温度（°C）

試　　　　　料	

測　定　番　号		1	2	3	4
① 洗う前の乾燥質量　m_1	(g)				
② 洗った後の乾燥質量　m_2	(g)				
③ 0.075 mm ふるいを通過する量 A $\dfrac{①-②}{①} \times 100$	(%)				
平　　均　　値	(%)				
2 回の測定値の差	(%)				

考　察

実　験　者	所　　属	
	氏　　名	

実　験　名	細骨材の有機不純物試験	JIS A 1105	2.9

試　　験　　日	令 和　　　年　　　月　　　日　　　曜　　天 候

試 験 日 の 状 態	室　温（℃）	湿　度（%）	水　温（℃）

試　　　　　料	---

測　定　番　号	1	2	3	4
判　定：試料液を標準色液と比べた 　　　　ときの状況（目視）	濃い・同じ・淡い	濃い・同じ・淡い	濃い・同じ・淡い	濃い・同じ・淡い

実 験 者	所　　属	
	氏　　名	

実 験 名	骨材中に含まれる粘土塊量の試験	JIS A 1137	2.10

試 験 日	令和　　年　　月　　日　　曜　　天候

試 験 日 の 状 態	室 温 (℃)	湿 度 (%)

試料（骨材の種類，大きさ，産地）	

測 定 番 号	細 骨 材		粗 骨 材	
	1	2	1	2
① 洗う前の乾燥質量　　　　(g)				
② 洗った後の乾燥質量　　　(g)				
③ 粘 土 塊 量 $\dfrac{①-②}{①} \times 100$　(%)				
平 均 値　　　　(%)				

考 察

実 験 者	所 属	
	氏 名	

| 実　験　名 | 硫酸ナトリウムによる骨材の安定性試験 | JIS A 1122 | 2.11 |

| 試　験　日 | 令和　　　年　　　月　　　日　　　曜　　　天候 |

試 験 日 の 状 態	室　温（℃）	湿　度（%）	水　温（℃）	乾燥温度（℃）

| 試　　　　　料 | 細骨材 | | 粗骨材 | | 岩　石 | |

| 溶 液 の 種 類 | |

とどまるふるい（mm）	通るふるい（mm）	各群の質量（g）	①各群の質量分　率（%）	②試験前の各群の質量（g）	③試験後の各群の質量（g）	④各群の損失質量分　率 $\left(1-\dfrac{③}{②}\right)\times100$（%）	⑤骨材の損失質量分率 $\dfrac{①\times④}{100}$（%）
細 骨 材 の 安 定 性 試 験						
—	0.15			—	—	—	—
0.15	0.3			—	—	—	—
0.3	0.6						
0.6	1.2						
1.2	2.5						
2.5	5						
5	10						
合　　計		100.0					
粗 骨 材 の 安 定 性 試 験						
5	10						
10	15						
15	20						
20	25						
25	40						
40	60						
60	80						
合　　計		100.0					

岩　石　の　安　定　性　試　験

①試験前の試料の質量　　　　　（g）		3 片以上に砕けた粒の数	
②試験後 3 片以上に砕けた粒の質量　（g）		観察	破壊状況	崩　壊　　　はげ落ち　　　その他　　　割　れ　　　ひび割れ
③損失質量分率 $\left(1-\dfrac{①-②}{①}\right)\times100$（%）				

| 考　　察 | |

| 実　験　者 | 所　属 | |
| | 氏　名 | |

実　験　名	粗骨材のすりへり試験				JIS A 1121	2.12

試　　験　　日	令和　　　年　　　月　　　日　　　曜　　天候			

試　験　日　の　状　態	室　　温（℃）	湿　　度（%）	水　　温（℃）	乾燥温度（℃）

試　　　　　料				

とどまる ふるい （mm）	通るふるい （mm）	各群の質量 （g）	各群の質量 分率(%)	粒度区分	球　の　数	回　転　数	試験前の試料 の質量（g）
	2.5						
2.5	5						
5	10						
10	15						
15	20						
20	25						
25	40						
40	50						
50	60						
60	80						
合　　計			100.0				①

②試験後 1.7 mm ふるいにとどまった試料の質量　（g）	
③すりへり損失質量　　①－②　　　　　　　　　　（g）	
④すりへり減量　$\frac{③}{①}\times100$　　　　　　　　（%）	

考　察

実　験　者	所　　属	
	氏　　名	

実 験 名	海砂の塩化物イオン含有率試験(滴定法)	JSCE-C 502	2.13

試 験 日	令和 年 月 日 曜 天候

試 験 日 の 状 態	室 温 (°C)	湿 度 (%)

試 料	

測 定 番 号	1	2	3	4
① 絶乾状態の試料の質量 W_D (g)				
② 硝酸銀溶液の濃度係数（ファクター）f				
③ 精 製 水 の 量 (ml)				
④ 試験液の滴定に要した 0.1 mol/l 硝酸銀溶液の量 C_1 (ml)				
⑤ 精製水の滴定に要した 0.01 mol/l 硝酸銀溶液の量 C_2 (ml)				
⑥ 滴 定 量 C (ml) ④ − (⑤/10)				
⑦ 分取した試験溶液量 (ml)				
⑧ 塩化物イオン含有率 $CL(\%) = 71 \times \dfrac{⑥ \times ②}{① \times ⑦}$				
平 均 値 (%)				

考 察

実 験 者	所 属	
	氏 名	

実 験 名	骨材のアルカリシリカ反応性試験(化学法)		JIS A 1145	2.14

試 験 日	令和　　　　年　　　　月　　　　日　　　　曜　　　天候			
試 験 日 の 状 態	気温 (°C)	室温 (°C)	湿度 (%)	
骨 材 試 料	種類	最大寸法	産地	岩種

採 取 試 料 質 量	
縮 分 試 料 質 量	
粗粉砕後試料質量 (5 mm 以下)	
300 μm 以上の粗粒部分質量	
300～150 μm の質量	
150 μm 以下の質量	
最終骨材試料　300～150 μm の質量	

測 定 番 号	1	2	3
①希釈試料溶液からの分取量 V_1 (ml)			
②希釈試料溶液の滴定に要した 0.05 mol/l 塩酸標準液量 V_2 (ml)			
③希釈した空試料溶液の滴定に要した 0.05 mol/l 塩酸標準液量 V_3 (ml)			
④0.05 mol/l 塩酸標準液のファクタ F			
Rc：アルカリ濃度減少量 (mmol/l) $Rc = 20 \times 0.05 \times ④ \times (③ - ②) \times 1000/①$			
溶解シリカの定量方法			
空試験による補正を行った試料原液 5 ml 中のシリカの質量 W (g)			
Sc：溶解シリカ量 (mmol/l) $Sc = 3\,330 \times W$			
希釈倍率 n			
検量線から求めたシリカ量 C (SiO$_2$ mmol/l)			
検量線から求めたけい素量 A (Si mg/l)			
Sc：溶解シリカ量 (mmol/l) $Sc = 20 \times n \times C$ $Sc = 20 \times n \times A \times 1/28.09$			
平均値 (mmol/l)			
精 度			
判 定			

考 察	

実 験 者	所 属	
	氏 名	

実　験　名	骨材のアルカリシリカ反応性試験(モルタルバー法)	JIS A 1146	2.15

試　　験　　日	令和　　　年　　　月　　　日　　　曜　　　天候			

試 験 日 の 状 態	気　温（℃）	室　温（℃）	容器内温度（℃）	容器内湿度（%）

セ　メ　ン　ト	種　別	全アルカリ

骨　　　　材	種　類　　　　最大寸法　　　　産　地　　　　岩　種

湿度 95%以上を確保した手段

区分 ＼ 材齢		脱型時	2 週間	4 週間	8 週間	3 か月	6 か月
① 基　長 L（有効ゲージ長）（×10^{-3}mm）	1						
	2						
	3						
② 脱型時の供試体のダイヤルゲージの読み X_{ini}（×10^{-3}mm）	1						
	2						
	3						
③ 脱型時の標準尺のダイヤルゲージの読み $_sX_{ini}$（×10^{-3}mm）	1						
	2						
	3						
④ 材齢 i における供試体のダイヤルゲージの読み X_i（×10^{-3}mm）	1						
	2						
	3						
⑤ 材齢 i における標準尺のダイヤルゲージの読み $_sX_i$（×10^{-3}mm）	1						
	2						
	3						
⑥ 膨張率（%）$\frac{(④-⑤)-(②-③)}{L}\times100$	1						
	2						
	3						
	平均						
精　　　度							
判　　　定							

考　察

- - - - - - - - - - - - - - - - - -

実　験　者	所　属	
	氏　名	

実　験　名	骨材のアルカリシリカ反応性試験(迅速法)		JIS A 1804	2.16

試　験　日	令和　　　年　　　月　　　日　　　曜　　天候		

試 験 日 の 状 態	気　温（℃）	室　温（℃）	湿　度（%）

セ　メ　ン　ト	種別	全アルカリ

骨　　　　　材	種類	最大寸法	産地	岩種

供　試　体　番　号		1	2	3	標　準　尺
超音波伝播速度（m/s）	①煮沸前				有効ゲージ長 L
	②煮沸後				
超音波伝播速度率 ②/①×100(%)					
平均値（%）					
精度（偏差）					
判　定					
一次共鳴振動数（Hz）	③煮沸前				
	④煮沸後				
相対動弾性係数 $(④/③)^2 × 100(\%)$					
平均値（%）					
精度（偏差）					
判　定					
ゲージの読み	⑤煮沸前				⑦
	⑥煮沸後				⑧
長さ変化率（%） $(⑥ − ⑤ − ⑧ + ⑦)$ $/L × 100$ (%)					
平均値（%）					
精度（偏差）					
判　定					

考　察	

実　験　者	所　属	
	氏　名	

実　験　名	コンクリートのスランプ試験および フレッシュコンクリートの空気量の圧力による 試験(空気室圧力方法)	JIS A 1101 JIS A 1128	3.2 3.3

試　験　日	令和　　年　　月　　日　　曜　　天候

試 験 日 の 状 態	気　温 (℃)	湿　度 (%)	水　温 (℃)

試　　料	

示　方　配　合	粗骨材の 最大寸法 (mm)	スランプ (cm)	水セメント比 W/C (%)	空気量 (%)	細骨材率 s/a (%)	単　位　量 (kg/m³)						
						水 W	セメント C	混和材 F	細骨材 S	粗骨材 G mm〜mm	mm〜mm	混和剤 (g/m³)

測　定　番　号	1	2	3
①スランプ (cm)			
②突き棒でコンクリートの側面をたたいたときの状態			
③見掛けの空気量 (%)			
④骨材修正係数 (%)			
⑤空気量 ③ － ④ (%)			
⑥コンクリートの温度 (℃)			

考　察

実　験　者	所　属	
	氏　名	

実　験　名	コンクリートのブリーディング試験	JIS A 1123	3.4

試　験　日	令和　　　年　　　月　　　日　　　曜　　天候			

試 験 日 の 状 態	気　温（°C）	室　温（°C）	湿　度（%）	水　温（°C）

使用材料の種類及び品質	

示　方　配　合	粗骨材の最大寸法（mm）	スランプ（cm）	水セメント比 W/C（%）	空気量（%）	細骨材率 s/a（%）	単 位 量（kg/m³）						
						水 W	セメント C	混和材 F	細骨材 S	粗骨材 G mm〜mm	mm〜mm	混和剤（g/m³）

試料を容器につめ表面をこてでならした時刻		試料の温度（°C）	

時　　　間（分）	10	20	30	40	50	60	90	120	150	180	210	240	270	300	330	360
吸いとった累加水量 V（ml）																
試料と容器の質量（kg）																
容器の質量（kg）																
試料の質量（kg）																
容器の上面の面積 A（cm²）																
ブリーディング量 $\frac{V}{A}$（cm³/cm²）																
ブリーディング率（%）																

考　察

実　験　者	所　属	
	氏　名	

実　験　名	コンクリートの圧縮強度試験						JIS A 1108	3.5		

試　　験　　日	令和　　　年　　　月　　　日　　　曜　　　天候									

試 験 日 の 状 態	室　温（℃）		湿　度（%）		水　温（℃）					

試　　　　料										

示　方　配　合	粗骨材の最大寸法 (mm)	スランプ (cm)	水セメント比 W/C (%)	空気量 (%)	細骨材率 s/a (%)	単 位 量（kg/m³）				
						水 W	セメント C	混和材 F	細骨材 S	粗骨材 G mm〜mm / mm〜mm ・ 混和剤 (g/m³)

材　　齢　　（日）				

養 生 方 法		養生温度（℃）		

供 試 体 番 号	1	2	3	4
平 均 直 径　（mm）				
断 面 積　（mm²）				
平 均 高 さ　（mm）				
ス ラ ン プ　（cm）				
質　　量　（kg）				
最 大 荷 重　（N）				
圧 縮 強 度　（N/mm²）				
平均圧縮強度　（N/mm²）				
見 掛 け 密 度　（kg/m³）				
平均見掛け密度　（kg/m³）				
供試体の破壊状況のスケッチ				

考　察

実　験　者	所　　属	
	氏　　名	

実　験　名	コンクリートの割裂引張強度試験	JIS A 1113	3.6

| 試　　験　　日 | 令和　　　年　　　月　　　日　　　曜　　　天候 | | | | | | | | | |

試 験 日 の 状 態	室　温（℃）		湿　度（%）	水　温（℃）

試　　　　　料	

示　方　配　合	粗骨材の 最大寸法 (mm)	スランプ (cm)	水 セ メ ント 比 W/C (%)	空 気 量 (%)	細骨材率 s/a (%)	単　位　量（kg/m³）					
						水 W	セメント C	混和材 F	細骨材 S	粗骨材 G mm～mm mm～mm	混和剤 (g/m³)

材　　齢　　（日）	

養 生 方 法		養生温度（℃）	

供 試 体 番 号	1	2	3	4
平 均 直 径　　（mm）				
割れた面における長さの 平均値　　　　（mm）				
最 大 荷 重　　　（N）				
割裂引張強度 （N/mm²）				
平均割裂引張強度 （N/mm²）				
供試体の破壊状況の スケッチ				

考　察

実　験　者	所　属	
	氏　名	

実 験 名	コンクリートの曲げ強度試験	JIS A 1106	3.7

試 験 日	令和　　　年　　　月　　　日　　　曜　　　天候

試 験 日 の 状 態	室　温（℃）	湿　度（%）	水　温（℃）

試　　料	

示 方 配 合	粗骨材の最大寸法 (mm)	スランプ (cm)	水セメント比 W/C (%)	空気量 (%)	細骨材率 s/a (%)	単 位 量 (kg/m³)						
						水 W	セメント C	混和材 F	細骨材 S	粗骨材 G mm〜mm	mm〜mm	混和剤 (g/m³)

材　齢　（日）	

養 生 方 法		養生温度（℃）	

供 試 体 番 号	1	2	3	4
平 均 幅 （mm）				
平 均 高 さ （mm）				
ス パ ン （mm）				
最 大 荷 重 （N）				
曲 げ 強 度 （N/mm²）				
平均曲げ強度 （N/mm²）				
破壊断面とこれに近い支点との距離 （mm）				
供試体の破壊状況のスケッチ				

考　察

実 験 者	所　属	
	氏　名	

実　験　名	コンクリートの静弾性係数試験	JIS A 1149	3.8

試　　験　　日	令和　　　年　　　月　　　日　　曜　　天候			
試 験 日 の 状 態	温　度（℃）	湿　度（%）		水　温（℃）
試　　　　　料				
材　齢　（日）				
養 生 方 法		養生温度（℃）		
載 荷 の 方 法				
供 試 体 番 号	1	2	3	4
平 均 直 径　（mm）				
断　面　積　（mm²）				
平 均 高 さ　（mm）				
最 大 荷 重　（N）				
圧 縮 強 度　（N/mm²）				
平均圧縮強度　（N/mm²）				
供試体の破壊状況				
繰返しの場合の繰返し回数				
応力 S_1　（N/mm²）				
応力 S_2　（N/mm²）				
ひずみ ε_1				
静弾性係数　（kN/mm²）				
平均静弾性係数　（kN/mm²）				

考　察

応
力

ひずみ

応力-ひずみ曲線

実　験　者	所　　属	
	氏　　名	

実　験　名	コンクリートの配合設計	3.9 a

試　　験　　日	令和　　　年　　　月　　　日　　　曜　　　天候		
試 験 日 の 状 態	室　温（℃）	湿　度（%）	水　温（℃）

設　計　条　件	---
試　　　　　料	---
材 料 試 験 結 果	
配　合　強　度 $f'_{cr}(= a \cdot f'_{ck})$	

① 水セメント比の推定　　W/C　　（%）		⑥ 空気量　　　　　　　　　（l）	
② 細骨材率の仮定　　　　s/a　　（%）		⑦ 細骨材量　　骨材絶対容積 a　（l）	
③ 単位水量の計算　　　　W　　（kg）		⑧ 細骨材絶対容積 s（l）　　単位細骨材量 S（kg）	
④ 単位セメント量の　　計算 C　　（kg）　　セメント絶対容積（l）		⑨ 粗骨材絶対容積（l）　　単位粗骨材量 G（kg）	
⑤ 単位混和材量　　　　F　　（kg）		⑩ 単位混和剤量　　　　　　（g）	

考　察	---

実　験　者	所　　属	
	氏　　名	

実 験 名	コンクリートの配合設計	3.9 b

試　験　日	令和　　　年　　　月　　　日　　曜　　天候

試 験 日 の 状 態	室　温（°C）	湿　度（%）	水　温（°C）

試　　料	

試し練り ＼ 単位量（1バッチ分）	セメント量（kg）	水量（kg）	W/C（%）	s/a（%）	細骨材量（kg）	粗骨材量（kg）	スランプ（cm）	観　察
第 1 バ ッ チ	（　　　）	（　　　）			（　　　）	（　　　）		
第 2 バ ッ チ	（　　　）	（　　　）			（　　　）	（　　　）		
第 3 バ ッ チ	（　　　）	（　　　）			（　　　）	（　　　）		
第 4 バ ッ チ	（　　　）	（　　　）			（　　　）	（　　　）		

W/C に対する f'_c の平均値

W/C（%）	C/W	s/a（%）	単位水量 W（kg）	単位セメント量 C（kg）	スランプ（cm）	f'_c の平均（N/mm²）

（　　）
（　　）
（　　）
（　　）
（　　）
（　　）

$\longrightarrow f'_c$ (N/mm²)

1.8　　2.0　　2.2

$\longrightarrow C/W$

計 算

示　方　配　合	粗骨材の最大寸法（mm）	スランプ（cm）	水セメント比 W/C（%）	空気量（%）	細骨材率 s/a（%）	単 位 量（kg/m³）					
						水 W	セメント C	混和材 F	細骨材 S	粗骨材 G mm〜mm / mm〜mm	混和剤（g/m³）

現　場　配　合											

考 察

実 験 者	所　属	
	氏　名	

実 験 名	鉄 筋 の 引 張 試 験	JIS Z 2241	4.2

試　　験　　日	令和　　　年　　　月　　　日　　　曜　　天候		

試 験 日 の 状 態	気　温（℃）		室　温（℃）

試　　　　料	....

試 料 番 号			
試 験 片			
呼 び 径 　（mm）			

実測径（mm）	最 大 径									
	最 小 径									
	平 均			

原 断 面 積 　（mm²）			
種　　　別			
記　　　号			
原 標 点 距 離 　（mm）			
降 伏 点 試 験 力 　（N）			
降 伏 点 　（N/mm²）			
最 大 試 験 力 　（N）			
引 張 強 さ 　（N/mm²）			
最 終 標 点 距 離 　（mm）			
伸 び 　（%）			
切断位置による記号			
判 定			

考　察
....
....
....
....
....
....

実 験 者	所　属	
	氏　名	

実　験　名	鉄　筋　の　曲　げ　試　験	JIS Z 2248	4.3

試　　験　　日	令和　　　　年　　　　月　　　　日　　　　曜　　　天候		
試 験 日 の 状 態	気　温（℃）		室　温（℃）
試　　　　　　料	....		

試　料　番　号				
呼　　び　　径　　(mm)				
実　　測　　径　　(mm)				
種　　　　　　別				
記　　　　　　号				
曲　げ　角　度　　(度)				
内　側　半　径　　(mm)				
判　　　　　　定				

考　察

実　験　者	所　属	
	氏　名	

実　験　名	アスファルトの針入度試験			JIS K 2207	5.2

試　　　験　　　日	令和　　　年　　　月　　　日　　　曜　　　天候			
試 験 日 の 状 態	室　温 (°C)	湿　度 (%)		水　温 (°C)

試　　　　　料			
試　験　条　件			

測 定 値 (1/10 mm)	1				
	2				
	3				
	平均値				

許　　容　　差			
針 入 度 (1/10 mm)			

考　察

実　験　者	所　属	
	氏　名	

実 験 名	アスファルトの軟化点試験（環球法）	JIS K 2207	5.3

試 験 日	令和　　年　　月　　日　　曜　　天候		

試 験 日 の 状 態	室 温（℃）	湿 度（%）	水 温（℃）

試 料		
試 験 条 件		

測 定 値 （℃）	1		
	2		
	平均値		

許 容 差 （℃）		
軟 化 点 （℃）		

考 察

実 験 者	所 属	
	氏 名	

実 験 名	アスファルトの伸度試験	JIS K 2207	5.4

試 験 日	令和　　年　　月　　日　　曜　　天候		

試 験 日 の 状 態	室　温（℃）	湿　度（%）	水　温（℃）

試　　　　料		
試 験 条 件		

測 定 値 （cm）	1		
	2		
	3		

伸　度（cm）	（平均値）	（平均値）

考　察

- -

実 験 者	所　属	
	氏　名	

実　験　名	アスファルトの引火点試験	JIS K 2265	5.5

試　　験　　日	令和　　　年　　　月　　　日　　　曜　　　天候		
試 験 日 の 状 態	室　温（℃）		湿　度（%）
試　　　　　料			
試　験　方　法			
測　定　値（℃）			
引　火　点（℃）			

考　察

実　験　者	所　属	
	氏　名	

実　験　名	アスファルト混合物の安定度試験(マーシャル式)	舗装調査・試験法便覧 B001	5.6 a

試　験　日	令和　　　年　　　月　　　日　　　曜　　　天候		

試 験 日 の 状 態	室　温(°C)	湿　度(%)	水　温(°C)

混 合 物 の 種 類			

理 論 最 大 密 度 の 計 算

骨 材 の 種 類	産　地　名	① 配合比(%)	② 各骨材の密度	③ 係　数 $\dfrac{①}{②}$

④係 数 の 和＝

乾燥骨材の密度 $= \dfrac{100}{④} =$

⑤アスファルト 混合率(%)	⑥アスファルト の 密 度 (g/cm^3)	⑦ $\dfrac{⑤}{⑥}$	⑧ $\dfrac{④(100-⑤)}{100}$	⑨ ⑦＋⑧	⑩理論最大密度 $\dfrac{100}{⑨}$ (g/cm^3)

考　察

実　験　者	所　属	
	氏　名	

実験名　アスファルト混合物の安定度試験(マーシャル式)

舗装調査・試験法便覧　B001　5.6 b

実固め回数				
試験の温度条件	アスファルトの加熱温度(°C)	骨材の加熱温度(°C)	混合温度(°C)	締固め温度(°C)

実験者	所属	氏名

供試体番号 ①	アスファルト混合率(%) ②	マーシャル供試体の厚さ(cm) ③					質量(g) 空中 ④	表乾 ④'	水中 ⑤	容積(cm³) ⑥	密度(g/cm³) 実測 ⑦	理論 ⑧	アスファルト容積率(%) ⑨	空げき率(%) ⑩	飽和度(%) ⑪	安定度(kN) ゲージの読み ⑫	実測値 ⑬	フロー値(1/100cm) ⑭
		厚さ(cm) 1	2	3	4	平均				$④-⑤$ または $④'-⑤$	$\dfrac{④}{⑥}$		$\dfrac{②×⑦}{アスファルトの密度}$	$100-100\dfrac{⑦}{⑧}$	$\dfrac{⑨}{⑨+⑩}$			

結果

実 験 名	コンクリートの品質管理（$\bar{x}$–R管理）								6.2 a

設計基準強度 (N/mm^2)		現 場 名		組 の 大 き さ	
配 合 強 度 (N/mm^2)		測 定 単 位		試 料 の 間 隔	

月 日	組の番号	試 験 値 (N/mm^2)					計 $\sum$	平均値 $\bar{x}$	範 囲 R	摘 要
		x_1	x_2	x_3	x_4	x_5				

検査法				計	
				平均値	$\bar{\bar{x}}$	$\bar{R}$

考 察

- -

- -

実 験 者	所 属	
	氏 名	

実　験　名	コンクリートの品質管理図（$\bar{x}$–R 管理図）	6.2 b

設計基準強度 $(\mathrm{N/mm^2})$		測 定 単 位		組 の 大 き さ	
配 合 強 度 $(\mathrm{N/mm^2})$		現　場　名		試 料 の 間 隔	

$\bar{x}$ 管 理 図 CL =

UCL $= \bar{\bar{x}} + A_2 \cdot \bar{R} =$

LCL $= \bar{\bar{x}} - A_2 \cdot \bar{R} =$

R 管 理 図 CL =

UCL $= D_4 \cdot \bar{R}$

LCL $= D_3 \cdot \bar{R}$

n	A_2	D_4	D_3
2	1.88	3.27	0
3	1.02	2.57	0
4	0.73	2.28	0
5	0.58	2.11	0

$\bar{x}$

R

組 の 番 号

考 察

- -

- -

- -

- -

実　験　者	所　属	
	氏　名	

実　験　名	コンクリートの品質検査 $\left(\begin{array}{l}x\,\text{管理}\\x\text{–}R_s\text{管理}\end{array}\right)$										6.2 c

設計基準強度 (N/mm²)			測 定 単 位			試料の大きさ	
配 合 強 度 (N/mm²)			現　場　名			試 料 の 間 隔	

採取月日	試料の番号	測定値 (N/mm²)			計 $\sum$	試験値 x	移動範囲 R_s	範　囲 R	$(x-\bar{\bar{x}})^2$	摘　要
		a	b	c						

$\bar{\bar{x}} \geqq f'_{ck} + kS_n$

計				
平均値	$\bar{\bar{x}}$	$\bar{R}_s$	$\bar{R}$	

$k =$

$$S_n = \sqrt{\dfrac{\sum(x-\bar{\bar{x}})^2}{n-1}} =$$

実 験 者	所　属	
	氏　名	

実　験　名	コンクリートの品質検査・管理図 $\left(\begin{smallmatrix} x\,\text{管理図} \\ x\text{--}R_s\,\text{管理図} \end{smallmatrix}\right)$		6.2 d

設計基準強度 (N/mm²)		測 定 単 位		試料の大きさ	
配 合 強 度 (N/mm²)		現 　場 　名		試料の間隔	

x 管 理 図 CL =	R_s 管 理 図 CL =	n	E_2	D_4	D_3
UCL =	UCL =	2	2.66	3.27	0
LCL =	LCL =	3	1.77	2.57	0

x

R_s

試 料 の 番 号

考察

- -
- -
- -
- -

実 　験 　者	所　　属	
	氏　　名	

実 験 名	硬化コンクリートのテストハンマー強度の試験	JSCE-G 504	7.2

試 験 日	令和　　　年　　　月　　　日　　　曜　　天候			
試 験 日 の 状 態	気 温 (℃)	室 温 (℃)	湿 度 (%)	水 温 (℃)
試 料		試料表面の状態		
供 試 体	材齢(日)	単位セメント量 (kg/m³)		W/C (%)

反 発 度										平均値 (　　)
打 撃 方 向 (°)			ΔR			R_0				
テストハンマー強度 (N/mm²)										
実 圧 縮 強 度 (N/mm²)										

反 発 度										平均値 (　　)
打 撃 方 向 (°)			ΔR			R_0				
テストハンマー強度 (N/mm²)										
実 圧 縮 強 度 (N/mm²)										

反 発 度										平均値 (　　)
打 撃 方 向 (°)			ΔR			R_0				
テストハンマー強度 (N/mm²)										
実 圧 縮 強 度 (N/mm²)										

考　察

実 験 者	所 属	
	氏 名	

実 験 名	共鳴振動によるコンクリートの動弾性係数試験	JIS A 1127	7.3

試 験 日	令和　　　年　　　月　　　日　　　曜　　　天候			
試 験 日 の 状 態	気 温 (°C)	室 温 (°C)	湿 度 (%)	水 温 (°C)

試 料	

供 試 体	材 齢 (日)		単位セメント量 (kg/m³)		W/C (%)	

凍 結 融 解 試 験 の サ イ ク ル 数	

共鳴方法の測定方法	

供 試 体 の 寸 法 (mm)	長さ (L)	円柱供試体の直径 d	角柱供試体の断面の幅 b	角柱供試体の断面の高さ t

供試体の質量 m (kg)	

振動の一次共鳴振動数 f_1 (Hz)					平均値

修正係数（たわみ振動 の場合）T	回転半径 K	K/L	ポアソン比 ν_D	

動 弾 性 係 数 E_D (N/mm²)	

考 察

実 験 者	所 属	
	氏 名	

実　験　名	コンクリート構造物の打音による弾性波に基づく健全度試験	NDIS 2426-3	**7.4**

試　験　日	令和　　　年　　　月　　　日　　　曜　　天候			
試 験 日 の 状 態	気　温（°C）	室　温（°C）	湿　度（%）	水　温（°C）
測　定　条　件	測定年月日　　　年　月　日	測定時刻　　：　〜　：	環境温度　　　°C	
測定対象物のコンクリートに関する情報	推定材齢（日）	推定強度（N/mm²）	W/C（%）	
試験実施者の資格	資格名	登録番号	資格名	登録番号
測定対象物のコンクリート部材の状況	設置された状況	外観の状況	周辺の振動	周辺の騒音
ひ び 割 れ の 状 況	発生状況		ひび割れ幅に関する状況	
構造体としての変化箇所	施工目地の有無		開口部の有無	
測定した測定装置				
測　定　方　法				
解析条件（周波数分析の処理方法等）	減衰比	振幅比	波形の継続時間	
測　定　結　果				

考　察

実　験　者	所　属	
	氏　名	

実　験　名	コンクリート構造物における自然電位試験	JSCE-E 601	7.5

試　　験　　日	令和　　　年　　　　月　　　　日　　　曜　　　天候			
試 験 日 の 状 態	気　温（℃）	室　温（℃）	湿　度（%）	水　温（℃）

構 造 物 の 種 別	

測定対象物のコンクリートに関する情報	推定材齢（日）		推定強度（N/mm²）		W/C（%）	

構 造 物 の 置 か れ た 環 境 条 件	設置された環境状況	外観の状況

コンクリートの含水率	%	%	平均値	測定方法
	%	%	%	

測定中の気温の変化	開始時刻		℃	終了時刻		℃

使用した電極の種類	

自然電位測定位置・測定間隔・鋼材配置図	自然電位および等電位線図

腐 食 推 定 結 果	

推 定 方 法	

考　察
- -
- -
- -

実　験　者	所　　属	
	氏　　名	

写真・図の提供および出典

第1章　セメント

扉写真，写真-1.1，図-1.1　太平洋セメント株式会社提供

写真-1.2　室井宗一氏提供　社団法人セメント協会「セメントの常識 1996 年版」

写真-1.4　社団法人セメント協会提供「日本工業規格　JIS セメント解説 1990 年 3 月版」

写真-1.5，1.6，1.7　株式会社丸東製作所提供

写真-1.8　首都大学東京大学院都市環境科学研究科都市基盤環境学域提供

第2章　骨材

扉写真　萩森興産株式会社・吉岡国和氏提供

図-2.1　笹川満邦氏提供

写真-2.1，2.2，2.3，2.4　神戸市立工業高等専門学校・高科豊氏提供

写真-2.5　一般財団法人日本建築総合試験所提供
　　　　　　　　　　　「わかりやすい試験シリーズ」材 E-02　および　材 E-03

写真-2.6，2.7，2.8　株式会社丸東製作所提供

第3章　コンクリート

扉写真　スプリット工業会提供（左）
　　　　　社団法人セメント協会提供（右上）
　　　　　植栽コンクリート工業会（右下）

写真-3.1　大成建設株式会社提供

写真-3.2，3.3　神戸市立工業高等専門学校・高科豊氏提供

写真-3.4　東京都立大学大学院・鎌田知久氏提供

第4章　鉄筋

扉写真　株式会社神戸製鋼所提供（左および右上）
　　　　　株式会社大林組提供（右下）

写真-4.1　株式会社神戸製鋼所提供

写真-4.2，4.3　株式会社ピーエス三菱提供

第5章　アスファルト

扉写真，写真-5.1，5.2　大成ロテック株式会社提供

図-5.1　石川工業高等専門学校・西澤辰男氏提供

図-5.2　笹川満邦氏提供

写真-5.3　フリージアマクロス株式会社提供

第6章　品質管理・品質検査

扉写真　BASF ジャパン株式会社・岡澤智氏提供

図-6.1，6.2　株式会社朝倉書店提供　田澤榮一編著「エースコンクリート工学」

第7章　コンクリート構造物の非破壊試験

扉写真　若築建設株式会社提供（左上）
　　　　　徳島大学大学院・橋本親典氏提供（右上および左下）
　　　　　首都大学東京大学院・大野健太郎氏提供（右下）

写真-7.1　若築建設株式会社提供

写真-7.2，7.3，7.4，7.5　徳島大学大学院・橋本親典氏提供

写真-7.6　若築建設株式会社提供

写真-7.7　徳島大学大学院・上田隆雄氏提供

土木学会の教材図書

書名	発行年月	版型：頁数	本体価格
土木工学における逆問題入門	平成12年4月	B5：158	2,500
水理実験解説書 2015年度版	平成27年2月	A4：107	1,300
土質試験のてびき　第三版	平成27年2月	A4：193	1,300
測量実習指導書　2007年版	平成19年3月	B5：116	1,400
構造実験のてびき　2009年版	平成21年1月	B5：177	1,300
土木製図基準　2009年改訂版	平成21年2月	A4：191	3,800
土木材料実験指導書　2023年改訂版	令和 5年2月	A4：264	1,600

※価格には、別途消費税が加算されます。

持続可能な社会の礎を築く
あらゆる境界をひらき

公益社団法人 土木學會
Japan Society of Civil Engineers

本書のデータシートは，土木学会ホームページの下記 URL からダウンロードできます．
ご活用ください．
http://committees.jsce.or.jp/concrete08/node/1#attatchments

定価1,760円（本体1,600円＋税10％）

土木材料実験指導書 [2023年改訂版]

昭和39年 2 月10日	昭和39年版・第 1 刷発行	平成27年 2 月10日	2015年改訂版・第 1 刷発行
昭和43年 3 月25日	昭和43年版・第 1 刷発行	平成29年 2 月10日	2017年改訂版・第 1 刷発行
昭和50年 3 月25日	昭和50年版・第 1 刷発行	平成31年 3 月 1 日	2019年改訂版・第 1 刷発行
昭和55年 3 月10日	昭和55年版・第 1 刷発行	令和 3 年 3 月 1 日	2021年改訂版・第 1 刷発行
昭和62年 3 月15日	昭和62年版・第 1 刷発行	令和 5 年 2 月20日	2023年改訂版・第 1 刷発行
平成 4 年 1 月31日	平成 4 年版・第 1 刷発行		
平成 6 年 1 月31日	平成 6 年版・第 1 刷発行		
平成 9 年 2 月28日	平成 9 年版・第 1 刷発行		
平成11年 2 月 1 日	平成11年改訂版・第 1 刷発行		
平成13年 2 月28日	平成13年改訂版・第 1 刷発行		
平成15年 2 月28日	平成15年改訂版・第 1 刷発行		
平成17年 3 月10日	2005年改訂版・第 1 刷発行		
平成19年 3 月31日	2007年改訂版・第 1 刷発行		
平成21年 2 月20日	2009年改訂版・第 1 刷発行		
平成23年 2 月25日	2011年改訂版・第 1 刷発行		
平成25年 2 月28日	2013年改訂版・第 1 刷発行		

●編集者………土木学会　コンクリート委員会
　　　　　　　土木材料実験指導書編集小委員会
　　　　　　　委員長　上野　敦

●発行者………公益社団法人　土木学会　専務理事　塚田　幸広

●発行所………公益社団法人　土木学会
　　　　　　　〒160-0004　東京都新宿区四谷 1 丁目外濠公園内
　　　　　　　TEL：03-3355-3444（出版事業課）　FAX：03-5379-2769
　　　　　　　http://www.jsce.or.jp/

●発売所………丸善出版(株)
　　　　　　　〒101-0051　東京都千代田区神田神保町2-17　神田神保町ビル
　　　　　　　TEL：03-3512-3256／FAX：03-3512-3270

©JSCE 2023／Concrete Committee
印刷・製本：昭和情報プロセス(株)
用紙：京橋紙業（株）
制作：(有) 恵文社
ISBN978-4-8106-1075-8

・本書の内容を複写したり，他の出版物へ転載する場合には，
　必ず土木学会の許可を得てください．
・本書の内容に関するご質問は，下記の E-mail へご連絡ください．
　E-mail：pub@jsce.or.jp